房屋装饰工程量清单计价与投标报价

李宏扬　主编

中国建材工业出版社

图书在版编目（CIP）数据

房屋装饰工程量清单计价与投标报价/李宏扬主编．
—北京：中国建材工业出版社，2014.4（2017.7 重印）
ISBN 978-7-5160-0775-4

Ⅰ．①房… Ⅱ．①李… Ⅲ．①建筑装饰—工程造价
②建筑装饰—投标 Ⅳ．①TU723

中国版本图书馆 CIP 数据核字（2014）第 044490 号

内 容 简 介

本书严格按照国家相关最新规范 GB 50500—2013、GB 50854—2013 及规定进行编写，详细介绍了两方面内容：(1)房屋装饰工程量清单及计价方法、房屋装饰工程投标报价及实例分析；(2)逐一讲述房屋装饰工程各分部分项工程量计算，并结合大量示例解读规范的具体应用。为扩展新视野，介绍了工程量清单计价软件的使用方法，并介绍了国外比较通行的工程计价模式。

本书可作为经济管理、工程管理、工程造价、会计、审计专业及工程造价人员和工程监理、施工人员的教学和参考用书，也可作为相关人员的培训教材。

房屋装饰工程量清单计价与投标报价
李宏扬 主编

出版发行：中国建材工业出版社
地　　址：北京市海淀区三里河路 1 号
邮　　编：100044
经　　销：全国各地新华书店
印　　刷：北京鑫正大印刷有限公司
开　　本：787mm×1092mm　1/16
印　　张：14.75
字　　数：363 千字
版　　次：2014 年 4 月第 1 版
印　　次：2017 年 7 月第 3 次
书　　号：ISBN 978-7-5160-0775-4
定　　价：**45.00 元**

本社网址：www.jccbs.com.cn　　微信公众号：zgjcgycbs
本书如出现印装质量问题，由我社销售部负责调换。联系电话：(010)88386906

前　言

为配合国家2013版建设工程计价计量规范的推行实施，规范建设工程造价计价行为，特组织编写《房屋装饰工程量清单计价与投标报价》一书。本书严格依据《建设工程工程量清单计价规范》(GB 50500—2013)、《房屋建筑与装饰工程工程量计算规范》(GB 50854—2013)、相关的工程建设法规，以及作者多年从事教学和实践的经验编写而成。

本书注重规范性，按照国家最新规定、房屋装饰构造做法，详细描述了工程量清单计价、工程量计算及投标报价方法；叙述简明扼要，图文并茂，深入浅出，既有理论阐述，又有方法和实例，可操作性强。

本书适用于房屋装饰工程承发包及实施阶段计价活动中的工程计量、工程量清单编制及投标报价。

本书由李宏扬、李跃水和王彦编写，其中第六章、第七章及附录二由李跃水编写，第八章由王彦编写。全书由李宏扬统稿。

由于编者水平有限，书中不当之处在所难免，恳请广大读者及同行批评指正。

编者

2014年2月

中国建材工业出版社
China Building Materials Press

目　　录

第一章　绪　　论

第一节　房屋装饰工程概述

房屋装饰工程是建筑工程的重要组成部分。它是在建筑主体结构工程完成之后，为保护建筑物主体结构、完善建筑物的使用功能和美化建筑物，采用房屋装饰材料或饰物，对建筑物的内外表面及空间进行的各种处理过程，以满足人们对建筑产品的物质要求和精神需要。从建筑学上讲，装饰是一种建筑艺术，是一种艺术创作活动，是建筑物三大基本要素之一。房屋装饰工程的内容是广泛的、多方面的，可有多种分类方法。

一、按房屋装饰部位分类

按房屋装饰部位的不同，可分为室内装饰（或内部装饰）、室外装饰（外部装饰）和环境装饰等。

（一）内部装饰

内部装饰是指对建筑物室内所进行的建筑装饰。通常包括：

（1）楼地面；

（2）墙柱面、墙裙、踢脚线；

（3）天棚；

（4）室内门窗（包括门窗套、贴脸、窗帘盒、窗帘及窗台等）；

（5）楼梯及栏杆（板）；

（6）室内装饰设施（包括给排水与卫生设备、电气与照明设备、暖通设备、用具、家具、以及其他装饰设施）。

内部装饰的作用：

（1）保护墙体及楼地面；

（2）改善室内使用条件；

（3）美化内部空间，创造美观、舒适、整洁的生活、工作环境。

（二）外部装饰

外部装饰也称为室外建筑装饰，包括：

（1）外墙面、柱面、外墙裙（勒脚）、腰线；

（2）屋面、檐口、檐廊；

（3）阳台、雨篷、遮阳篷、遮阳板；

（4）外墙门窗，包括防盗门、防火门、外墙门窗套、花窗、老虎窗等；

（5）台阶、散水、落水管、花池（或花台）；

（6）其他室外装饰，如楼牌、招牌、装饰条、雕塑等外露部分的装饰。

外部装饰的主要作用：

（1）保护房屋主体结构；

（2）保温、隔热、隔声、防潮等；

（3）增加建筑物的美观，点缀环境，美化城市。

（三）环境装饰

室外环境装饰，包括围墙、院落大门、灯饰、假山、喷泉、水榭、雕塑小品、院内（或小区）绿化以及各种供人们休闲小憩的凳椅、亭阁等装饰物。室外环境装饰和建筑物内外装饰有机融合，形成居住环境、城市环境和社会环境的协调统一，营造一个幽雅、美观、舒适、温馨的生活和工作氛围。因此，环境装饰也是现代建筑装饰的重要配套内容。

二、按装饰材料和施工做法分类

按装饰材料和施工做法可将建筑装饰划分为高级建筑装饰、中级建筑装饰和普通建筑装饰三个等级。

（一）建筑装饰等级

建筑装饰等级与建筑等级相关，建筑物的等级愈高，装饰等级也愈高，表1-1是建筑装饰等级与建筑物类型的对照，供参考。

（二）建筑装饰标准

表1-2、表1-3分别为高级装饰和中级装饰等级建筑物的门厅、走道、楼梯和房间的内、外装饰标准。普通装饰等级的建筑物，装饰标准参见表1-4。

表1-1　建筑装饰等级与建筑物类型对照

建筑装饰等级	建　筑　物　类　型
高级装饰	大型博览建筑，大型剧院，纪念性建筑，大型邮电，交通建筑，大型贸易建筑，大型体育馆，高级宾馆，高级住宅
中级装饰	广播通讯建筑，医疗建筑，商业建筑，普通博览建筑，邮电，交通，体育建筑，旅馆建筑，高教建筑，科研建筑
普通装饰	居住建筑，生活服务性建筑，普通行政办公楼，中、小学建筑

表1-2　高级装饰建筑的内、外装饰标准

装饰部位	内装饰材料及做法	外装饰材料及做法
墙面	大理石、各种面砖、塑料墙纸（布）、织物墙面、木墙裙、喷涂高级涂料	天然石材（花岗石）、饰面砖、装饰混凝土、高级涂料、玻璃幕墙
楼地面	彩色水磨石、天然石料（如大理石）或人造石板、木地板、塑料地板、地毯	—
天棚	铝合金装饰板、塑料装饰板、装饰吸声板、塑料墙纸（布）、玻璃顶棚、喷涂高级涂料	外廊、雨篷底部，参照内装饰
门窗	铝合金门窗、一级木材门窗、高级五金配件、窗帘盒、窗台板、喷涂高级油漆	各种颜色玻璃铝合金门窗、钢窗、遮阳板、卷帘门窗、光电感应门
设施	各种花饰、灯具、空调、自动扶梯、高档卫生设备	—

表1-3　中级装饰建筑的内外装饰标准

装饰部位	内装饰材料及做法	外装饰材料及做法
墙面	装饰抹灰、内墙涂料	各种面砖、外墙涂料、局部天然石材
楼地面	彩色水磨石、大理石、地毯、各种塑料地板	—
天棚	胶合板、钙塑板、吸声板、各种涂料	外廊、雨篷底部，参照内装饰
门窗	窗帘盒	普通钢、木门窗，主要入口铝合金门

续表

装饰部位		内装饰材料及做法	外装饰材料及做法
卫生间	墙面	水泥砂浆、瓷砖内墙裙	—
	地面	水磨石、马赛克	—
	天棚	混合砂浆、纸筋灰浆、涂料	—
	门窗	普通钢、木门窗	—

表 1-4　普通装饰建筑的内外装饰标准

装饰部位	内装饰材料及做法	外装饰材料及做法
墙面	混合砂浆、纸筋灰、石灰浆、大白浆、内墙涂料、局部油漆墙裙	水刷石、干粘石、外墙涂料、局部面砖
楼地面	水泥砂浆、细石混凝土、局部水磨石	—
天棚	直接抹水泥砂浆、水泥石灰浆、纸筋石灰浆或喷浆	外廊、雨篷底参照内装饰
门窗	普通钢、木门窗，铁质五金配件	—

第二节　房屋装饰工程预（结）算的分类和作用

房屋装饰工程预（结）算是根据不同设计阶段的设计图纸，根据规定的建筑房屋装饰工程计价规范、计价定额（或计价表）和由市场确定的综合单价等资料，按一定的步骤预先计算出的房屋装饰工程所需全部投资额的造价文件。建筑房屋装饰工程按不同的建设阶段和不同的作用，编制设计概算、施工图预算、招标控制价（或标底）、投标报价和工程竣工结算，最后是建设工程决算。这种工程造价的多次性计价反映了不同的计价阶段对工程造价的逐步深化、逐步细致、逐步接近和最终确定工程造价的过程。

在实际工作中，人们常将装饰工程设计概算和施工图预算统称为建筑房屋装饰工程预算或装饰工程概预算。

一、设计概算及其作用

（一）设计概算

设计概算是指在初步设计或扩大初步设计阶段，由设计单位根据工程的初步设计图纸、概算定额或概算指标，概略地计算和确定装饰工程全部建设费用的经济文件。

（二）设计概算的主要作用

（1）设计概算是确定和控制装饰工程总投资额的依据。

设计概算是初步设计文件的重要组成部分，经上级有关部门审批后，就成为该项房屋装饰工程建设投资的最高限额，建设过程中不能突破这一限额。

（2）设计概算是编制固定资产投资计划的依据。

国家规定每个建设项目，只有当它的初步设计及概算文件被批准后，才能列入投资建设年度计划。

（3）设计概算是进一步考核和比较设计标准（即装饰标准）和评定设计经济合理性的

依据。

（4）设计概算是银行办理工程拨款、贷款，实行财政监督的重要依据。

（5）设计概算是编制标底和施工图预算的依据。

二、施工图预算及其作用

（一）施工图预算

建筑房屋装饰工程施工图预算或称为建筑装饰工程预算造价，是在施工图设计完成之后，根据施工图纸、建筑房屋装饰工程消耗量定额、装饰工程施工组织设计、市场价格（或市场价格信息），以及工程量清单计价办法等，详细计算和确定单位房屋装饰工程所需造价的文件。

（二）施工图预算的作用

（1）房屋装饰工程施工图预算是确定房屋装饰工程造价的依据。

（2）房屋装饰工程预算是确定工程招标标底和投标报价的基础和依据。

（3）房屋装饰工程预算是签订房屋装饰工程施工合同，实行工程预算包干的依据。

装饰施工企业可根据审批后的施工图预算造价，与建设单位（或业主）签订装饰施工合同，或者甲、乙双方通过协商，在施工图预算的基础上，增加规定的包干系数后，签订工程费用包干合同，一次性包死。

（4）房屋装饰工程预算是银行拨付工程价款，进行工程结算和决算的依据。

（5）房屋装饰工程预算是施工企业进行内部经济核算，加强内部管理，降低工程成本，进行“两算对比”的依据。“两算”是指施工图预算和施工预算。

三、招标控制价及其作用

（一）招标控制价（或标底）

招标控制价是指招标人根据国家或省级、行业建设主管部门颁发的有关计价依据和办法，按设计施工图纸计算的，对招标工程限定的最高工程造价。有的地方亦称拦标价、预算控制价或标底。

（二）招标控制价的基本作用

（1）由招标控制价的含义可知，招标控制价是在工程采用招标发包的过程中，由招标人或受其委托具有相应资质的工程造价咨询人，根据有关计价规定计算的工程造价，其作用是招标人用于控制招标工程发包的最高限价。

招标控制价的作用决定了招标控制价不同于标底，无须保密。为体现招标的公平、公正，防止招标人有意抬高或压低工程造价，招标人应在招标文件中如实公布招标控制价，不得对所编制的招标控制价进行上浮或下调。同时，招标人应将招标控制价报工程所在地的工程造价管理机构备查。

（2）根据《建设工程工程量清单计价规范》（GB 50500—2008）（以下简称《08 计价规范》）的规定，工程在招、投标过程中，当招标人编制的招标控制价超过批准的概算时，招标人应将超过概算的招标控制价报原概算审批部门进行审批。

（3）按《08 计价规范》，投标人的投标报价高于招标控制价的，其投标将被拒绝。

四、投标报价

投标报价是投标人投标时报出的工程造价。

投标价是在工程采用招标发包的过程中，由投标人按照招标文件中的工程量清单及有关要求，根据工程特点，并结合自身的施工技术、装备和管理水平，依据有关计价规定自主确定的拟投标工程造价，是投标人希望达成工程承包交易的期望价格，它不能高于招标人设定的招标控制价。

五、房屋装饰工程竣工结算

（一）工程竣工结算

竣工结算价是指发、承包双方依据国家有关法律、法规和标准规定，按照合同约定确定的最终工程造价。

具体地说，工程竣工结算是指一个单位工程、分部工程或分项工程完工，并经建设单位及有关部门的验收合格后，由承包人或受其委托具有相应资质的工程造价咨询人编制，应根据施工过程中发生的增减变化内容（包括增减设计变更，现场工程更改签证，材料代用以及索赔等资料），按合同约定及工程造价计算的有关规定，对原合同价或施工图预算进行调整确定的最终工程造价文件。也常称为工程竣工决算或工程决算。

（二）竣工结算或工程决算的主要作用

（1）结算是反映并确定竣工工程全部造价的经济文件；

（2）经建设单位认可后，是施工企业向建设单位办理最后的工程价款结算的依据；

（3）办理完工程价款结算后，就标志着甲、乙双方的施工合同自动解除。

六、竣工决算

（一）竣工决算

竣工决算是指在竣工验收阶段，项目完工后，由建设单位编制的反映建设项目从筹建到建成使用或投产的全部实际成本的技术经济文件。

（二）竣工决算的主要作用

（1）全面反映竣工项目的建设成果和财务情况的总结性文件，是投资管理的重要环节，是竣工验收报告的重要组成部分；

（2）是建设单位向使用单位办理交付使用财产的重要依据；

（3）是全面考核和分析投资效果的依据；

（4）也是向投资者报账的依据。

第三节　房屋装饰工程项目划分

建设项目是一个有机整体，为什么要进行项目划分呢？一是有利于对项目进行科学管理，包括投资管理、项目实施管理和技术管理；二是有利于经济核算，便于编制工程概预算。我们知道，想要直接计算出整个项目的总投资（造价）是很难的，为了算出工程造价必须先把项目分解成若干个简单的、易于计算的基本构成部分，再计算出每个基本构成部分所需的工、料、机械台班消耗量和相应的价值，则整个工程的造价即为各组成部分费用的总和。为此，将建设项目由大到小划分为建设项目、单项工程、单位工程、分部工程和分项工程五个组成部分，它们之间的关系如图 1-1 所示。

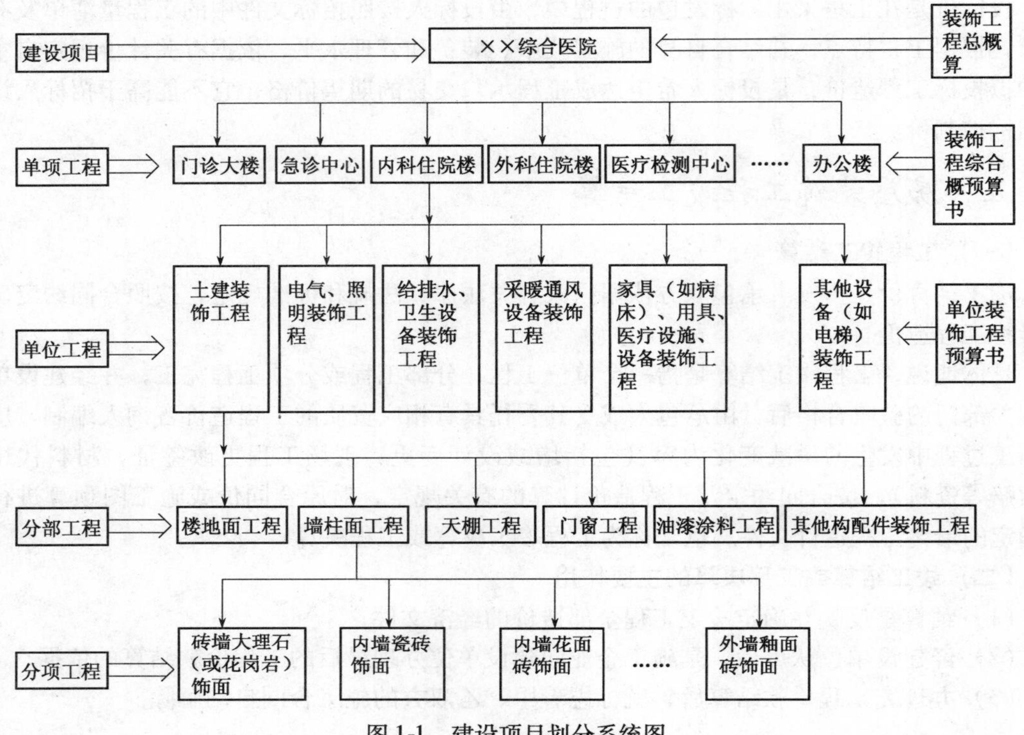

图 1-1　建设项目划分系统图

一、建设项目

建设项目一般是指具有经批准按照一个设计任务书的范围进行施工，经济上实行统一核算，行政上具有独立组织形式的建设工程实体。一般来说由几个或若干个单项工程所构成，也可以是一个独立工程。在民用建设中，一所学校、一所医院、一所宾馆、一个机关单位等为一个建设单位；在工业建设中，一个企业（工厂）、矿山（井）为一个建设项目；在交通运输建设中，以一条公路、一条铁路为一个建设项目。

二、单项工程

单项工程又称工程项目、单体项目，是建设项目的组成部分。单项工程具有独立的设计文件，单独编制综合预算，能够单独施工，建成后可以独立发挥生产能力或使用效益的工程。如一个学校建设中的各幢教学楼、学生宿舍、图书馆等；图 1-1 中的门诊大楼、内科住院楼、外科住院楼等都是单项工程。

三、单位工程

单位工程是单项工程的组成部分，具有单独设计的施工图纸和单独编制的施工图预算，可以独立组织施工，但建成后不能单独进行生产或发挥效益的工程。通常，单项工程要根据其中各个组成部分的性质不同分为若干个单位工程。例如，工厂（企业）的一个车间是单项工程，则车间的厂房土建工程、设备安装工程是单位工程；一幢办公楼的一般土建工程，建筑装饰工程，给水排水工程，采暖、通风工程，煤气管道工程，电气照明工程均为一个单位工程。

需要说明的是，按传统的划分方法，房屋装饰工程是建筑工程中一般土建工程的一个分部工程，随着经济发展和人们生活水平的普遍提高，工作、居住条件和环境正日益改善，房屋装饰迅速发展，建筑装饰业已经发展成为一个新兴的、比较独立的行业，传统的分部工程便随之独立出来，成为单位工程，单独设计施工图纸，单独编制施工图预算，目前，已将原来意义上的装饰分部工程统称为建筑房屋装饰工程或简称为装饰工程（单位工程）。

四、分部工程

分部工程是单位工程的组成部分，一般是按单位工程的各个部位、主要结构、使用材料或施工方法等的不同而划分的工程。如土建单位工程可以划分为：土石方工程，桩基工程，砌筑工程，混凝土及钢筋混凝土工程，构件运输及安装工程，门窗及木结构工程，楼地面工程，屋面及防水工程，防腐、保温、隔热工程，装饰工程，金属结构制作工程，脚手架工程等。建筑装饰单位工程分为：楼地面工程，墙柱面工程，天棚工程，门窗工程，油漆、涂料工程，脚手架及其他工程等分部工程（见图 1-1）。

五、分项工程

分项工程是分部工程的组成部分，是根据分部工程的划分原则，将分部工程再进一步划分成若干个细部，就是分项工程。如砌筑分部工程中的砖基础、砖墙、空心墙、空花砖墙、填充砖墙、砖柱等分项工程。墙柱面装饰工程中的内墙面贴瓷砖、内墙面贴花面砖、外墙面贴釉面砖等（图 1-1）均为分项工程。

分项工程是单项工程（或工程项目）的最基本的构成要素，它只是便于计算工程量和确定其单位工程价值而人为设想出来的“假定产品”，但这种假定产品对编制工程预算、招标标底、投标报价，以及编制施工作业计划进行工料分析和经济核算等方面都具有实用价值。企业定额和消耗量定额都是按分项工程甚至更小的子项进行列项编制的，建设项目预算文件（包括装饰项目预算）的编制也是从分项工程（常称定额子目或子项）开始，由小到大，分门别类地逐项计算归并为分部工程，再将各个分部工程汇总为单位工程预算或单项工程总预算。

第四节　房屋装饰工程预算文件组成

房屋装饰工程总造价是通过编制一系列预算文件而完成的，就单独承包的房屋装饰工程项目而言，这些预算文件一般是由以下概预算书（文件）所组成。

一、单位装饰工程（或装饰部位）预算书

单位装饰工程预算书是确定单项装饰工程中的单位工程或装饰部位工程费用的文件。这

些单位工程包括室内外装饰工程；室内电气、灯具、音响等装饰工程；给水、排水、卫生洁具等装饰安装工程；供暖、空调、通风安装工程；室内外艺术装潢以及室外庭院装饰与美化工程等。

单位工程预算书是根据装饰设计图纸、装饰工程消耗量定额（或单位估价表）、装饰工程量清单和国家（省级/行业建设主管部门）有关规定等资料编制而成。单位工程预算书的构成内容可参见第二章。

二、其他工程装饰和费用概（预）算书

其他工程装饰和费用概（预）算书是确定与室内外装饰工程有关的其他工程装饰和费用的文件，例如与庭院装饰、艺术喷泉工程相关的场地和其他准备工作的费用。

三、单项装饰工程综合概（预）算书

单项工程综合概预算书是确定独立建筑物（或构筑物）室内外装饰、装修等单项装饰工程费用的综合性文件。

四、建设项目装饰总概（预）算书

建设项目装饰总概（预）算书是确定整个项目全部装饰费用的总文件。

对于全装修的建设项目，或房屋装饰一次到位的成品房、一次性装修的成品房，其房屋装饰工程预算文件应是整个建设工程概（预）算文件的组成部分。

图 1-2 是某单项工程综合概（预）算书构成框图。由图 1-2 可见，它是该独立建筑物全部建设费用的概（预）算书的组成。其中包括一般土建工程，给排水工程，电气照明工程，室内外装饰工程等单位工程预算书，同时应看到，在一般单位工程中包含有装饰的内容，例如高级装饰灯具、卫生洁具等室内设备的安装。

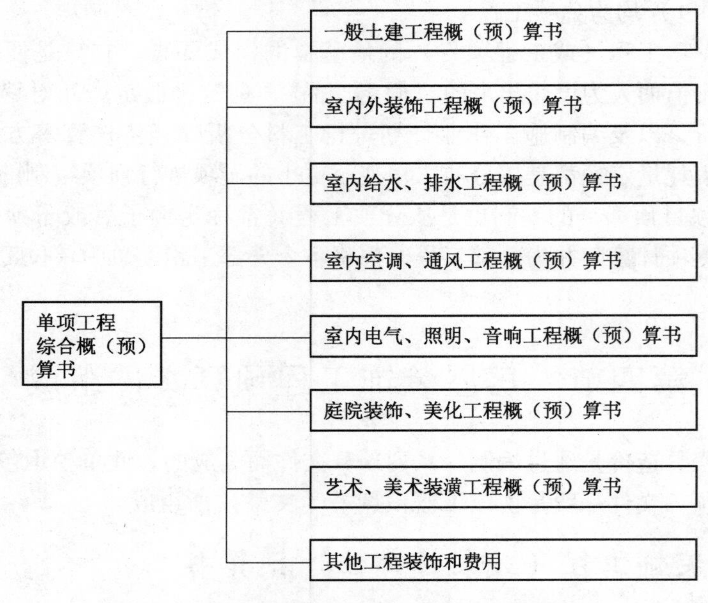

图 1-2　单项工程综合概（预）算书组成框图

第二章 房屋装饰工程造价组成与工程量清单计价方法

第一节 房屋装饰工程造价编制的依据

一、建设工程工程量清单计价规范

为适应市场经济体制的要求，规范建筑房屋装饰工程量清单计价行为，维护招标人与投标人的合法权益，住房和城乡建设部于2012年12月25日发布、自2013年7月1日起实施的《建设工程工程量清单计价规范》(GB 50500—2013)(以下简称“13规范”)，及《房屋建筑与装饰工程工程量计算规范》(GB 50854—2013)(以下简称“13计量规范”)，这是房屋装饰工程实施工程量清单计价的依据。

二、国家或省级、行业建设主管部门颁发的计价定额和计价办法

“13规范”明确规定在编制招标控制价（或投标报价）时，应遵守有关的计价规定，使用的计价标准、计价政策应是国家或省级、行业建设主管部门颁布的计价定额、计价办法和相关政策规定。企业定额是投标报价的依据之一。

为了解决从预算定额计价到工程量清单计价的过渡，维护建筑市场的稳定，各地区、各部门的工程造价管理机构在实施“13规范”的同时，已经或正在制定与“13规范”相适应并反映社会平均水平的消耗量标准，供建筑市场各主体方参考。同时，各施工企业也应积极创造条件，建立起反映本企业水平的工程造价指标和企业的消耗量标准，统称企业定额。

三、施工图纸和有关设计资料

（1）经有关部门审批后的全套施工图纸和图纸说明是计算装饰工程预算造价的重要依据之一。这些图纸包括：装饰平面布置图、吊顶平面图、装饰立面图、装饰剖面图和局部大详图等。

（2）经甲、乙、丙三方对施工图会审签字后的会审记录，也是计算装饰工程预算造价的重要依据。

（3）装饰效果图，包括整体效果图和局部效果图。

四、招标文件

招标文件是发包方实施工程招标的重要文件，也是投标单位编制标书的主要依据。它规定了发包工程范围、工程综合说明、工程量清单、结算方式、材料质量、供应方式、工期和

其他相关要求等，特别是招标文件中的工程量清单，它是招标文件的重要组成内容。这些都是计算工程造价必不可少的依据。

五、材料价格信息

这里应包括各地工程造价管理机构发布的工程造价信息或市场价格信息。装饰材料费在装饰工程造价中所占比重很大，而且装饰新材料不断出现，价格也随时间起伏颇大。为了准确反映工程造价，目前各地工程造价管理有关部门正进一步完善工程造价信息网建设，做好对市场供求、建筑房屋装饰材料价格等的采集和测算，通过适时发布人工、材料、机械台班等生产要素价格信息，供确定房屋装饰工程中的主要材料价格、人工单价及机械台班价格，以便于计算综合单价。

计算造价时，采用的材料价格应是工程造价管理机构通过工程造价信息发布的材料单价，工程造价信息未发布材料单价的材料，其材料价格应通过市场调查确定。

在市场机制并不规范又要由市场定价的条件下，建筑装饰材料价格信息尤为重要，可以这样说，材料价格信息对房屋装饰工程造价具有导向性的作用。

六、施工组织设计资料

房屋装饰工程施工组织设计具体规定了装饰工程中各分项工程的施工方法、施工机具、构配件加工方式，技术组织措施和现场平面布置图等内容。它直接影响整个装饰工程的预算造价，是计算工程量、选套消耗量定额和计算措施项目费用的重要依据。

七、与建设项目相关的标准、规范、技术资料

例如，当前装饰工程设计中，广泛地使用标准设计图，这是工程设计的趋势。为了方便而准确地计算工程量，必须备有相关的标准图集，包括国家标准图集和本地区标准图集。同时，还应准备符合当地规定的建筑材料手册和金属材料手册等，以备查用。

第二节　房屋装饰工程造价组成

根据最新的《建设工程工程量清单计价规范》（“13 规范”），房屋装饰工程工程量清单计价是指从招标控制价的编制、投标报价、合同价款约定、工程计量与合同价款支付、索赔与现场签证到竣工结算及合同价款争议处理等全部环节都要按照计价规范执行。

“13 规范”规定，采用工程量清单计价，建设工程造价由分部分项工程费、措施项目费、其他项目费、规费和税金五部分组成，又称建筑安装工程费（图 2-1）。

一、按费用构成要素划分

建筑安装工程费按照费用构成要素划分：由人工费、材料（包含工程设备，下同）费、施工机具使用费、企业管理费、利润、规费和税金组成。其中人工费、材料费、施工机具使用费、企业管理费和利润包含在分部分项工程费、措施项目费、其他项目费中（见图 2-1）。

（一）人工费：是指按工资总额构成规定，支付给从事建筑安装工程施工的生产工人和附属生产单位工人的各项费用。内容包括：

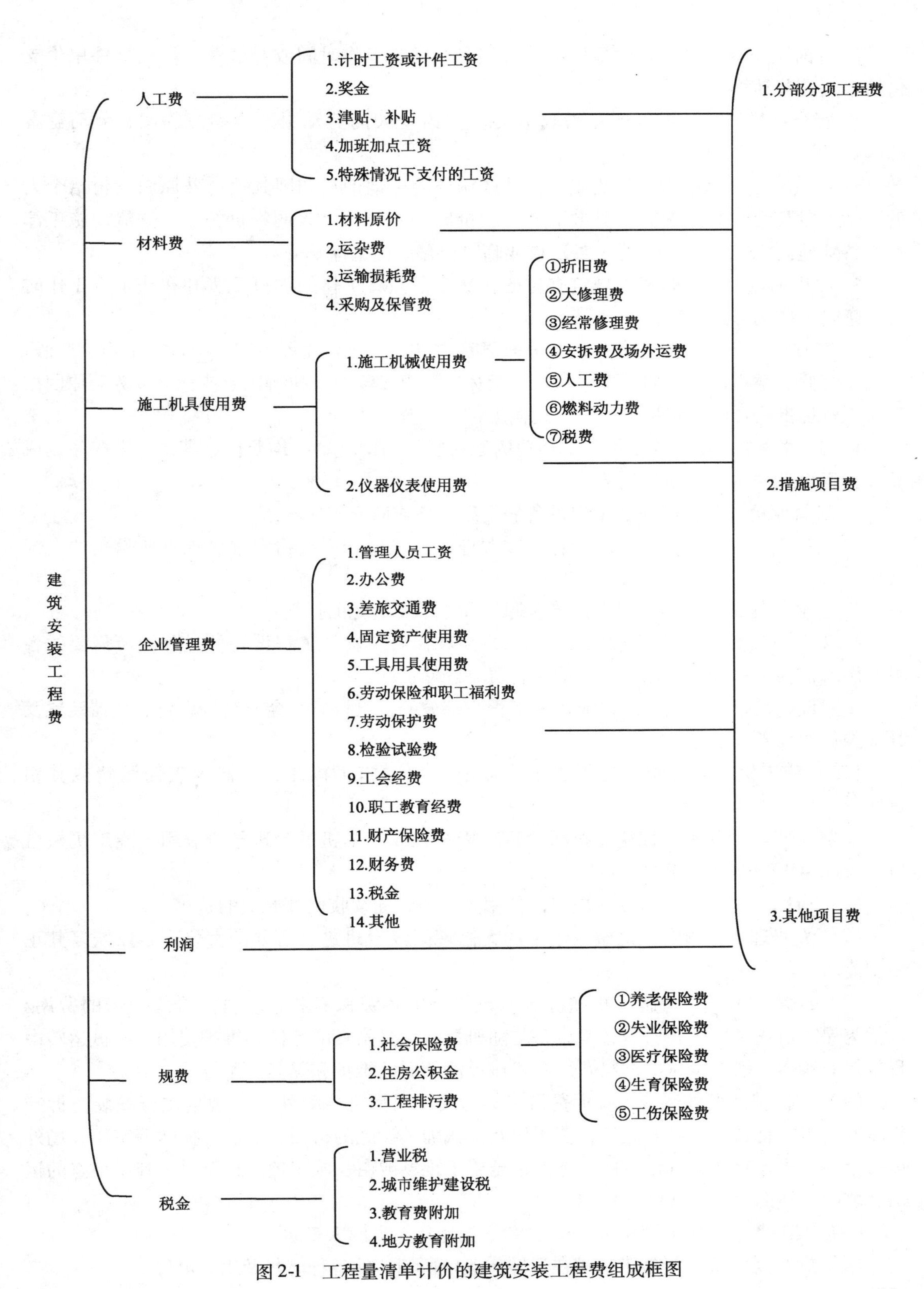

图 2-1　工程量清单计价的建筑安装工程费组成框图

1. 计时工资或计件工资：是指按计时工资标准和工作时间或对已做工作按计件单价支付给个人的劳动报酬。

2. 奖金：是指对超额劳动和增收节支支付给个人的劳动报酬。如节约奖、劳动竞赛奖等。

3. 津贴补贴：是指为了补偿职工特殊或额外的劳动消耗和因其他特殊原因支付给个人的津贴，以及为了保证职工工资水平不受物价影响支付给个人的物价补贴。如流动施工津贴、特殊地区施工津贴、高温（寒）作业临时津贴、高空津贴等。

4. 加班加点工资：是指按规定支付的在法定节假日工作的加班工资和在法定日工作时间外延时工作的加点工资。

5. 特殊情况下支付的工资：是指根据国家法律、法规和政策规定，因病、工伤、产假、计划生育假、婚丧假、事假、探亲假、定期休假、停工学习、执行国家或社会义务等原因按计时工资标准或计时工资标准的一定比例支付的工资。

（二）材料费：是指施工过程中耗费的原材料、辅助材料、构配件、零件、半成品或成品、工程设备的费用。内容包括：

1. 材料原价：是指材料、工程设备的出厂价格或商家供应价格。

2. 运杂费：是指材料、工程设备自来源地运至工地仓库或指定堆放地点所发生的全部费用。

3. 运输损耗费：是指材料在运输装卸过程中不可避免的损耗。

4. 采购及保管费：是指为组织采购、供应和保管材料、工程设备的过程中所需要的各项费用。包括采购费、仓储费、工地保管费、仓储损耗。

工程设备是指构成或计划构成永久工程一部分的机电设备、金属结构设备、仪器装置及其他类似的设备和装置。

（三）施工机具使用费：是指施工作业所发生的施工机械、仪器仪表使用费或其租赁费。

1. 施工机械使用费：以施工机械台班耗用量乘以施工机械台班单价表示，施工机械台班单价应由下列七项费用组成：

（1）折旧费：指施工机械在规定的使用年限内，陆续收回其原值的费用。

（2）大修理费：指施工机械按规定的大修理间隔台班进行必要的大修理，以恢复其正常功能所需的费用。

（3）经常修理费：指施工机械除大修理以外的各级保养和临时故障排除所需的费用。包括为保障机械正常运转所需替换设备与随机配备工具附具的摊销和维护费用，机械运转中日常保养所需润滑与擦拭的材料费用及机械停滞期间的维护和保养费用等。

（4）安拆费及场外运费：安拆费指施工机械（大型机械除外）在现场进行安装与拆卸所需的人工、材料、机械和试运转费用以及机械辅助设施的折旧、搭设、拆除等费用；场外运费指施工机械整体或分体自停放地点运至施工现场或由一施工地点运至另一施工地点的运输、装卸、辅助材料及架线等费用。

（5）人工费：指机上司机（司炉）和其他操作人员的人工费。

（6）燃料动力费：指施工机械在运转作业中所消耗的各种燃料及水、电等。

（7）税费：指施工机械按照国家规定应缴纳的车船使用税、保险费及年检费等。

2. 仪器仪表使用费：是指工程施工所需使用的仪器仪表的摊销及维修费用。

（四）企业管理费：是指建筑安装企业组织施工生产和经营管理所需的费用。内容包括：

1. 管理人员工资：是指按规定支付给管理人员的计时工资、奖金、津贴补贴、加班加点工资及特殊情况下支付的工资等。

2. 办公费：是指企业管理办公用的文具、纸张、账表、印刷、邮电、书报、办公软件、现场监控、会议、水电、烧水和集体取暖降温（包括现场临时宿舍取暖降温）等费用。

3. 差旅交通费：是指职工因公出差、调动工作的差旅费、住勤补助费，市内交通费和误餐补助费，职工探亲路费，劳动力招募费，职工退休、退职一次性路费，工伤人员就医路费，工地转移费以及管理部门使用的交通工具的油料、燃料等费用。

4. 固定资产使用费：是指管理和试验部门及附属生产单位使用的属于固定资产的房屋、设备、仪器等的折旧、大修、维修或租赁费。

5. 工具用具使用费：是指企业施工生产和管理使用的不属于固定资产的工具、器具、家具、交通工具和检验、试验、测绘、消防用具等的购置、维修和摊销费。

6. 劳动保险和职工福利费：是指由企业支付的职工退职金、按规定支付给离休干部的经费，集体福利费、夏季防暑降温、冬季取暖补贴、上下班交通补贴等。

7. 劳动保护费：是企业按规定发放的劳动保护用品的支出。如工作服、手套、防暑降温饮料以及在有碍身体健康的环境中施工的保健费用等。

8. 检验试验费：是指施工企业按照有关标准规定，对建筑以及材料、构件和建筑安装物进行一般鉴定、检查所发生的费用，包括自设试验室进行试验所耗用的材料等费用。不包括新结构、新材料的试验费，对构件做破坏性试验及其他特殊要求检验试验的费用和建设单位委托检测机构进行检测的费用，对此类检测发生的费用，由建设单位在工程建设其他费用中列支。但对施工企业提供的具有合格证明的材料进行检测不合格的，该检测费用由施工企业支付。

9. 工会经费：是指企业按《工会法》规定的全部职工工资总额比例计提的工会经费。

10. 职工教育经费：是指按职工工资总额的规定比例计提，企业为职工进行专业技术和职业技能培训，专业技术人员继续教育、职工职业技能鉴定、职业资格认定以及根据需要对职工进行各类文化教育所发生的费用。

11. 财产保险费：是指施工管理用财产、车辆等的保险费用。

12. 财务费：是指企业为施工生产筹集资金或提供预付款担保、履约担保、职工工资支付担保等所发生的各种费用。

13. 税金：是指企业按规定缴纳的房产税、车船使用税、土地使用税、印花税等。

14. 其他：包括技术转让费、技术开发费、投标费、业务招待费、绿化费、广告费、公证费、法律顾问费、审计费、咨询费、保险费等。

（五）利润：是指施工企业完成所承包工程获得的盈利。

（六）规费：是指按国家法律、法规规定，由省级政府和省级有关权力部门规定必须缴纳或计取的费用。包括：

1. 社会保险费

（1）养老保险费：是指企业按照规定标准为职工缴纳的基本养老保险费。

（2）失业保险费：是指企业按照规定标准为职工缴纳的失业保险费。

（3）医疗保险费：是指企业按照规定标准为职工缴纳的基本医疗保险费。

（4）生育保险费：是指企业按照规定标准为职工缴纳的生育保险费。

（5）工伤保险费：是指企业按照规定标准为职工缴纳的工伤保险费。

2. 住房公积金：是指企业按规定标准为职工缴纳的住房公积金。

3. 工程排污费：是指按规定缴纳的施工现场工程排污费。

其他应列而未列入的规费，按实际发生计取。

（七）税金：是指国家税法规定的应计入建筑安装工程造价内的营业税、城市维护建设税、教育费附加以及地方教育附加。

二、按工程造价形成划分

建筑安装工程费按照工程造价形成由分部分项工程费、措施项目费、其他项目费、规费、税金组成，分部分项工程费、措施项目费、其他项目费包含人工费、材料费、施工机具使用费、企业管理费和利润。

（一）分部分项工程费：是指各专业工程的分部分项工程应予列支的各项费用。

1. 专业工程：是指按现行国家计量规范划分的房屋建筑与装饰工程、仿古建筑工程、通用安装工程、市政工程、园林绿化工程、矿山工程、构筑物工程、城市轨道交通工程、爆破工程等各类工程。

2. 分部分项工程：指按现行国家计量规范对各专业工程划分的项目。如房屋建筑与装饰工程划分的土石方工程、砌筑工程、钢筋及钢筋混凝土工程、门窗工程、楼地面装饰工程、墙、柱面装饰与隔断、幕墙工程、天棚工程、油漆、涂料、裱糊工程等。

各类专业工程的分部分项工程划分见现行国家或行业计量规范。

（二）措施项目费：是指为完成建设工程施工，发生于该工程施工前和施工过程中的技术、生活、安全、环境保护等方面的费用。内容包括：

1. 安全文明施工费

①环境保护费：是指施工现场为达到环保部门要求所需要的各项费用。

②文明施工费：是指施工现场文明施工所需要的各项费用。

③安全施工费：是指施工现场安全施工所需要的各项费用。

④临时设施费：是指施工企业为进行建设工程施工所必须搭设的生活和生产用的临时建筑物、构筑物和其他临时设施费用。包括临时设施的搭设、维修、拆除、清理费或摊销费等。

2. 夜间施工增加费：是指因夜间施工所发生的夜班补助费、夜间施工降效、夜间施工照明设备摊销及照明用电等费用。

3. 二次搬运费：是指因施工场地条件限制而发生的材料、构配件、半成品等一次运输不能到达堆放地点，必须进行二次或多次搬运所发生的费用。

4. 冬雨季施工增加费：是指在冬季或雨季施工需增加的临时设施、防滑、排除雨雪，人工及施工机械效率降低等费用。

5. 已完工程及设备保护费：是指竣工验收前，对已完工程及设备采取的必要保护措施所发生的费用。

6. 工程定位复测费：是指工程施工过程中进行全部施工测量放线和复测工作的费用。

7. 特殊地区施工增加费：是指工程在沙漠或其边缘地区、高海拔、高寒、原始森林等特殊地区施工增加的费用。

8. 大型机械设备进出场及安拆费：是指机械整体或分体自停放场地运至施工现场或由一个施工地点运至另一个施工地点，所发生的机械进出场运输及转移费用及机械在施工现场进行安装、拆卸所需的人工费、材料费、机械费、试运转费和安装所需的辅助设施的费用。

9. 脚手架工程费：是指施工需要的各种脚手架搭、拆、运输费用以及脚手架购置费的摊销（或租赁）费用。

措施项目及其包含的内容详见各类专业工程的现行国家或行业计量规范。

（三）其他项目费

1. 暂列金额：是指建设单位在工程量清单中暂定并包括在工程合同价款中的一笔款项。用于施工合同签订时尚未确定或者不可预见的所需材料、工程设备、服务的采购，施工中可能发生的工程变更、合同约定调整因素出现时的工程价款调整以及发生的索赔、现场签证确认等的费用。

2. 计日工：是指在施工过程中，施工企业完成建设单位提出的施工图纸以外的零星项目或工作所需的费用。

3. 总承包服务费：是指总承包人为配合、协调建设单位进行的专业工程发包，对建设单位自行采购的材料、工程设备等进行保管以及施工现场管理、竣工资料汇总整理等服务所需的费用。

（四）规费：定义同前述。

（五）税金：定义同前述。

第三节　房屋装饰工程量清单

一、房屋装饰工程量清单

工程量清单系建设工程的分部分项工程项目、措施项目、其他项目、规费项目和税金项目的名称和相应数量等的明细清单。

“工程量清单”是建设工程实行清单计价的专用名词，它表示的是实行工程量清单计价的建设工程的分部分项工程项目、措施项目、其他项目、规费项目和税金项目的名称和数量。它是一个工程计价中反映工程量的特定内容的重要概念。

工程量清单（包括房屋装饰工程量清单）是招标文件的组成部分，是编制招标控制价（或标底）、投标报价和工程结算的依据。工程量清单的准确性和完整性由招标人负责。

二、房屋装饰工程量清单的编制人、编制依据及其作用

工程量清单应由具有编制能力的招标人或受其委托，具有相应资质的工程造价咨询人编制、填写。

（一）编制工程量清单的依据

1.《建设工程工程量清单计价规范》（简称“13 规范”）；

2. 国家或省级、行业建设主管部门颁发的计价依据和办法；

3. 建设工程设计文件，包括施工图纸及相关资料；

4. 与建设工程项目有关的标准、规范、技术资料；

5. 招标文件及其补充通知、答疑纪要；

6. 施工现场情况、工程特点及常规施工方案；

7. 其他相关资料。

（二）工程量清单的主要作用

1. 工程量清单是建设工程各建设阶段计算工程量的依据；

2. 招标人编制并确定招标控制价的依据；

3. 投标人编制投标报价，策划投标方案的依据；

4. 工程量清单是招标人、投标人签订工程施工合同、调整合同价款的依据；

5. 工程量清单也是工程结算、支付工程款和办理工程竣工结算以及工程索赔等的依据。

三、工程量清单的编制

（一）工程量清单的组成内容

按“13 规范”规定，房屋装饰工程量清单采用统一格式，由下列内容组成（表 2-1 ~ 表 2-7 是工程量清单表式及填写示例）：

（1）招标工程量清单封面、扉页（封-1，扉-1）注；

（2）总说明（表-01）；

（3）分部分项工程量清单（表-08）；

（4）总价措施项目清单（表-11）；

（5）其他项目清单（表-12，不含表-12-6 ~ 表-12-8）；

（6）规费、税费项目清单（表-13）①。

（二）工程量清单总说明的内容（表-01）

按“13 规范”要求，工程量清单总说明应填写下列内容：

1. 工程概况：建设规模、工程特征、计划工期、施工现场实际情况、自然地理条件、环境保护要求等。

2. 工程招标和专业工程发包范围。

3. 工程量清单编制依据。

---

① 本章编号为“表-序号”及“封-序号”的表格，系引用“13 规范”正文“第 16 章工程计价表格”的编号方法，以便读者查对。全套“工程计价表格”见附录一。

4. 工程质量、材料、施工等的特殊要求。

5. 其他需要说明的问题。

（三）分部分项工程量清单

分部分项工程量清单应满足工程计价的要求，同时还应满足规范管理、方便管理的要求。为此，“13 规范”按照“统一项目编码、统一项目名称、统一项目特征描述、统一计量单位、统一工程量计算规则”的原则（称五个要求，也称五统一），设计了如表-08 所示的分部分项工程量清单表，该表由序号、项目编码、项目名称、项目特征描述、计量单位、工程（数）量等栏目组成。

1. 项目编码

项目编码是分部分项工程量清单项目名称的数字标识码。分部分项工程量清单中的项目编码统一按 12 位阿拉伯数字表示，1-9 位为全国统一编码，在编制分部分项工程量清单时，应按《08 计价规范》附录 B 的规定设置，不得变动；10 至 12 位是清单项目名称编码，应根据拟建工程的工程量清单项目名称设置。同一招标工程的项目编码不得有重码。

图 2-2 所示为一具体示例，第 1、2 位为附录顺序码，表示房屋装饰工程编码，即附录顺序码 11；第 3、4 位表示专业工程顺序编码，第 5、6 位表示分部工程（节）顺序编码，第 7、8、9 位表示分项工程项目名称顺序编码，第 10、11、12 位表示清单项目（子目）名称顺序编码。其中第 10、11、12 位项目编码及项目名称亦可按各省、自治区、直辖市根据各地具体情况编制。

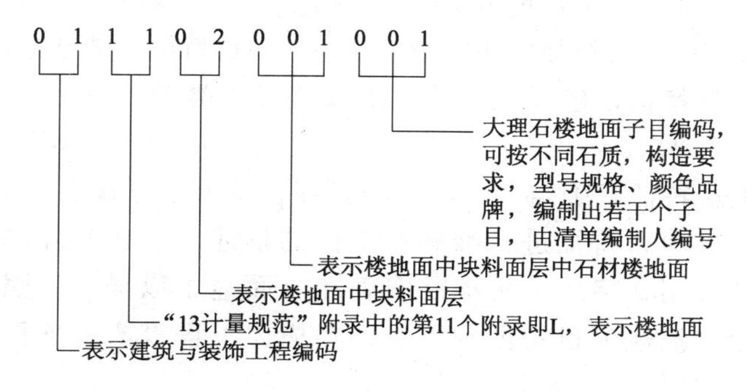

图 2-2　项目编码示例

2. 项目名称

分部分项工程量清单的项目名称应按附录的项目名称结合拟建工程的实际确定。应考虑如下因素：

（1）施工图纸；

（2）“13 计量规范”中的项目名称；

（3）拟建工程的实际情况；

（4）结合装饰工程消耗量定额，依次列出各分部分项子目的名称，这些项目名称就称为工程量清单项目。

需要特别说明的是，在归并或综合较大的项目时，应区分项目名称，分别编码列项。例如，门窗工程中的特种门应区分冷藏门、冷冻间门、保温门、变电室门、隔声门、防射线门、人防门、金库门等。

当出现“13 计量规范”附录中未包括的项目时，编制人应作补充。在编制补充项目时应按以下三点进行：

（1）项目的编码由“13 计量规范”的代码 01 与 B 和三位阿拉伯数字组成，并应从 01B001 起顺序编制，同一招标工程的项目不得重码。例如 01B001、01B002 等。

（2）补充的工程量清单中需附有补充项目的项目名称、项目特征、计量单位、工程量计算规则、工作内容，以方便投标人报价和后期变更、结算。

（3）编制的补充项目报省级或行业工程造价管理机构备案。

现以分部工程“墙、柱面装饰与隔断、幕墙工程”中的隔墙为例编制补充项目示例（见表 2-1）。

表 2-1　隔墙（011211）

项目编码	项目名称	项目特征	计量单位	工程量计算规则	工作内容
01B001	成品 GRC 隔墙	1. 隔墙材料品种、规格 2. 隔墙厚度 3. 嵌缝、塞口材料品种	m^2	按设计图示尺寸以面积计算，扣除门窗洞口及单个 ≥0.3m^2 的孔洞所占面积	1. 骨架及边框安装 2. 隔板安装 3. 嵌缝、塞口

3. 项目特征描述

项目特征是构成分部分项工程量清单项目、措施项目自身价值的本质特征。

分部分项工程量清单项目特征应按附录中规定的项目特征，结合拟建工程项目的实际予以描述。附录中的项目特征，包括项目的要求（型号、类型、尺寸等）、材料的品种、规格、型号、材质等特征要求。

工程量清单的项目特征是确定一个清单项目综合单价不可缺少的重要依据，在编制的工程量清单中必须对其项目特征进行准确和全面的描述。但在实际的工程量清单项目特征描述中有些项目特征用文字往往又难以准确和全面地予以描述，因此为达到规范、统一、简捷、准确、全面描述项目特征的要求，在描述工程量清单项目特征时应按以下原则进行：

（1）项目特征描述的内容按本规范附录规定的内容，项目特征的表述按拟建工程的实际要求，能满足确定综合单价的需要。

（2）若采用标准图集或施工图纸能够全部或部分满足项目特征描述的要求，项目特征描述可直接采用详见××图集或××图号的方式。对不能满足项目特征描述要求的部分，仍应用文字描述。

4. 计量单位

均应按附录中（如装饰工程为附录 B）各分部分项工程规定的“计量单位”执行。房屋装饰工程中大多数分项的计量单位为 m^2、m，门、窗的单位为樘/m^2。

5. 工程量计算

工程量清单表中所列工程数量应按所列工程子目逐项计算，计算时应按“13 计量规范”规定的工程量计算规则进行，计算式应符合计算规则的要求。

（四）措施项目清单

措施项目指为完成工程项目施工，发生于该工程施工准备和施工过程中的技术、生活、安全、环境保护等方面的非工程实体项目。

措施项目分通用措施项目和专业措施项目两部分，其项目清单应根据拟建工程的实际情况列项。通用措施项目可按表 3. 3. 1 选择列项（此表为 08 计价规范编号），专业工程的措施项目可按附录（如房屋装饰工程为附录 B）中规定的项目选择列项。

“13 规范”规定，若出现规范未列的项目，可根据工程实际情况补充。这是由于影响措施项目设置的因素太多，规范不可能将施工中可能出现的措施项目一一列出。因此在编制措施项目清单时，因工程情况不同，出现规范及附录中未列的措施项目，即可对措施项目清单作补充。

表 3. 3. 1　“13 规范”通用措施项目一览表

序　号	项　　目　　名　　称
1	安全文明施工（含环境保护、文明施工、安全施工、临时设施）
2	夜间施工
3	二次搬运
4	冬雨季施工
5	大型机械设备进出场及安拆
6	施工排水
7	施工降水
8	地上、地下设施。建筑物的临时保护设施
9	已完工程及设备保护

措施项目可分为两种情况：

（1）可以计算工程量的措施项目清单，宜采用分部分项工程量清单的方式编制，列出项目编码、项目名称、项目特征、计量单位和工程数量，混凝土浇筑的模板及支架工程就属此类，这时的措施项目清单表格按表-08 执行。

（2）不能计算工程量的项目清单，以“项”为计量单位，安全文明施工费、冬雨季施工等，这种情况用表-11。

（五）其他项目清单（表-12）

其他项目清单宜按照下列内容列项：

1. 暂列金额

暂列金额明细表格式如表-12-1 所示。

2. 暂估价

包括材料暂估价、专业工程暂估价。

表-12-2 是材料暂估单价表；表-12-3 是专业工程暂估价表。

3. 计日工（表-12-4 是计日工表）

4. 总承包服务费

表-12-5 是总承包服务费计价表。

（六）规费、税金项目清单

1. 规费项目清单应按照下列内容列项

（1）社会保险费：包括养老保险费、失业保险费、医疗保险费、生育保险费、工伤保险费；

（2）住房公积金；

（3）工程排污费。

2. 税金项目清单应包括下列内容

（1）营业税；

（2）城市维护建设税；

（3）教育费附加以及地方教育附加。

规费、税金项目清单与计价表表格样式如表-13 所示。

第四节　房屋装饰工程量清单计价

一、房屋装饰工程量清单计价

根据“13 规范”，房屋装饰工程量清单计价采用统一格式（见附录一：工程计价表格）。采用工程量清单计价，其价款包括完成招标文件规定的工程量清单项目所需要的全部费用，即建设工程造价由分部分项工程费、措施项目费、其他项目费、规费和税金五部分组成。工程量清单计价采用综合单价计价法。

二、综合单价确定

在工程量清单计价中，所指综合单价实际上包含两部分计费项目的综合单价。一类是形成工程实体的与实物工程量相对应的综合单价，可称为实物工程量综合单价；另一类是与施工技术措施相关的综合单价，可称为措施项目综合单价。

（一）分部分项工程量清单项目综合单价的确定

综合单价是为完成一个规定计量单位的分部分项工程量清单项目或措施清单项目所需的人工费、材料费、施工机具使用费（常称“三费”或直接费）和企业管理费与利润，以及一定范围内的风险费用。

“三费”等于“三量”乘以相应的“三价”。其中“三量”指人工、材料、机具使用台班消耗量，“三价”指人工、材料、机械使用台班的单价。“三费”的计算表达式相当于传统计算方法的定额直接费的计算式，可写为：

$$\Sigma（工程量清单项目消耗量 \times 单价） \quad (2\text{-}1)$$

这里的人工、材料、机械台班消耗量可由国家或省级、行业建设主管部门颁发的计价定额，例如《全国统一建筑房屋装饰工程消耗量定额》或各省现行计价定额中的工、料、机消耗量标准确定，或按企业定额取定。

人工、材料、机械台班单价由市场形成：人工单价可按工程所在地人力资源行情综合考虑、计算确定。各种材料价格可按当地工程造价管理机构发布的工程造价信息或参考市场价格确定；或按施工企业自行编制的材料价格表确定；招标文件提供了暂估单价的材料，按暂估的单价计入综合单价。施工机械台班单价由折旧费、大修费、维修费、润滑擦拭材料费、燃料动力费和操作人员人工费等组成，经计算确定。

“三费”确定之后，考虑企业管理费和利润。

确定综合单价的另一种方法是：根据清单项目的特征，列出完成本项目所必须的工作内容，按照完成每个“小”的工作内容（相当于工序）所需要的人工费、材料费、机械使用费、管理费、利润计划，必要时计入风险费用，最后将完成各工作内容的全部费用汇总后，即为该清单项目的综合单价值（如表2-2所示）。

特别要提出的是，分部分项工程量清单的“项目特征”是确定一个清单项目综合单价的重要依据，应计及清单中各项目特征对综合单价的贡献。

（二）措施项目和其他项目清单综合单价的确定

依据“13规范”，综合单价不但适用于分部分项工程量清单，也适用于措施项目清单。

措施项目中以综合单价形式计价的措施项目，其综合单价的确定，与分部分项工程量清单项目综合单价的确定同法，但应考虑不同的措施项目，其综合单价组成内容可能有差异，要根据具体项目而定。

其他项目清单中的暂列金额、暂估价为估算、预测数，虽在投标时计入投标人的报价中，但不应视为投标人所有。工程竣工结算时，应按承包人实际完成的工作内容结算，剩余部分仍归招标人所有。计日工综合单价按有关计价规定确定，方法同上。

措施项目综合单价（及措施项目费）的计算基本上有以下几种情况：

（1）由构成技术措施项目每计量单位所需的人工费、材料费、机械费及企业管理费、利润之和确定，其中“三费”的计算方法与实物清单项目综合单价中“三费”相同，如现浇钢筋混凝土模板、支架；

（2）按有关部门的规定计算，包括现场安全文明施工措施费、夜间施工增加费等；

（3）按招标文件或甲、乙双方施工合同载明的条款确定，例如赶工增加费，优质优价等。

（4）按工程实际需要列项计算，如临时设施费，应按工程规模、施工方案或施工组织设计的具体要求列项计算，对于一些小型项目，也可按工程造价的百分比计取，一般按工程总造价的1%～2%计取。

三、房屋装饰工程量清单预算造价编制

装饰工程预算常称为施工图预算，招标控制价，通常按下列顺序进行：

（一）熟悉施工图纸和有关资料

施工图纸及其说明是计算工程量、编制预算、招标控制价、投标报价的基本依据。阅读图纸，掌握工程全貌，有利于正确划分工程（子）项目；熟悉工作内容和各部位尺寸，有利于准确计算工程量；了解工程项目特征、结构、施工做法和所用材料，就能正确掌握清单项目的构成，准确计算工程消耗量，准确地组建综合单价。一般来说，熟悉图纸包括如下几方面工作：

（1）首先是将图纸按规定顺序编排，装订成册，如发现缺漏图纸，应及时补齐。

（2）阅读审核图纸：图纸齐全后，认真阅读，做到全面熟悉工作内容、做法和各相应尺寸。发现设计问题，及时研究解决。

（3）掌握交底、会审资料：在熟悉图纸的基础上，参加由建设单位主持，设计单位参加的图纸交底、会审会，了解会审记录的有关内容。

（4）熟悉已经批准的招标文件，包括工程范围和内容、技术质量和工期的要求等。

（5）必要时查阅有关局部构造或构配件的标准图样。

另外，应准备足够的其他基础资料，包括消耗量定额，施工组织设计和施工技术措施方案，材料价格信息，政府部门发布的各项工程造价文件等。

（二）列分部分项工程量清单项目

根据设计图纸，“13 计量规范”中房屋装饰工程量清单项目及计算规则，消耗量定额，工程量清单表（表-08），按顺序列出全部需要编制预算的装饰工程清单项目。注意，这里所说的项目是指设计图纸中所包含的，又要与工程量清单项目中的项目名称及消耗量定额相对应的那些项目，当然，消耗量定额中没有而图纸上有的分项内容也必须列出。通常称所列的工程量清单项目基本上与《全国统一建筑房屋装饰工程消耗量定额》或计价定额对应衔接，因此也可称为分项、子项或子目。

1. 列工程子项时应掌握的基本原则是：既不能多列、错列，也不能少列、漏列。具体地说：

（1）凡图纸上有的工作内容，应列子项；

（2）凡图纸上有的工作内容，而定额中却无相应子目，也要列项；

（3）图纸上没有的项目，不得列子项。

2. 分项的项目名称，应按图纸的构造做法、所用材料、规格并结合“清单项目及计算规则”中“项目特征”和“工作内容”的要求，具体而详实地列出，以便于确定综合单价，计算招标控制价和施工单位进行投标报价。

（三）计算分部分项（实体）**工程量**（表-08）

工程量是以规定的计量单位（自然计量单位或法定计量单位）所表示的各分项（子项）工程或结构构件的数量，它是编制预算造价的主要基础数据。工程量的正确与否直接影响到预算造价的准确性。工程量要按“13 计量规范”规定的计算规则，仔细认真的逐项计算。实际工作中，用工程量计算表进行计算。

（四）计算分部分项工程费（合价）

分部分项工程费应根据招标文件中的分部分项工程量清单项目的特征描述及有关要求，及工程造价编制的规定确定综合单价计算，然后按表-08 要求计算各分项工程合价。计算方法如下式所示：

$$\text{实物工程量清单合价} = \sum(\text{清单项目工程量} \times \text{综合单价}) \quad (2\text{-}2)$$

表 2-2 是一个单位房屋装饰工程的分部分项工程量清单与计价格式及填写示例。

表 2-3 是工程量清单综合单价分析示例。

表 2-2　分部分项工程和单价措施项目量清单与计价表

工程名称：　　　　　　　　　　　　标段：　　　　　　　　　　　　第　页　共　页

序号	项目编码	项目名称	项目特征描述	计量单位	工程量	金额（元）		
						综合单价	合价	其中：暂估价
	B.1 楼地面工程							
1	020102001001	大理石楼面	1：3 水泥砂浆找平层，1：2.5 水泥砂浆粘贴厚 20mm，500mm×500mm	m^2	68	278.50	18938.00	
	B.2 墙柱面工程							
12	020201002001	水刷豆石墙面	砖墙面，12mm + 12mm 底 1：1：6 面 1：1：2 混合砂浆	m^2	230	29.90	6877.00	
13	020204003001	瓷板	200mm×150mm，1：2.5 水泥砂浆粘贴，砖墙面	m^2	75.8	97.75	7409.45	
	B.3 天棚工程							
21	020302001001	吊顶天棚	方木龙骨、单层、石膏板面	m^2	193	96.46	18616.78	
	B.4 门窗工程							
28	020406001001	铝合金推拉窗	90 系列，厚 1.2mm，白玻璃 6mm	樘	42	1192	50064.00	
	B.5 油漆、涂料、裱糊工程							
31	020507001001	外墙乳胶漆	基层抹灰面满刮成品耐水腻子三遍、磨平，乳胶漆一底二面	m^2	650	57.12	37128.00	
本页小计							139033.23	
合计							139033.23	

表 2-3　工程量清单综合单价分析表

工程名称：　　　　　　　　　　　　标段：　　　　　　　　　　　　第　页　共　页

项目编码	020506001001		项目名称		外墙乳胶漆			计量单位			m^2
清单综合单价组成明细											
定额编号	定额项目名称	定额单位	数量	单价				合价			
				人工费	材料费	机械费	管理费和利润	人工费	材料费	机械费	管理费和利润
BE0267	抹灰面满刮耐水腻子	$100m^2$	0.010	415.68	3450		163.25	4.16	34.5		1.63
BE0276	外墙乳胶漆底漆一遍面漆二遍	$100m^2$	0.010	391.68	1137.63		153.34	3.92	11.38		1.53

续表

人工单价	小计			8.08	45.88		3.16
48元/工日	未计价材料费						
清单项目综合单价				57.12			
材料费明细	主要材料名称、规格、型号	单位	数量	单价（元）	合价（元）	暂估单价（元）	暂估合价（元）
	耐水成品腻子	kg	2.50	14.00	35.00		
	××牌乳胶漆面漆	kg	0.353	23.00	8.12		
	××牌乳胶漆底漆	kg	0.136	20.00	2.72		
	其他材料费			—	0.04	—	
	材料费小计			—	45.88	—	

（五）计算并确定措施项目清单与计价表

根据工程情况、装饰构造做法以及施工方法等的具体要求，确定并填列措施项目清单，分别按可计算工程量和以“项”计价的措施项目填入表-8及表-11。再按计算分部分项工程费（适用于可计算工程量的项目），或按相关部门规定（适用于以“项”计价的项目）计算措施项目费。本示例措施项目计价见表2-4。

表2-4　总价措施项目清单与计价表

工程名称：　　　　　　　　　　　　标段：　　　　　　　　　　　　第　页　共　页

序　号	项　目　名　称	计算基础	费率（%）	金额（元）
1	安全文明施工费	分部分项工程费	0.9	1251.30
2	各专业工程的措施项目			
（1）	室内空气污染测试	分部分项工程费	0.15	208.55
合计				1459.85

（六）计算并确定其他项目清单与计价表

表2-5是其他项目清单与计价汇总表，因材料暂估单价进入清单项目综合单价，此处不汇总。其中：

表2-5-1是暂列金额明细表，本表由招标人填写，如不能详列，也可只列暂定金额总额，投标人应将暂列金额计入投标总价中。

表2-5-2是材料暂估单价及调整表，由招标人填写，并在备注栏说明暂估价的材料拟用在哪些清单项目上，投标人应将上述材料暂估单价计入工程量清单综合单价报价中。

表2-5-3是专业工程暂估价及结算价表，此表由招标人填写，投标人应将专业工程暂估

价计入投标总价中。

表 2-5-4 计日工表，此表的项目名称、数量由招标人填写，编制招标控制价时，单价由招标人按有关计价规定确定；投标时，单价由投标人自主报价，计入投标总价中。

表 2-5-5 是总承包服务费计价表，此表由招标人填写，投标人应将表内专业工程暂估价计入投标总价中。

表 2-5　其他项目清单与计价汇总表

工程名称：　　　　　　　　　　　　　　标段：　　　　　　　　　　　　第　页　共　页

序号	项　目　名　称	金额（元）	结算金额（元）	备　注
1	暂列金额	20000.00		明细详见表 2-5-1
2	暂估价			
2.1	材料暂估价	—		明细详见表 2-5-2
2.2	专业工程暂估价	20000.00		明细详见表 2-5-3
3	计日工	3344.00		明细详见表 2-5-4
4	总承包服务费	3000.00		明细详见表 2-5-5
合计		46344.00		—

表 2-5-1　暂列金额明细表

工程名称：　　　　　　　　　　　　　　标段：　　　　　　　　　　　　第　页　共　页

序号	项　目　名　称	计算单位	暂定金额（元）	备　注
1	工程量清单中工程量偏差和设计变更	项	10000.00	
2	政策性调整和材料价格风险	项	10000.00	
3				
合计			20000.00	—

表 2-5-2　材料（工程设备）暂估单价及调整表

工程名称：　　　　　　　　　　　　　　标段：　　　　　　　　　　　　第　页　共　页

序号	材料（工程设备）名称、规格、型号	计量单位	数量		暂估（元）		确认（元）		差额 +（元）		备注
			暂估	确认	单价	合价	单价	合价	单价	合价	
1	天然大理石板材（国产大花绿），600mm × 600mm × 20mm	m^2	60		140	8400					
2											
合计											

表 2-5-3 专业工程暂估价及结算价表

工程名称： 标段： 第 页 共 页

序号	工程名称	工作内容	暂估金额（元）	结算金额（元）	差额 +（元）	备注
1	入户防盗门	安装	20000.00			
合计			20000.00			

表 2-5-4 计日工表

工程名称： 标段： 第 页 共 页

编号	项目名称	单位	暂定数量	实际数量	综合单价（元）	合价（元）	
						暂定	实际
一	人工						
1	普工	工日	20		40	800.00	
2	技工（综合）	工日	10		55	550.00	
3							
人工小计						1350.00	
二	材料						
1	水泥 42.5	t	2		575	1150.00	
2	中砂	m^3	8		80	640.00	
3	砾石（5～40mm）	m^3	4		51	204.00	
4							
材料小计						1994.00	
三	施工机械						
1							
施工机械小计							
四	企业管理费和利润						
总计							

表 2-5-5 总承包服务费计价表

工程名称： 标段： 第 页 共 页

序号	项目名称	项目价值（元）	服务内容	计算基础	费率（%）	金额（元）
1	发包人发包专业工程	100000.00	1. 要求对分包的专业工程进行总承包管理和协调，对竣工资料进行统一整理汇总。 2. 同时要求提供配合服务（配合服务内容和要求见招标文件）		3	3000.00
合计						3000.00

（七）计算规费和税金

规费和税金，属于非竞争性费用，根据国家规定的有关费率和计算方法确定。表2-6是规费、税金项目清单与计价表。

表2-6　规费、税金项目清单与计价表

工程名称：　　　　　　　　　　　　　　标段：　　　　　　　　　　　　　第　页　共　页

序号	项　目　名　称	计算基础	计算基数	费率（%）	金额（元）
1	规费	定额人工费			5065.27
1.1	社会保险费	定额人工费			4319.22
(1)	养老保险费	定额人工费			
(2)	失业保险费	定额人工费			
(3)	医疗保险费	定额人工费			
(4)	工伤保险费	定额人工费			
(5)	生育保险费	定额人工费			
1.2	住房公积金	定额人工费			746.05
1.3	工程排污费	按工程所在地环境保护部门收取标准，按实计入			
2	税金	分部分项工程费＋措施项目费＋其他项目费＋规费－按规定不计税的工程设备金额		3.41	6867.51
合计					11932.78

（八）单位工程造价计算

表2-7是单位工程预算造价汇总，和招标控制价/投标报价表的表式相同。将表2-1及表2-3～表2-6所计算的合价金额填入表2-7，汇总即得单位房屋装饰工程总造价。其计算式为：

$$\text{单位工程预算造价} = \sum(\text{分部分项工程费}) + \text{措施项目费} + \text{其他项目费} + \text{规费} + \text{税金} \tag{2-3}$$

表2-7　单位工程预算造价/招标控制价/投标报价汇总表

工程名称：　　　　　　　　　　　　　　　　　　　　　　　　　　　　第　页　共　页

序号	汇　总　内　容	金额（元）	其中：暂估价（元）
1	分部分项工程	139033.23	
1.1	B.1 楼地面工程	18938.00	
1.2	B.2 墙柱面工程	14286.45	
1.3	B.3 天棚工程	18616.78	
1.4	B.4 门窗工程	50064.00	
1.5	B.5 油漆、涂料、裱糊工程	37128.00	
	（略）		
2	措施项目	10950.85	

续表

2.1	其中：安全文明施工费	1251.30	
3	其他项目	46344.00	
3.1	其中：暂列金额	20000.00	
3.2	其中：专业工程暂估价	20000.00	
3.3	其中：计日工	3344.00	
3.4	其中：总承包服务费	3000.00	
4	规费	5065.27	
5	税金	6867.51	
	招标控制价合计 =1 +2 +3 +4 +5	208260.86	

第五节　房屋装饰工程价款支付和竣工结算

一、建设各阶段工程计量

采用工程量清单计价时，不论由于工程量清单有误或漏项，还是由于设计变更引起新的工程量清单项目或清单项目工程数量的增减，均应按实调整。即工程竣工结算时，实际发生的招标时所依据施工图纸以外的工程变更和由于招标人原因造成的工程量清单漏项或计算误差应予调整。也就是说，由招标人所提供的工程量清单项目、工程数量与实际完成的不符时，应按合同约定调整。但在工程建设的各个阶段工程计量的要求是不一样的。

1. 在招标、投标阶段，招标文件中的工程量清单标明的工程量是招标人根据拟建工程设计文件预计的工程量，是招标、投标各方应共同遵循的，以求公平、公正。招标人编制招标控制价依据此工程量，各投标人进行投标报价也是依据清单所提供的工程量，规范中明确要求投标人应按招标人提供的工程量清单填报价格。填写的项目编码、项目名称、项目特征、计量单位、工程量必须与招标人提供的一致。

2. 工程实施期间支付工程进度款时，工程量应按承包人在履行合同义务过程中实际完成的工程量计量。即若发现工程量清单中出现漏项、工程量计算偏差，以及工程变更引起工程量的增减变化，应按实调整，正确计量。

3. 竣工结算的工程量应按发、承包双方在合同中约定应予计量且经双方认可实际完成的工程量确定，而非招标文件中工程量清单所列的工程量，包括施工现场签证、设计变更、索赔等事项所涉及的工程量改变。

二、工程价款支付

工程价款支付常称工程价款结算，是指对建设工程的发承包合同价款进行约定和依据合同约定进行工程预付款、工程进度款结算的活动。

1. 工程预付款，也称预付备料款或工程材料预付款

工程预付款是发包人为解决承包人在施工准备阶段资金周转问题提供的协助。合同中应约定工程预付款的数额、支付时间及抵扣方式。

预付款数额：可以是绝对数，如 50 万元、100 万元，也可以是额度，如合同金额的

10%、15%等，通常不低于10%，不高于30%。

发包人支付的工程预付款，应按照合同约定在工程进度款中抵扣，并约定抵扣方式：如在工程进度款中按比例抵扣等。

2. 工程进度款结算（方式、时间）

（1）按时间结算与支付。即实行按月（或按季）支付进度款，竣工后清算的办法。合同工期在两个年度以上的工程，在年终进行工程盘点，办理年度结算。

（2）分段结算与支付。即当年开工、当年不能竣工的工程，通常按照工程形象进度，划分不同阶段支付工程进度款，如±0.00以下基础及地下室、主体结构1~3层、4~6层等。具体采取哪种方式应按合同约定。

此外，“13规范”规定了：经发、承包双方确认调整的工程价款，作为追加（减）合同价款，应与工程进度款或结算款同期支付。

3. 工程进度款支付程序

（1）承包人应按照合同约定周期（如在每个月末或合同约定的工程段完成后），向发包人递交已完工程量报告。发包人应在接到报告后按合同约定进行核对。发、承包双方认可的核对后的计量结果，应作为支付工程进度款的依据。

（2）承包人应在每个付款周期末（月末或合同约定的工程段完成后），向发包人递交进度款支付申请，并附相应的证明文件。

工程进度款支付申请所包括的内容应符合要求，表-17是计价规范列出的申请/核准表格，其中规定了12项基本内容。

（3）发包人在收到承包人递交的工程进度款支付申请及相应的证明文件后，发包人应在合同约定时间内核对和支付工程进度款。

三、工程竣工结算

（一）工程量变更后，综合单价的确定方法

工程量清单计价的综合单价一般是通过招标中报价的形式体现的，一旦中标，报价即作为签订施工合同的依据相对固定下来，因此清单计价单价就不能随意调整。若工程量变更，综合单价应按下列办法确定：

1. 由于工程量清单的工程数量有误或设计变更引起工程量增减，工程量变化属合同约定幅度以内的，应执行原有的综合单价；该项工程量变化属合同约定幅度以外的，其增加部分的工程量或减少后剩余部分的工程量的综合单价应予以调整。其综合单价调整可按以下原则办理：

（1）当工程量变化幅度在10%以内时，其综合单价不作调整，执行原有综合单价；

（2）当工程量的变化幅度在10%以外，且其影响分部分项工程费超过0.1%时，其综合单价以及对应的措施费（如有）均应作调整，调整的方法是由承包人对增加的工程量或减少后剩余的工程量部分提出新的综合单价和措施项目费，发包人确认后作为结算的依据。

2. 由于分部分项工程量清单漏项或设计变更引起新的工程量清单项目，其相应的综合单价按下列方法确定：

（1）合同中已有适用的综合单价，按合同中已有的综合单价确定；

（2）合同中有类似的综合单价，参照类似的综合单价确定；

（3）合同中没有适用或类似的综合单价，由承包人提出综合单价，经发包人确认后作为结算的依据。

3. 如合同中对变更后综合单价的确定方法有明确条款规定者，按合同规定执行。

（二）工程竣工结算

1. 工程完工后，发、承包双方应在合同约定时间内办理工程竣工结算。工程竣工结算由承包人在合同约定时间内编制完成竣工结算书，并在提交竣工验收报告的同时递交给发包人。发包人在收到承包人递交的竣工结算书后，应按合同约定时间核对。竣工结算办理完毕，发包人应根据确认的竣工结算书在合同约定时间内向承包人支付工程竣工结算价款。

工程竣工结算书应符合要求，首先要说明编制竣工结算的依据，同时结算报表要规范、完整，“13 规范”设计了一套标准的结算表格，包括：封-4、扉-4、表-01、表-05、表-06、表-07、表-08、表-09、表-10、表-11、表-12、表-13、表-14 等，供竣工结算使用。

2. 编制竣工结算的依据

（1）“13 规范”；

（2）工程施工合同；

（3）建设工程设计文件及相关资料；

（4）双方确认的工程量；

（5）双方确认追加（减）的工程价款；

（6）双方确认的索赔、现场签证事项及价款；

（7）招标文件，投标文件；

（8）其他依据。

3. 竣工结算内容

竣工结算应以合同约定为核心，对建设工程的全费用（分部分项工程费、措施项目费、其他项目费、规费和税金）进行最终造价结算。例如：

（1）分部分项工程费应依据双方确认的工程量、合同约定的综合单价计算；如发生调整的，以发、承包双方确认调整的综合单价计算。

（2）措施项目费应依据合同约定的项目和金额计算；如发生调整的，以发、承包双方确认调整的金额计算，其中安全文明施工费应按照国家或省级、行业建设主管部门的规定计算。

（3）其他项目费在办理竣工结算时应按下列要求计算：

①计日工的费用应按发包人实际签证确认的数量和合同约定的相应项目综合单价计算。

②暂估价中的材料单价应按发、承包双方最终确认价在综合单价中调整；专业工程暂估价应按中标价或发、承包人与分包人最终确认价计算。

③总承包服务费应依据合同约定的金额计算，发、承包双方依据合同约定对总承包服务费进行了调整，应按调整后的金额计算。

④索赔事件产生的费用在办理竣工结算时应在其他项目费中反映。索赔费用的金额应依据发、承包双方确认的索赔事项和金额计算。费用索赔应使用“13 规范”规定的费用索赔申请表，格式如表-12-7 所示。

⑤现场签证发生的费用在办理竣工结算时也应在其他项目费中反映。现场签证费用金额依据发、承包双方签证资料确认的金额计算。本次计价规范也对“现场签证”给予了规定，

表-12-8 是统一的签证表，全行业应遵照使用。

⑥合同价款中的暂列金额在用于各项价款调整、索赔与现场签证（即减去工程价款调整与索赔、现场签证金额）后的金额计算，若有余额，则余额归发包人，若出现差额，则由发包人补足，并反映在相应项目的工程价款中。

（4）施工期内市场价格变化超出一定幅度时，工程价款应按合同约定调整；如合同没有约定或约定不明确的，应按省级或行业建设主管部门或其授权的工程造价管理机构的规定调整。例如人工单价发生变化，材料价格变化，施工机械使用费发生变化均应按相关规定调整工程价款。

第三章 房屋装饰工程消耗量定额

第一节 概 述

一、装饰工程定额的概念

房屋装饰工程消耗量定额是指在一定的施工技术与建筑艺术创作条件下，为完成规定计量单位、质量合格的房屋装饰分项工程产品，所需的人工、材料和施工机械台班消耗量的数量标准。例如天棚工程是一个分部工程，天棚龙骨、天棚基层、天棚面层就是该分部装饰工程中的分项工程，由于装饰工艺和结构构件的不同，分项装饰工程往往又细分为若干个“小”分项，通常称为定额子项（或子目），如天棚龙骨可分为木龙骨、轻钢龙骨、铝合金龙骨、铝合金方板龙骨等。所谓规定计量单位房屋装饰工程产品，实际上就是指某个定额子目所规定的计量单位和工作内容，是一种“假想”的产品，在房屋装饰工程中常用的计量单位为m^2、m等。

二、房屋装饰工程消耗量定额的作用

房屋装饰工程消耗量定额的作用主要体现在以下几个方面：

1. 房屋装饰工程消耗量定额是编制房屋装饰工程施工图预算，确定房屋装饰工程预算造价的依据；也是招投标工作中建设单位编制招标工程标底的依据；同时也是控制装饰工程投资的有效手段。

装饰工程的造价是根据设计图纸所规定的工程数量及其相应的劳动力、材料和机械台班消耗量，从而确定工程所需要的资金额度。其中人工、材料和机械台班的消耗量是根据定额计算出来的，这就是说，定额是计算工程造价的基础和根据。同样，招标单位编制标底，投标单位确定标价也应以定额为依据，因为确定工程造价的标准只能是同样的。

2. 房屋装饰工程消耗量定额是编制房屋装饰工程概算定额（指标）、估算指标和编制房屋装饰工程地区单位估价表的基础。

3. 房屋装饰工程消耗量定额可以作为装饰施工企业进行投标报价、内部核算和编制企业定额的参考。

在市场经济条件下，装饰施工企业如何正确的进行投标报价，是一个值得认真研究的新课题。报价可以依据统一的消耗量定额计算造价，也可以不依据定额进行估价，或者依据企业定额进行计价，还可以根据装饰工程性质，本企业的资质水平，结合当时当地的多方面情况进行灵活报价。但报价的方法应规范化，其基本的方法应以各类定额为计价基础，合理确定工程报价额度以使报价接近标底，提高中标率。

作为独立经济实体的装饰施工企业，进行经济核算、考核工程成本，是改善经营管理，增加盈利的重要前提。盈利的优劣要根据本企业的实际工程成本，按照装饰定额所提供的各

种活劳动、物化劳动的消耗量计算的装饰预算成本进行对比分析，找出本企业的优势及薄弱环节，改进管理，提高劳动生产率，降低物耗，从而使企业获得最佳的经济效益。

4. 对装饰工程设计方案进行技术经济比较的依据。

装饰设计要研究装饰对象的美观、舒适和使用方便。同时，更要讲究经济效果，求得装饰设计效果与经济合理之间的统一。这就必须进行多方案比较。可以根据定额计算（或估算）出每个设计方案的工程造价，与装饰设计效果比较，在设计效果相同的诸方案中，工程造价低者是好的设计方案，或者在要求控制工程造价的条件下，造价相同的诸方案中，设计效果好的方案当然就是最优秀的设计方案。通过技术经济比较，可以评价不同设计方案的经济合理性，从而选择装饰效果最佳且经济更合理的设计方案。

5. 装饰工程定额是有关部门审核、审计的依据。

装饰工程项目的主管部门或政府审批部门以及依法对投资项目进行审计的有关部门和单位，都必须以房屋装饰工程所执行的消耗量定额为统一的尺度，对其进行审批、审计工作。

三、房屋装饰工程消耗量定额的特点

一般来说，房屋装饰工程消耗量定额具有科学性、法规性和统一性及时效性的特点。

1. 房屋装饰工程消耗量定额的科学性

房屋装饰工程消耗量定额的科学性首先表现在，编制定额所用基础数据资料是经过长期严密观察、技术测定、广泛收集和总结施工生产实践经验，并参照有关历史资料而形成的，资料可靠准确。其次，房屋装饰定额是在应用科学分析的方法，对工时分析、作业研究（包括新工艺、新技术、新材料应用），机械设备改革，以及施工组织的合理配置等方面进行综合研究论证后制定的。因而所确定的人工、材料、机械等各项消耗量指标具有科学性。第三，定额的制定考虑了市场经济条件下的经济规律，包括价值规律、供需关系、技术进步和时间、环境等对装饰产品的作用，为科学地测定和编制定额提供了理论依据。

2. 房屋装饰工程消耗量定额的法规性

消耗量定额是由国家各级工程建设管理部门按照一定的科学程序组织编制和颁发的，定额经政府或其授权部门审定、批准、颁发，就具有法规性质。在规定的范围内，任何单位和个人都必须严格遵照执行，不得任意变更定额的内容和定额标准。

3. 房屋装饰工程消耗量定额的统一性

消耗量定额的统一性是指在全国范围内或在某一地域内必须执行统一的消耗量定额标准，统一性的第二层含义是指在某地域内承建装饰工程的所有施工企业都必须执行该地域的规定定额，不得随意挑选对本企业有利的定额执行。当然，随着市场经济的发展，各地区的经济发展和生产力水平各有差异，并各具特色，故目前的装饰定额有地区（指省、直辖市、自治区）统一定额和部门（如轻工业部）统一定额，还有企业定额，企业定额是指施工企业为投标报价，结合企业的实际情况而自行编制的。

4. 定额的时效性

一定时期内的定额，反映一定时期的劳动生产力水平，劳动价值消耗和装饰技术发展水平。随着社会经济的发展，劳动生产率不断提高，各种资源的消耗量逐渐降低，从而导致定额水平的提高，原来相对稳定的统一定额不再对工程造价的统一和调控发挥作用，必须根据新的形势要求，重新编制或修订原有定额，这就是定额的时效性。我国自从开始制定各种定额以来，已经进行过多次修订、重编。

四、装饰工程定额的分类

房屋装饰工程消耗量定额是建设工程定额体系的一个组成部分。现介绍房屋装饰工程定额的几种分类方法（图3-1）。

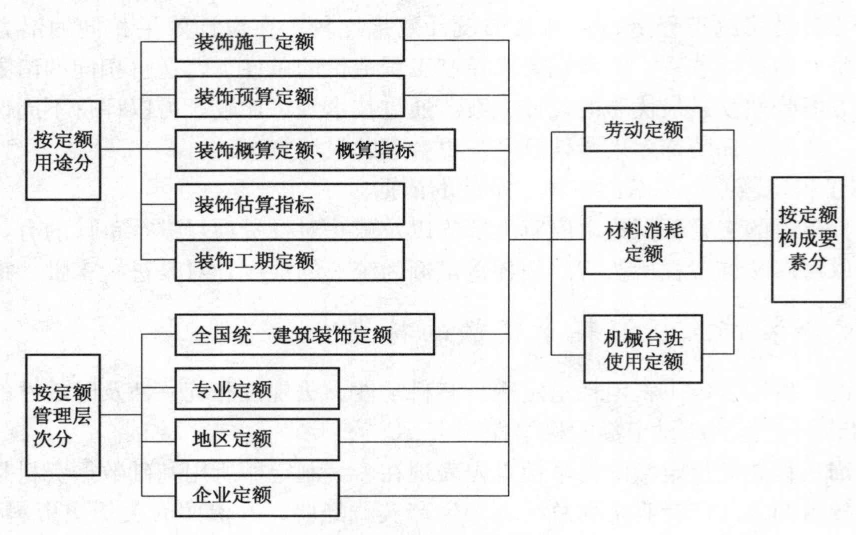

图3-1　定额分类系统图

1. 按房屋装饰定额的用途划分

（1）装饰施工企业定额（称企业定额）

这里是专指施工企业的施工定额，是施工企业根据本企业的施工技术和管理水平而编制的人工、材料和施工机械台班等的消耗标准。

它是施工企业根据本企业具有的管理水平、拥有的施工技术和施工机械装备水平而编制的，完成一个规定计量单位的工程项目所需的人工、材料、施工机械台班等的消耗标准，是施工企业内部进行施工管理的标准，也是施工企业进行投标报价的依据之一。

装饰施工企业定额是以装饰施工工艺和装饰分部分项工程的施工过程或工序为测定对象，确定在正常施工条件下，完成单位合格产品所需消耗的人工、材料和机械台班的数量标准。装饰施工定额由劳动消耗定额（即装饰人工定额）、材料消耗定额和机械台班消耗定额三部分组成。

（2）房屋装饰消耗量定额

房屋装饰消耗量定额是指在正常合理的施工条件下，完成装饰工程基本构造要素所需人工、材料和机械台班的消耗数量标准。它反映装饰人工及实物消耗量，是计算房屋装饰分项工程综合单价的依据，也是计算其他费用的基础。

（3）房屋装饰工程概算定额与概算指标

房屋装饰工程概算定额与装饰消耗量定额具有相同的定额性质，但它比预算定额的内容更综合、扩大，是介于预算定额与概算指标之间的一种定额。

装饰概算定额是根据装饰工程初步设计阶段编制工程概算的需要而编制的。它是确定一定计量单位扩大分项工程或扩大结构构件所需的人工、材料和机械台班消耗量的标准。它的项目划分粗细与初步设计深度相适应，它是在预算定额的基础上，经过适当的综合，扩大或合并而成的。

装饰概算指标也是在装饰工程初步设计阶段，为编制工程概算，计算和确定工程初步设计造价，计算人工、材料和机械台班需要量而采用的一种定额。

装饰概算指标是在概算定额的基础上进行综合扩大，它是以整个建筑物为编制对象，以建筑装饰面积（如 $100m^2$）为计量单位，规定所需要的人工、材料、机械台班消耗数量的定额指标。因此，概算指标比概算定额更加综合扩大、更具有综合性。

（4）房屋装饰工程估算指标

房屋装饰工程估算指标是以概算定额或概算指标为基础，综合各类装饰工程结构类型和各项费用所占投资比重，规定不同用途、不同结构、不同部位的建筑产品，所含装饰工程投资费用的多少而编制的。它是可行性研究阶段编制装饰工程估价的重要依据，可行性研究阶段的估价也是装饰项目投资决策的依据。

（5）房屋装饰工程工期定额

房屋装饰工程工期定额是按各类建筑安装工程的不同类型、结构、部位和用途、装饰的繁简、规定其所需装饰施工周期日历天数的多少而编制的，工期定额是编制施工组织设计方案，安排施工计划和考核施工工期的依据，也是制定招标标底、投标报价和签定装饰工程施工合同的重要依据。

2. 按定额管理层次划分

（1）全国统一建筑房屋装饰工程消耗量定额

全国统一房屋装饰工程消耗量定额是依据各类装饰定额（如一般建筑装饰、水暖照明装饰和高级装饰工程等）的不同要求，综合全国各地的装饰施工技术，物耗、劳动生产率和施工管理等情况而编制的。全国装饰统一建筑房屋装饰工程消耗量定额在全国范围内执行。我国于 1992 年曾以建标［1992］925 号文本颁发《全国统一建筑装饰工程预算定额》，1995 年以建标［1995］736 号文发布新的《全国统一建筑工程基础定额》，2001 年 12 月以建标［2001］271 号文发布《全国统一建筑房屋装饰工程消耗量定额》，此定额是最新的全国统一房屋装饰定额。

（2）专业定额

专业定额是由各专业主管部门颁发的房屋装饰定额，它是按照国家标准、规范和定额水平，结合本专业对工业和民用房屋装饰施工的特殊工艺、材料和管理水平等特点而编制的。这类装饰定额的专业性很强（例如石油、化工、航天航空等），一般只在本专业范围内适用，具有“专业通用”的性质。

（3）地方房屋装饰消耗量定额

地方房屋装饰消耗量定额是由各省、自治区和直辖市，结合本地区的特点，参照全国统一房屋装饰消耗量定额的水平编制，并在本地区使用的定额。目前，各省、自治区和直辖市都有各自的装饰定额，一般称××计价表或计价定额，这种定额具有较强的地方特色。

3. 按组成要素划分

（1）房屋装饰工程劳动定额

房屋装饰工程劳动消耗定额，又称装饰人工定额。是指在正常的施工技术和组织条件下，装饰施工企业的生产工人生产某一单位装饰工程合格产品所需必要劳动消耗量的标准。劳动定额的表现形式有时间定额和产量定额两种。

① 时间定额：时间定额是指为生产某一单位合格装饰工程产品所必须消耗的劳动时间。单位为“工日”，每工日为8h。

$$单位产品的时间定额（工日）=\frac{1}{每工日产量} \tag{3-1}$$

或以小组计算：

$$单位产品的时间定额（工日）=\frac{小组成员工日数总和}{小组班产量} \tag{3-2}$$

② 产量定额：它是指规定在单位时间内必须完成的合格装饰产品的数量标准。每工日产量定额表达为：

$$每工日产量定额=\frac{1}{单位产品时间定额（工日）} \tag{3-3}$$

或

$$每工日产量定额=\frac{小组成员工日数总和}{小组单位产品时间定额} \tag{3-4}$$

③ 从以上计算可见，时间定额与产量定额互为倒数关系

即

$$时间定额=\frac{1}{产量定额} \tag{3-5}$$

（2）装饰材料消耗量定额

装饰材料消耗量定额是指为生产单位合格装饰产品，某种品种、规格的装饰材料所必须消耗的数量标准。

材料消耗量定额用材料消耗量表示，构成工程实体的消耗量称为材料净用量；不可避免的施工损耗和不可避免的场内堆放、运输损耗，不能直接构成工程实体称为材料损耗量。材料消耗定额的组成如图3-2所示，其数学表达式为：

$$材料消耗量=材料净用量+材料损耗量 \tag{3-6}$$

其中　材料损耗量与材料净用量之比称为材料损耗率，则上式改写为

$$材料消耗量=材料净用量\times(1+损耗率) \tag{3-7}$$

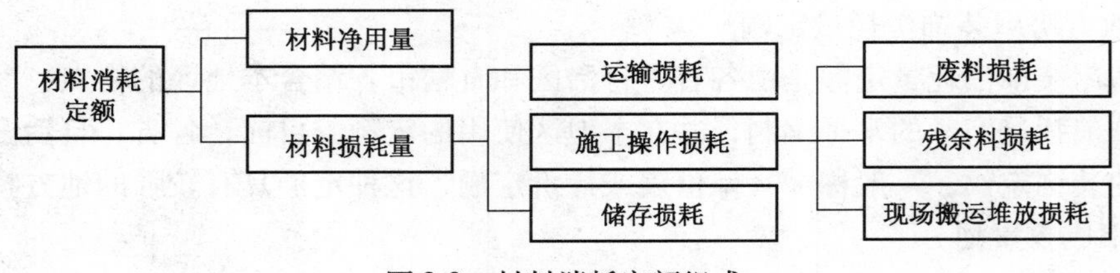

图3-2　材料消耗定额组成

材料损耗率是指在正常条件下，采用比较先进的施工方法而形成的合理的材料损耗。各地区、部门应通过合理的测定和统计分析，确定一个平均先进水平的损耗率。表 3-1 是《全国统一建筑房屋装饰工程消耗量定额》规定的材料、半成品、成品损耗率表，供查用。

表 3-1　房屋装饰材料损耗率表

序号	材料名称	适用范围	损耗率（%）
1	普通水泥		2.0
2	白水泥		3.0
3	砂		3.0
4	白石子	干粘石	5.0
5	水泥砂浆	天棚、梁、柱、零星	2.5
6	水泥砂浆	墙面及墙裙	2.0
7	水泥砂浆	地面、屋面	1.0
8	素水泥浆		1.0
9	混合砂浆	天棚	3.0
10	混合砂浆	墙面及墙裙	2.0
11	石灰砂浆	天棚	3.0
12	石灰砂浆	墙面及墙裙	2.0
13	水泥石子浆	水刷石	3.0
14	水泥石子浆	水磨石	2.0
15	瓷片	墙、地、柱面	3.5
16	瓷片	零星项目	6.0
17	石料块料	地面、墙面	2.0
18	石料块料	成品	1.0
19	石料块料	柱、零星项目	6.0
20	石料块料	成品图案	2.0
21	石料块料	现场做图案	待定
22	预制水磨石板		2.0
23	瓷质面砖　周长 800mm 以内	地面	2.0
24	瓷质面砖　周长 800mm 以内	墙面、墙裙	
25	瓷质面砖　周长 800mm 以内	柱、零星项目	6.0
26	瓷质面砖　周长 2400mm 以内	地面	2.0
27	瓷质面砖　周长 2400mm 以内	墙面、墙裙	4.0
28	瓷质面砖　周长 2400mm 以内	柱、零星项目	6.0
29	瓷质面砖　周长 2400mm 以内	地面	4.0
30	广场砖	拼图案	6.0
31	广场砖	不拼图案	1.5
32	缸砖	地面	1.5
33	缸砖	零星项目	6.0
34	镭射玻璃	墙、柱面	3.0
35	镭射玻璃	地面砖	2.0
36	橡胶板		2.0
37	塑料板		2.0
38	塑料卷材	包括搭接	10.0
39	地毯		3.0
40	地毯胶垫	包括搭接	10.0
41	木地板（企口制作）		22.0
42	木地板（平口制作）		4.4
43	木地板安装	包括成品项目	5.0
44	木材		5.0
45	防静电地板		2.0
46	金属型材、条、管板	需锯裁	6.0
47	金属型材、条、管板	不需锯裁	2.0
48	玻璃	制作	18.0
49	玻璃	安装	3.0
50	特种玻璃	成品安装	3.0
51	陶瓷锦砖	墙、柱面	1.5
52	陶瓷锦砖	零星项目	4.0
53	玻璃马赛克	墙、柱面	1.50
54	玻璃马赛克	零星项目	4.0
55	钢板网		5.0
56	石膏板		5.0
57	竹片		5.0
58	人造革		10.0
59	丝绒面料、墙纸	对花	12.0
60	胶合板、饰面板	基层	5.0
61	胶合板、饰面板	面层（不锯裁）	5.0

续表

序号	材料名称	适用范围	损耗率（%）	序号	材料名称	适用范围	损耗率（%）
62	胶合板、饰面板	面层（锯裁）	10.0	67	各种水质涂料、油漆	机喷	10.0
63	胶合板、饰面板	曲线型	15.0	68	各种五金配件	成品	2.0
64	胶合板、饰面板	弧线型	30.0	69	各种五金配件	需加工	5.0
65	各种装饰线条		6.0	70	各种辅助材料	以上未列的	5.0
66	各种水质涂料、油漆	手刷	5.0				

注：按经验数据、产品介绍等计取的油漆、涂料等不计算损耗。

（3）装饰机械台班消耗量定额

机械台班消耗量定额是指在正常生产条件下，生产单位房屋装饰工程产品所必须消耗的机械工作时间（台班）。

装饰机械台班消耗量定额有时间定额和产量定额两种表现形式：

① 机械台班时间定额是指在正常施工条件下，某种机械完成单位质量合格产品所必须消耗的工作时间，可按式（3-8）计算：

$$\text{机械时间定额（台班）}=\frac{1}{\text{机械台班产量}} \quad (3\text{-}8)$$

② 机械台班产量定额是指在正常施工条件下，单位时间内完成质量合格产品的数量，可用下式计算：

$$\text{机械台班产量定额}=\text{机械纯工作1小时的正常生产率}\times\text{工作班延续时间}\times\text{机械正常利用系数} \quad (3\text{-}9)$$

其中　机械纯工作1小时的正常生产率，是指在正常工作条件下，由技术工人操作机械工作1小时的生产率；机械正常利用系数，是指机械纯工作时间占定额时间的百分比。

同样，机械台班消耗定额的两种形式间仍具有如下关系：

$$\text{机械台班产量定额}\times\text{时间定额}=1 \quad (3\text{-}10)$$

第二节　房屋装饰工程消耗量定额及其应用

一、房屋装饰工程预算定额的结构、内容

房屋装饰工程消耗量定额是编制房屋装饰工程预算定额的基础资料，是编制预算造价基本法规之一。以下介绍《全国统一建筑房屋装饰工程消耗量定额》的结构和内容。

（一）房屋装饰工程消耗量定额的结构（图3-3）

房屋装饰工程消耗量定额的结构按其组成顺序，由下述几部分组成：（1）总说明；（2）目录；（3）分部、分项章节（表）；（4）附录。按其内容可分为四个部分，即（1）定额说明部分，包括定额总说明、各章（分部）说明和定额表说明；（2）工程量计算规则；（3）定额表，定额表是定额的主体内容，用表格的形式表示出来，它是定额的主部；（4）附录，一般编在定额手册的最后，主要提供编制定额的有关数据，本定额给出房屋装饰材料、半成

品和成品的损耗率。此外，在定额表的下方常有“注脚”，这也是重要的组成内容，供定额换算和调整用。工程量计算规则是定额的重要组成部分，工程量计算规则和定额表格配套使用，才能正确计算分项工程的人工、材料、机械台班消耗量，工程量计算规则是计算工程量清单项目工程量的重要依据，工程量计算规则按分部工程列入相应的各分部工程（章）内。

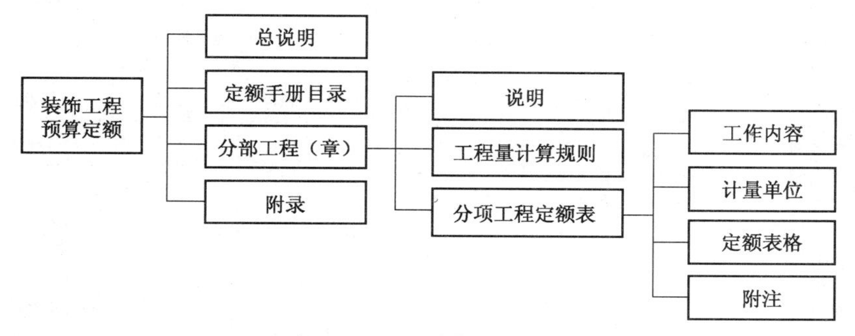

图 3-3 建筑房屋装饰消耗量定额结构框图

（二）房屋装饰工程消耗量定额表的内容

定额表是定额的核心内容，表 3-2 ~ 表 3-6 是《全国统一建筑房屋装饰工程消耗量定额》中几个分项工程的定额表。由表可见，定额表格基本上包括四个方面的内容，即分项工程项目的施工工作内容，工程量计量单位，定额表格和必要的注脚所组成。现以表 3-3 墙面镶贴大理石板定额表为例，说明表式的构成和内容。

工作内容：清理基层、试排弹线、锯板修边、铺贴饰面、清理净面。

表 3-2 楼地面铺贴陶瓷地砖 计量单位：m²

定额编号				1-062	1-063	1-064	1-065	1-066	1-067
项目				楼地面					
				周长（mm 以内）					
				800	1200	1600	2000	2400	3200
名称		单位	代码	数量					
人工	综合人工	工日	000001	0.3230	0.2857	0.2644	0.2537	0.2791	0.2903
材料	白水泥	kg	AA0050	0.1030	0.1030	0.1030	0.1030	0.1030	0.1030
	陶瓷地面砖 200×200	m²	AH0991	1.0200	—	—	—	—	—
	陶瓷地面砖 300×300	m²	AH0992	—	1.0250	—	—	—	—
	陶瓷地面砖 400×400	m²	AH0993	—	—	1.0250	—	—	—
	陶瓷地面砖 600×600	m²	AH0994	—	—	—	—	1.0250	—
	陶瓷地面砖 800×800	m²	AH0995	—	—	—	—	—	1.0400
	陶瓷地面砖 500×500	m²	AH0996	—	—	—	1.0250	—	—
	石料切割锯片	片	AN5900	0.0032	0.0032	0.0032	0.0032	0.0032	0.0032
	棉纱头	kg	AQ1180	0.0100	0.0100	0.0100	0.0100	0.0100	0.0100
	水	m³	AV0280	0.0260	0.0260	0.0260	0.0260	0.0260	0.0260
	锯木屑	m³	AV0470	0.0060	0.0060	0.0060	0.0060	0.0060	0.0060
	水泥砂浆 1:3	m³	AX0684	0.0202	0.0202	0.0202	0.0202	0.0202	0.0202
	素水泥浆	m³	AX0720	0.0010	0.0010	0.0010	0.0010	0.0010	0.0010
机械	灰浆搅拌机 200L	台班	TM0200	0.0035	0.0035	0.0035	0.0035	0.0035	0.0035
	石料切割机	台班	TM0640	0.0151	0.0151	0.0151	0.0151	0.0151	0.0151

续表

定额编号			1-068	1-069	1-070	1-071	1-072
项目			楼地面周长（mm以内）3200	踢脚线	台阶	楼梯	零星项目
名称	单位	代码	数量				
人工 综合人工	工日	000001	0.4510	0.4280	0.4620	0.5950	0.8390
材料 白水泥	kg	AA0050	0.1030	0.1400	0.1550	0.1410	0.1100
陶瓷砖	m^2	AH0535	—	1.0200	1.5690	1.4470	1.0600
陶瓷地面砖1000×1000	m^2	AH0997	1.0400	—	—	—	—
石料切割锯片	片	AN5900	0.0032	0.0032	0.0140	0.0143	0.0160
棉纱头	kg	AQ1180	0.0100	0.0100	0.0150	0.0140	0.0200
水	m^3	AV0280	0.0299	0.0300	0.0390	0.0360	0.0290
锯木屑	m^3	AV0470	0.0060	0.0060	0.0090	0.0080	0.0067
水泥砂浆1:3	m^3	AX0684	0.0202	0.0121	0.0299	0.0276	0.0202
素水泥浆	m^3	AX0720	0.0010	0.0010	0.0015	0.0014	0.0011
机械 灰浆搅拌机200L	台班	TM0200	0.0350	0.0022	0.0052	0.0048	0.0035
石料切割机	台班	TM0640	0.0151	0.0126	0.0190	0.0170	0.0076

工作内容： 1. 清理基层、调运砂浆、打底刷浆；
2. 镶贴块料面层、刷粘结剂、切割面料；
3. 磨光、擦缝、打蜡养护。

表3-3　墙面镶贴大理石板　　　　计量单位：m^3

定额编号			2-041	2-042	2-043	2-044	2-045
项目			粘贴大理石（水泥砂浆粘贴）			粘贴大理石（干粉型粘结剂贴）	
			砖墙面	混凝土墙面	零星项目	墙面	零星项目
名称	单位	代码	数量				
人工 综合人工	工日	000001	0.5710	0.6110	0.6328	0.5904	0.6540
材料 白水泥	kg	AA0050	0.1500	0.1500	0.1750	0.1550	0.1750
大理石板（综合）	m^2	AG0201	1.0200	1.0200	1.0600	1.0200	1.0600
石料切割锯片	片	AN5900	0.0269	0.0269	0.0269	0.0269	0.0269
棉纱头	kg	AQ1180	0.0100	0.0100	0.0111	0.0100	0.0111
水	m^2	AV0280	0.0070	0.0066	0.0078	0.0059	0.0065
水泥砂浆1:2.5	m^2	AX0683	0.0067	0.0067	0.0075	—	—
水泥砂浆1:3	m^3	AX0684	0.0135	0.0112	0.0149	0.0134	0.0149
清油	kg	HA1000	0.0053	0.0053	0.0059	0.0053	0.0059
煤油	kg	JA0470	0.0400	0.0400	0.0444	0.0400	0.0444
松节油	kg	JA0660	0.0060	0.0060	0.00067	0.0060	0.0067
草酸	kg	JA0770	0.0100	0.0100	0.0111	0.0100	0.0111
硬白蜡	kg	JA2930	0.0265	0.0265	0.0294	0.0265	0.0294
YJ-302粘结剂	kg	JB0350	—	0.1580	0.1170	—	—
干粉型粘结剂	kg	JB0850	—	—	—	6.8420	8.4300
YJ-Ⅲ粘结剂	kg	JB1200	0.4210	0.4210	0.4670	—	—
机械 灰浆搅拌机200L	台班	TM0200	0.0033	0.0031	0.0037	0.0033	0.0037
石料切割机	台班	TM0640	0.0408	0.0408	0.0449	0.0408	0.0449

注：柱按零星项目定额执行。

工作内容： 1. 定位、弹线、射灯、膨胀螺栓及吊筋安装；
2. 选料、下料组装；
3. 安装龙骨及吊配附件、临时固定支撑；
4. 预留空洞、安封边龙骨；
5. 调整、校正。

表 3-4　T 型铝合金天棚龙骨　　计量单位：m^2

定额编号				3-039	3-040	3-041	3-042
项目				装配式 T 型铝合金天棚龙骨（不上人型）			
				面层规格（mm）			
				300×300		450×450	
				平面	跌级	平面	跌级
名称		单位	代码	数量			
人工	综合人工	工日	000001	0.1700	0.1800	0.1500	0.1700
材料	吊筋	kg	AF0370	0.2370	0.2950	0.3160	0.3560
	铝合金龙骨不上人型（平面）300×300	m^2	AF1110	1.0150	—	—	—
	铝合金龙骨不上人型（跌级）300×300	m^2	AF1111	—	1.0150	—	—
	铝合金龙骨不上人型（平面）450×450	m^2	AF1120	—	—	1.0150	—
	铝合金龙骨不上人型（跌级）450×450	m^2	AF1121	—	—	—	0.0150
	膨胀螺栓	套	AM0671	1.3000	1.3000	1.3000	1.3000
	高强螺栓	kg	AM3601	0.0107	0.0098	0.0105	0.0096
	螺母	个	AM7672	3.0400	3.3200	3.0400	3.3200
	射钉	个	AN0545	1.5200	1.4800	0.5200	1.4800
	垫圈	个	NA1644	1.5200	1.6600	1.5200	1.6600
	合金钢钻头	个	AN3223	0.0065	0.0065	0.0065	0.0065
	铁件	kg	AN5390	—	0.0541	—	0.0541
	预埋铁件	kg	AN5391	0.0004	0.0004	0.0004	0.0004
	锯材	m^3	CB0070	—	0.0004	—	0.0004
	角钢	kg	DA1201	—	1.2200	—	1.2200
机械	电锤 520W	台班	TM0370	0.0163	0.0163	0.0163	0.0163

工作内容： 安装天棚面层。

表 3-5　天棚面层　　计量单位：m^2

定额编号				3-078	3-079	3-080	3-081	3-082
项目				板条天棚面层	漏风条天棚面层	胶合板天棚面层	水泥木丝板天棚面层	薄板天棚面层厚 15mm
名称		单位	代码	数量				
人工	综合人工	工日	000001	0.0600	0.1400	0.0800	0.0800	0.1000
材料	铁钉（圆钉）	kg	AN0580	0.0558	0.0466	0.0180	0.0416	0.0372
	松木锯材	m^3	CB0020	0.0002	0.0107	—	—	—
	锯材	m^3	CB0070	—	—	—	—	0.0189
	板条 100×30×80	百根	CC0012	0.2735	—	—	—	—
	胶合板	m^2	CD0011	—	—	1.0500	—	—
	水泥压木丝板	m^2	CD0160	—	—	—	1.0350	—
	镀锌铁皮 0.552mm 厚	m^2	DA1114	—	—	—	0.0037	—
	其他材料费（占材料费）	%	AW0022	2.4000	0.8200	0.8600	1.7600	0.4700

续表

定额编号				3-083	3-084	3-085	3-086
项目				胶压刨花木屑板天棚层	埃特板天棚面层	玻璃纤维板（搁放型）天棚面层	宝丽板天棚面层
名称		单位	代码	数量			
人工	综合人工	工日	000001	0.0800	0.1200	0.2000	0.1604
材料	埃特板	m^2	AG0160	—	1.0500	—	—
	宝丽板	m^2	AG0171	—	—	—	1.0500
	自攻螺丝	个	AM9123	—	22.6800	—	—
	铁钉（圆钉）	kg	AN0580	0.1142	—	—	0.0180
	胶压刨花木屑板	m^2	CC0726	1.0350	—	—	—
	镀锌铁皮0.552mm厚	m^2	DA1114	0.0164	—	—	—
	粘结剂	kg	JB0771	—	—	—	0.3255
	玻璃纤维板	m^2	JB0930	—	—	1.0500	—
	其他材料费（占材料费）	%	AW0022	0.7900	0.1600	1.9600	0.8000

工作内容：门框、门扇制作安装等全部操作过程。

表3-6　装饰门框、门扇制作安装　　计量单位：m^2

定额编号				4-054	4-055	4-056	4-057
项目				实木门框（m）	实木镶板门扇（凸凹型）	实木镶板半玻门扇（网格式）	实木全玻门（网格式）
名称		单位	代码	数量			
人工	综合人工	工日	000001	0.1000	0.9000	0.8200	0.9000
材料	线条（压玻线）	m	AG2001	—	—	4.0300	8.0900
	磨砂玻璃5mm	m^2	AH0290	—	—	0.3000	0.5700
	铁钉（圆钉）	kg	AN0580	0.0500	—	—	—
	硬木锯材	m^3	GB0030	—	0.0360	0.0310	0.0340
	锯材	m^3	GB0070	0.0066	—	—	—
	聚醋酸乙烯乳液	kg	JA2150	—	0.0700	0.0700	0.0700
	其他材料费（占材料费）	%	AW0022	6.0000	3.0000	3.0000	3.0000

定额编号				4-058	4-059	4-060	4-061
项目				装饰板门扇制作			装饰门
				木骨架	基层	装饰面层	安装（扇）
名称		单位	代码	数量			
人工	综合人工	工日	000001	0.5100	0.2500	0.5100	0.3000
材料	实木装饰门扇（成品）	m^2	AE0541	—	—	—	1.0000
	收口线	m	AG1187	—	—	3.4900	—
	不锈钢合页	副	AN0835	—	—	—	2.0200
	杉木锯材	m^3	GB0010	0.0270	—	—	—
	大芯板（细木工板）	m^2	CD0065	—	2.0400	—	—
	红榉木夹板	m^2	CD0170	—	—	2.1300	—
	聚醋酸乙烯乳液	kg	JA2150	—	0.1200	0.1200	—
	其他材料费（占材料费）	%	AW0022	3.0000	3.0000	3.0000	—

定额表的左上方是“工作内容”，表示完成下表各分项工程必须要做的工作。定额表的右上方是“计量单位”，表示下面定额表中各分项工程的工程量单位。定额表下面的“注”，是对该表中相关项目的有关说明，主要是对某些分项套用定额的注意事项或换算的说明。

定额表格的第一行是“定额编号”，每个编号表示一个分项工程，如2-041，表示砖墙面水泥砂浆粘贴大理石板分项工程，表格的左上角是“项目”，即表示横行所标的工程项目，表中分项工程项目为粘贴大理石（其中按粘结材料分为水泥砂浆粘贴和干粉型粘结剂粘贴），同时又细分为砖墙面、混凝土墙面、零星项目等子项目；该“项目”又表示竖列所标的定额项目构成要素，这些要素包括人工、材料和机械台班消耗量。例如，定额编号2-041分项中的人工用综合人工，以工日为单位表示，综合工日指完成该子项定额规定之计量单位和工作内容所需用工的合计工日数，其消耗量为0.5710工日/m^2，在这次新定额中，编制了统一的人工、材料、机械代码，其目的是便于计算机操作。其中，综合人工代码是000001。

材料栏中，定额列出主要和次要材料的名称、规格（配合比）、计量单位、用量（常称为定额含量）和材料代码，零星材料（指用量很少、占材料费比重很小的那些材料）一般不详细列出，合并在“其他材料费”内，以材料费的百分比表示，如表3-5和表3-6所示。

施工机械台班消耗量，定额同样反映出各类机械的名称、规格、台班用量和代码。此外，机械中的垂直运输机械使用费另行列项计算。了解并熟悉定额表中各栏目及数据间关系，对正确使用定额至关重要。

概括以上分解说明可知，消耗量定额表格所表述的内容主要是分（子）项工程的人工、材料和机械台班消耗量的数量标准。这些消耗量标准是计算分项工程综合单价和材料价格的重要依据，因此，了解并熟悉定额表中各栏目及数据间关系，对正确使用定额至关重要。

二、房屋装饰工程消耗量定额的应用

房屋装饰工程消耗量定额应用包括两个方面：其一，是根据清单项目所列分（子）项工程，利用定额查出相应的人工、材料、机械台班消耗量，依据此消耗量及其各自单价计算分项工程的综合单价，以完成工程量清单计价表（表2-2）。其二，是利用定额求出各分（子）项工程所必须消耗的人工、材料及机械台班数量，汇总后得出单位装饰工程的人、材、机消耗总量，为房屋装饰工程组织人力和准备机械材料作依据。

一般说来，应用定额的方法可归纳为直接套用，定额调整与换算，编制补充定额三种情况。本节先介绍定额的直接套用（或称简单应用，或定额套用），定额的调整换算将在第四节中详细讨论。

定额的直接套用是指工程项目（指工程子项）的内容和施工要求与定额（子）项目中规定的各种条件和要求完全一致时，就应直接套用定额中规定的人工、材料、机械台班的单位消耗量，以求出实际装饰工程的人工、材料、机械台班数量。

【例3-1】 某学校教学大楼大厅采用陶瓷地砖（600mm×600mm）铺地面，工程量120m^2，确定规定计量单位的人工、材料、和机械台班消耗量，以及该项目所需人工、材料、机械的数量。

【解】 直接套用定额的选套步骤一般是：

（1）查阅定额目录，确定工程所属分部分项；

（2）按实际工作内容及条件，与定额子项对照，确认项目名称，做法，用料及规格是否一致，查找定额子项，确定定额编号；

（3）查出人工、材料、机械消耗量，习惯上称这些消耗量为定额含量；

（4）计算分项工程规定计量单位消耗量及其人工、材料、机械消耗数量。

根据本例的要求，查阅消耗量定额得知，定额编号1-066与本例条件一致，直接套用定额，定额计量单位是m^2，则该教学楼门厅地面的人工、材料、机械台班的相关数值如表3-7所示。

表3-7　陶瓷地砖地面工料机计算表

序　号	项　目　名　称	单位	代码	定额含量	工程用量
1	综合工日	工日	000001	0.2791	33.492
2	白水泥	kg	AA0050	0.1030	12.36
3	陶瓷地砖600mm×600mm	m^2	AH0994	1.0250	123
4	石料切割锯片	片	AN5900	0.00320	0.384
5	棉纱头	kg	AQ1180	0.0100	1.2
6	水	m^3	AV0280	0.0260	3.12
7	锯木屑	m^3	AV0470	0.0060	0.72
8	水泥砂浆1∶3	m^3	AX0684	0.0202	2.424
9	素水泥浆	m^3	AX0720	0.0010	0.12
10	灰浆搅拌机200L	台班	TM0200	0.0035	0.42
11	石料切割机	台班	TM0640	0.0151	1.812

【例3-2】　某商厦砖墙面挂贴花岗石板，工程量350m^2，求定额消耗量和本项目人工、材料、机械台班用量。

【解】　根据项目要求，与定额2-049子项一致，人工、材料、机械台班用量等于定额单位消耗量乘工程量，计算结果汇总在表3-8中。

表3-8　砖墙面挂贴花岗石板项目工、物计算表

序　号	项　　　目	单位	代码	定额含量	工程用量
1	综合工日	工日	000001	0.8877	0.8877×350=310.695
2	1∶2.5水泥砂浆	m^3	AX0683	0.0393	0.0393×350=13.755
3	素水泥浆	m^3	AX0720	0.0010	0.001×350=0.35
4	花岗石板（综合）	m^2	AG0291	1.0200	1.0200×350=357
5	钢筋ϕ6.5	kg	DA1851	1.0760	1.0760×350=376.6
6	铁件	kg	AN5390	0.3487	0.3487×350=122.045
7	铜丝	kg	DB0860	0.0777	0.0777×350=27.195
8	电焊条	kg	AR0211	0.0151	0.0151×350=5.285
9	白水泥	kg	AA0050	0.1550	0.1550×350=54.25

续表

序　号	项　　　目	单位	代码	定额含量	工程用量
10	石料切割锯片	片	AN5900	0.0421	0.0421×350=14.735
11	硬白蜡	kg	JA2930	0.0265	0.0265×350=9.275
12	草酸	kg	JA0770	0.0100	0.01×350=3.5
13	煤油	kg	JA0470	0.0400	0.04×350=14
14	松节油	kg	JA0660	0.0060	0.006×350=2.1
15	棉纱头	kg	AQ1180	0.0100	0.01×350=3.5
16	水	m^3	AV0280	0.0141	0.0141×350=4.935
17	清油	kg	HA1000	0.0053	0.0053×350=1.855
18	灰浆拌合机200L	台班	TM0200	0.0067	0.0067×350=2.345
19	交流电焊机30kV·A	台班	TM0400	0.0015	0.0015×350=0.525
20	钢筋调直机ϕ14mm	台班	TM0300	0.0005	0.0005×350=0.175
21	钢筋切断机ϕ40mm	台班	TM0301	0.0005	0.0005×350=0.175
22	石料切割机	台班	TM0640	0.0510	0.051×350=17.85

第三节　房屋装饰定额人工、材料、机械台班消耗量的确定

一、人工消耗量指标的确定

人工定额，也称劳动定额，是指在正常的施工技术、组织条件下，为完成一定量的合格产品，或完成一定量的工作所预先规定的人工消耗量标准。2002年新定额人工消耗量标准是以劳动定额为基础确定的，其原则是：人工不分工种、技术等级，以综合工日表示。内容包括基本用工、超运距用工、人工幅度差、辅助用工。

1. 基本工

基本工是指完成单位合格产品所必须消耗的技术工种用工。按技术工种相应劳动定额工时定额计算，以不同工种列出定额工日。

2. 超运距用工

超运距用工是指预算定额的平均水平运距超过劳动定额规定水平运距部分。可表示为：

$$超运距=预算定额取定运距-劳动定额已包括的运距 \quad (3\text{-}11)$$

3. 人工幅度差

人工幅度差是指在劳动定额作业时间之外，在预算定额应考虑的正常施工条件下所发生的各种工时损耗。内容包括：

（1）各工种间的工序搭接及交叉作业互相配合所发生的停歇用工；

（2）施工机械在单位工程之间转移及临时水电线路移动所造成的停工；

（3）质量检查和隐蔽工程验收工作的影响；

（4）班组操作地点转移用工；

（5）工序交接时对前一工序不可避免的修整用工；

（6）施工中不可避免的其他零星用工。人工幅度差的计算公式：

$$人工幅度差 =（基本用工 + 超运距用工）\times 人工幅度差系数 \tag{3-12}$$

人工幅度差系数在10%左右。

4. 辅助用工

辅助用工是指技术工种劳动定额内不包括而在此预算定额内又必须考虑的工时。如电焊着火用工等。

二、施工机械台班消耗量指标的确定

预算定额中的施工机械台班消耗量指标，是以台班为单位计算的，每台班为8h。定额的机械化水平是以多数施工企业采用和已推广的先进方法为标准。确定机械台班消耗量是以统一劳动定额中机械施工项目的台班产量为基础进行计算，还应考虑在合理的施工组织条件下机械的停歇因素，这些因素会影响机械的效率，因而需加上一定的机械幅度差（以机械幅度差系数表示）。

三、材料消耗量指标的确定

定额材料消耗量或称定额含量，是指完成一定计量单位合格装饰产品所规定消耗某种材料的数量标准。在定额表中，定额含量列在各子项的“数量”栏内，是计算分项工程综合单价和单位工程材料用量的重要指标。

以下根据材料消耗量计算式（3-7），通过几个示例来说明计算主要装饰材料定额含量的方法。由式（3-7）可见，材料消耗量是由材料净用量和损耗率决定的。

净用量：是直接用于房屋装饰工程的材料数量，材料净用量的计算方法主要有以下几种：

（1）理论计算方法：根据设计、施工验收规范和材料规格等，从理论上计算用于工程的材料净用量，消耗量定额中的材料消耗量主要是按这种方法计算的；

（2）施工图纸计算方法：根据房屋装饰工程的设计图纸，计算各种材料的体积、重量或延长米；

（3）现场测定方法：根据现场测定资料，再计算材料用量；

（4）经验方法：根据以往的经验进行估算。

损耗率：2002年新房屋装饰定额的各种材料损耗率由表3-1决定。

（一）板材用量计算

装饰工程中使用多种板材，包括大理石、花岗石板、塑胶板、木地板、各种墙柱面饰面板，及各种天棚面层及饰面，以及墙纸饰面等。定额中板材按面积 m^2 表示，故其含量的计算就比较简单，可用下式表示：

$$\begin{aligned}板材定额含量 &= 定额规定实贴（铺）面积 \times（1 + 损耗率）\\ &= 定额计量单位 \times（1 + 损耗率）\end{aligned} \tag{3-13}$$

【例3-3】 计算大理石、花岗石镶贴楼地面和墙面的板材定额含量。定额计量单位 m^2，按消耗量定额，石料块料镶贴地面、墙面，损耗率2%，则

$$大理石花岗石板材定额含量 = 1 \times (1 + 2\%) = 1.02 m^2/m^2$$

这就是消耗量定额 1-001 ~ 1-004，1-008 ~ 1-0011；2-031，2-032，2-036，2-037；2-041，2-042；2-049，2-050，2-054，2-055，2-059，2-060 等子项中的板材含量取定的依据。

（二）块料用量计算

房屋装饰工程中使用块料的数量、品种较多，常用的有各种楼地面地砖、缸砖、内外墙面砖、瓷砖等。块砖定额含量的计算公式为：

$$块材用量(含量) = \frac{定额计量单位}{(块料长 + 灰缝宽)(块料宽 + 灰缝宽)} \times (1 + 损耗率) \tag{3-14}$$

【例 3-4】 计算水泥砂浆贴地砖的地砖定额含量，若地砖规格为 400mm × 400mm。定额计量单位 m^2，按消耗定额规定，周长在 2400mm 以内的地砖，损耗率为 2%，则

$$\begin{aligned} 地砖块数 &= \frac{1}{0.4 \times 0.4} \times 1.02 \\ &= 6.375 \approx 64 块/10m^2 \end{aligned}$$

【例 3-5】 砖外墙贴釉面砖，若面砖规格为 150mm × 75mm，试计算（1）密缝，（2）勾缝时的面砖定额含量。

根据消耗量定额，周长 800 以内的墙面砖，损耗率为 3.5%，定额计量单位 m^2。

【解】（1）密缝即不计灰缝宽度，由式（3-14）有：

$$\begin{aligned} 面砖块数 &= \frac{1}{0.15 \times 0.075} \times 1.035 \\ &= 92 块/m^2 \end{aligned}$$

（2）勾缝，考虑灰缝宽 10mm，则

$$\begin{aligned} 面砖块数 &= \frac{1}{(0.15 + 0.01)\ (0.075 + 0.01)} \times 1.035 \\ &= 76 块/m^2 \end{aligned}$$

（三）砂浆用量计算

装饰工程中的结合层、找平层、面层及粘贴层均使用各种不同配合比的砂浆，包括水泥砂浆、混合砂浆、石灰砂浆、素水泥浆等。这些砂浆的定额含量可用下式计算：

$$砂浆用量(m^3/m^2) = 定额规定计量单位 \times 层厚 \times (1 + 损耗率) \tag{3-15}$$

【例 3-6】 计算消耗量定额 1-062 ~ 1-068 水泥砂浆铺贴陶瓷地面砖的水泥砂浆（1：3）及素水泥浆定额含量。

【解】 水泥砂浆用于地面，损耗率 1%，面层厚为 20mm，按式（3-15）有

$$\begin{aligned} 水泥砂浆(1:3)含量 &= 1 \times 0.02 \times 1.01 \\ &= 0.0202 m^3/m^2 \end{aligned}$$

$$\begin{aligned} 素水泥浆含量 &= 1 \times 0.001 \times 1.01 \\ &= 0.00101 m^3/m^2 \\ &= 0.0010 m^3/m^2 \end{aligned}$$

【例 3-7】 计算外墙贴面砖水泥砂浆定额含量。

【解】 （1）粘结层，按 5mm 厚 1∶2 水泥砂浆，损耗率 2%，则定额含量为：

$$1:2\text{ 水泥砂浆用量} = 1 \times 0.005 \times 1.02 = 0.0051\text{m}^3$$

（2）底层砂浆，按 15mm 厚 1∶3 水泥砂浆，损耗率 2%，压实系数按 10%，则

$$1:3\text{ 水泥砂浆量} = 1 \times 0.015 \times 1.12 = 0.168\text{m}^3$$

（四）贴块料面层灰缝或勾缝灰浆用量计算

$$\begin{aligned}\text{勾缝灰浆用量} &= (\text{实贴面砖面积} - \text{面砖净面积}) \times \text{灰缝深} \times (1 + \text{损耗率}) \\ &= (\text{定额子项计量单位} - \text{块料长} \times \text{块料宽} \times \text{块料净用量}) \times \\ &\quad \text{灰缝深} \times (1 + \text{损耗率})\end{aligned} \tag{3-16}$$

（五）天棚方木龙骨用量计算

天棚木龙骨含量可按下式计算

$$\text{每 1m}^2\text{ 龙骨含量} = \frac{\sum(\text{龙骨断面积} \times \text{龙骨长} \times \text{根数})}{\text{房间净长} \times \text{房间净宽}} \times (1 + \text{损耗率}) \tag{3-17}$$

式中 1m^2 是按定额计量单位取定；

龙骨长 = 房间净尺寸 + 两端搁置长度；

木材损耗率按定额取 5%。

（六）铝合金条板天棚龙骨用量计算

铝合金条板是用铝合金压制成的槽行条板（图 4-39），根据条板与条板间板缝的处理形式，将其分为开敞式和封闭式两种。铝合金条板天棚龙骨也是用铝合金板（厚 1mm），经冷弯、辊轧和阳极氧化等工艺而制成，断面为“Π”形，其褶边形状按吊板方式也分为敞开式和封闭式两种（图 3-4）。

铝合金条板天棚龙骨用量计算公式如下：

$$\text{每 1m}^2\text{ 龙骨含量} = \frac{\text{房间净宽} \times \left(\dfrac{\text{房间净长}}{\text{大龙骨间距}} + 1\right)}{\text{房间净长} \times \text{房间净宽}} \times (1 + \text{损耗率}) \tag{3-18}$$

$$\text{每 1m}^2\text{ 条板龙骨含量} = \frac{(\text{房间净长} - \text{每端调节量} \times 2)\left(\dfrac{\text{房间净宽}}{\text{条板龙骨间距}} + 1\right)}{\text{房间净面积}} \times (1 + \text{损耗率}) \tag{3-19}$$

【例 3-8】 试计算铝合金条板龙骨含量。

【解】 定额分中型和轻型两个子目，中型天棚龙骨承载量较大些，所用吊筋较强，其龙骨和轻型相同。本例计算中型和轻型条板天棚龙骨含量（见定额子目 3-070、3-071）。

取定房间面积为 $9.9 \times 6.9 = 68.31\text{m}^2$，大龙骨间距一般小于 1.5m，取 1.2m，损耗率 7%，则按式（3-18）：

$$每 1m^2 大龙骨（h45）含量 = \frac{6.9\times\left(\frac{9.9}{1.2}+1\right)}{68.31}\times 1.07$$

$$= 0.9728m$$

条板龙骨长按 9.9m，每端为 146mm 作为调节空隙，则由式（3-19）：

$$每 1m^2 条板中龙骨（h35）含量 = \frac{(9.9-0.146\times 2)\times\left(\frac{6.9}{1.2}+1\right)}{68.31}\times 1.07$$

$$= 0.9438m$$

（七）隔墙木龙骨定额用量计算

隔墙木龙骨由上槛、下槛、纵横木筋构成，木料断面视房间高度而定，一般为 40mm × 50mm，50mm × 70mm，也有 50mm × 100mm 的，间距一般为 300 ~ 600mm。

墙面、隔墙、隔断木龙骨（或称木骨架、木框架）定额含量计算可任取一个计算范围，按规定的断面和间距用下式计算：

$$每 1m^2 木龙骨材积含量 = \frac{（竖龙骨长\times 根数 + 横龙骨长\times 根数）\times 断面积}{取定面积}\times(1 + 损耗率) \quad (3\text{-}20)$$

第四节　定额消耗量换算

一、定额消耗量换算的基本方法

（一）定额应用的几种情况

建筑房屋装饰工程消耗量定额中各分部分项工程章节、子目的设置是根据建筑房屋装饰工程常用的装饰项目制定的，也就是说定额子目是按照一般情况下常见的装饰构造、装饰材料、施工工艺和施工现场的实际操作情况而划分确定的，这些子项目可供大部分房屋装饰项目使用，但它并不能包含全部的房屋装饰项目和内容，随着装饰业的发展，新材料、新构造、新工艺不断出现，装饰定额就更不可能满足所有装饰项目的需要。因而，在实际操作中，就会出现某些装饰项目内容与定额子目的规定不太相符，甚至完全不同的情况，下面简述经常碰到的几种情况。

1. 直接套用定额

当施工图纸设计的房屋装饰工程项目内容、材料、做法，与相应定额子目所规定的内容完全相同，则该项目就按定额规定，直接套用定额，确定综合人工工日、材料消耗量（含量）和机械台班数量。在编制工程造价时，绝大多数施工项目属于直接套用定额的情况。有关直接套用定额的方法，这里不再赘述。

2. 按定额规定项目执行

施工图纸设计的某些工程项目内容，定额中没有列出相应或相近子目名称，这种情况往往定额有所交代，应按定额规定的子目执行。略举数例如下：

（1）铝合金门、窗制作、安装项目，不分现场或施工企业附属加工厂制作，均执行全国统一消耗量定额。

（2）油漆、涂料工程中规定，定额中的刷涂、刷油采用手工操作；喷塑、喷涂采用机械操作。操作方法不同时不予调整。

（3）油漆的浅、中、深各种颜色，已综合在定额内，颜色不同，不予调整。

（4）在暖气罩分项工程中，规定半凹半凸式暖气罩按明式定额子目执行。

3. 定额换算

若施工图纸设计的工程项目内容（包括构造、材料、做法等）与定额相应子目规定内容不完全符合时，如果定额允许换算或调整，则应在规定范围内进行换算或调整后，确定项目综合工日、材料消耗、机械台班用量。

4. 套用补充定额

施工图纸中某些设计项目内容完全与定额不符，即设计采用了新结构、新材料、新工艺等，定额子目还未列入相应子目，也无类似定额子目可供套用。在这种情况下，应编制补充定额，经建设方认同，或报请工程造价管理部门审批后执行。

5. 消耗量定额的特殊考虑

（1）房屋装饰工程中需做卫生洁具、装饰灯具、给排水及电气管道等安装工程，均按《全国统一安装工程预算定额》的有关项目执行。

（2）2002 年消耗量定额与《全国统一建筑工程基础定额》相同的项目，均以新发布的消耗量定额为准；消耗量定额中未列项目（如找平层、垫层等），则按《全国统一建筑工程基础定额》相应项目执行。

（二）定额消耗量换算的基本方法

1. 定额换算的条件

定额换算的条件有二：（1）定额子目规定内容与工程项目内容部分不相符，而不是完全不相符，这是能否换算的第一个条件；（2）第二个条件是定额规定允许换算。同时满足这两个条件，才能进行换算、调整，也就是说，使得装饰预算定额中规定的内容和设计图纸要求的内容取得一致的过程，就称为定额的换算或调整。

定额换算的实质就是按定额规定的换算范围、内容和方法，对某些项目的工程材料含量及其人工、机械台班等有关内容所进行的调整工作。

定额是否允许换算应按定额说明，这些说明主要包括在定额“总说明”、各分部工程（章）的“说明”及各分项工程定额表的“附注”中，此外，还有定额管理部门关于定额应用问题的解释。

2. 定额换算的基本思路和方法

定额换算就是以工程项目内容为准，将与该项目相近的原定额子目规定的内容进行调整或换算，即把原定额子目中有而工程项目不要的那部分内容去掉，并把工程项目中要求而原子目中没有的内容加进去，这样就使原定额子目变换成完全与工程项目相一致，再套用换算后的定额项目，求得项目的人工、材料、机械台班消耗量。

上述换算的基本思路可用数学表达式描述如下：

$$换算后的材料消耗量 = 定额消耗量 - 应换出材料数量 + 应换入材料数量 \quad (3\text{-}21)$$

二、各分部房屋装饰工程定额换算的主要规定

（一）楼地面工程定额换算

楼梯踢脚线按相应定额乘以1.15系数。

（二）墙柱面工程定额换算

1. 定额凡注明的砂浆种类、配合比、饰面材料及型材的型号规格与设计不同时，可按设计要求调整，但人工和机械含量不变。

2. 抹灰砂浆厚度，如设计砂浆厚度与定额取定不同时，除定额有注明厚度的项目可以换算外，其他一律不作调整。

3. 女儿墙（包括泛水、挑砖）、阳台栏板（不扣除花格所占孔洞面积）内侧抹灰，按垂直投影面积乘以系数1.10，带压顶者乘系数1.30，按墙面定额执行。

4. 圆弧形、锯齿形、复杂不规则的墙面抹灰或镶贴块料面层，按相应子目人工乘以系数1.15，材料乘以系数1.05。

5. 离缝镶贴面砖的定额子目，其面砖消耗量分别按缝宽5mm、10mm和20mm考虑，如灰缝不同或灰缝超过20mm以上者，其块料及灰缝材料（水泥砂浆1：1）用量允许调整，其他不变。

6. 木龙骨基层定额是按双向计算的，如设计为单向时，材料、人工用量乘以系数0.55。

7. 墙柱面工程定额中，木材种类除注明者外，均以一、二类木材种类为准，如采用三、四类木材种类时，人工及机械乘以系数1.30。

8. 玻璃幕墙设计有平开、推拉窗者，仍执行幕墙定额，但窗型材、窗五金相应增加，其他不变。

9. 弧形幕墙，人工乘1.10系数，材料弯弧费另行计算。

10. 隔墙（间壁）、隔断（护壁）、幕墙等，定额中龙骨间距、规格如与设计不同时，定额用量允许调整。

（三）天棚工程定额换算

1. 天棚的种类、间距、规格和基层、面层材料的型号、规格是按常用材料和常用做法考虑的，如设计要求不同时，材料可以调整，但人工、机械不变。

2. 天棚分平面天棚和跌级天棚，跌级天棚面层人工乘系数1.10。

3. 天棚轻钢龙骨、铝合金龙骨定额是按双层编制的，如设计为单层结构时（大、中龙骨底面在同一平面上），套用定额时，人工乘0.85系数。

（四）门窗工程量定额换算

1. 铝合金门窗制作、安装项目，不分现场或施工企业附属加工厂制作，均执行消耗量定额。

2. 铝合金地弹门制作型材（框料）按101.6mm×44.5mm、厚1.5mm方管制定，单扇平开门、双扇平开窗按38系列制定，推拉窗按90系列（厚1.5mm）制定。如实际采用的型材断面及厚度与定额取定规格不符者，可按图示尺寸长度乘以线密度加6%的施工损耗计算型材重量。

3. 电动伸缩门含量不同时，其伸缩门及钢轨允许换算。

4. 定额窗帘盒定额中，窗帘盒展开宽度430mm，宽度不同时，材料用量允许调整。

（五）油漆、涂料、裱糊工程定额换算

1. 油漆、涂料定额中规定的喷、涂、刷的遍数如与设计不同时，可按每增加一遍相应定额子目执行。

2. 定额中的单层木门刷油是按双面刷油考虑的，如采用单面刷油，其定额含量乘以0.49系数计算。

3. 油漆、涂料工程，定额已综合了同一平面上的分色及门窗内外分色所需的工料，如需做美术、艺术图案者，可另行计算，其余工料含量均不得调整。

（六）其他工程定额换算

1. 在其他分部工程中，定额项目在实际施工中使用的材料品种、规格与定额取定不同时，可以换算，但人工、机械含量不变。

2. 装饰线条以墙面上直线安装为准，如天棚安装直线型、圆弧型或其他图案者，按以下规定计算：

（1）天棚面安装直线装饰线条，人工乘以1.34系数；

（2）天棚面安装圆弧装饰线条，人工乘以1.6系数，材料乘1.10系数；

（3）墙面安装圆弧装饰线条，人工乘以1.2系数，材料乘1.10系数；

（4）装饰线条做艺术图案者，人工乘以1.8系数，材料乘1.10系数。

3. 墙面拆除按单面考虑，如折除双面装饰板，定额基价乘以系数1.20。

（七）房屋装饰脚手架及项目成品保护费项目定额换算

1. 室内凡计算了满堂脚手架者，其内墙面粉饰不再计算粉饰脚手架，只按每100m^{2}墙面垂直投影面积增加改架工1.28工日。

2. 利用主体外脚手架改变其步高作外墙装饰架时，按每100m^{2}外墙面垂直投影面积，增加改架工1.28工日。

三、定额换算方法

（一）基本项加增减项换算

在定额换算中，按定额的基本项和增减项进行换算的项目比较多，例如：油漆、喷、涂刷遍数按每增减一遍子目换算。

【例3-9】 某工程中设计硬木扶手（不带托板），工程量100m，油漆做法为：刷底油、刮腻子、色聚氨酯四遍。求人工及材料消耗量。

【解】 按规定，本分项工程应执行定额子目5-051和5-055。人工及材料消耗量计算结果如表3-9所示。

表3-9 硬木扶手油漆人工、材料消耗量

项目名称	单位	代码	5-051含量	5-055含量	合计含量	项目消耗量
综合人工	工日	000001	0.0710	0.0190	0.090	9.00
石膏粉	kg	AC0760	0.0050		0.0050	0.50
豆包布（白布）0.9m宽	m	AQ0432	0.0010		0.0010	0.10
色聚氨酯漆	kg	HA0670	0.0610	0.0200	0.081	8.10
清油	kg	HA1000	0.0020		0.0020	0.20

续表

项目名称	单位	代码	5-051 含量	5-055 含量	合计含量	项目消耗量
熟桐油	kg	HA1860	0.0041		0.0041	0.41
催干剂	kg	HB0010	0.0002		0.0002	0.020
油漆溶剂油	kg	JA0541	0.0090		0.0090	0.90
酒精（乙醇）	kg	JA0900	0.0003		0.0003	0.030
二甲苯	kg	JA1730	0.0080	0.0030	0.0110	1.10
漆片	kg	JA2390	0.0002		0.0002	0.020
砂纸	张	AN4950	0.0500	0.0100	0.0600	6.00

（二）材料品种不同的换算

这类换算主要是用工程项目设计用材料代替定额中的相应材料，换算材料价格，含量不变。2002 年消耗量定额的总说明规定：

定额所采用的材料、半成品、成品的品种、规格型号与设计不符时，可按各章规定调整。如定额中以饰面夹板、实木（以锯材取定）、装饰线条表示的，其材质包括榉木、橡木、柚木、枫木、核桃木、樱桃木、桦木、水曲柳等；部分列有榉木或者橡木、枫木的项目，如实际使用的材质与取定的不符时，可以换算，但其消耗量不变。

【例 3-10】 某家庭装饰项目，踢脚线用 150mm × 20mm 柚木实木做成，求制作 49.72m 踢脚线的主材用量。

【解】 按定额规定，实际使用的材质与取定不符，可作换算，其含量不变。所以，该项目踢脚线的柚木用量如下：

$$柚木实木踢脚线（直形）= 1.050 \times 49.72 \times 0.15 = 7.831\text{m}^2$$

（三）材料规格不同的换算

材料规格与定额取定不同的换算，如铝合金门窗型材规格设计与定额取定不同时，换算的方法是，按设计图纸要求计算铝型材长度，乘以所用铝材对应系列的线密度，再加 6% 的损耗即为项目所用铝型材重量。

（四）按比例换算法

按比例换算是定额换算中广泛使用的一种方法，其基本做法是以定额取定值为基准，随设计的增减而成比例地增加或减小材料用量。例如，墙柱面装饰抹灰厚度与定额取定不同时，就可按比例调整定额含量。

【例 3-11】 建筑物砖墙垂直投影面积 100m^2，做干粘玻璃碴面层，要求 1∶3 水泥砂浆厚度为 20mm，试计算本项目材料用量。

【解】 本分项与定额子目 2-017 基本相符，唯水泥砂浆 1∶3 的厚度有异，应按规定调整如下：

$$调整材料含量 =（设计厚度/定额取定厚度）\times 定额含量 \tag{3-22}$$

将相关数据代入，可求得水泥砂浆调整后的消耗量，即：

$$水泥砂浆(1:3)含量=(20/18)\times 0.0208 = 0.0231m^3$$

则 $100m^2$ 干粘玻璃碴的材料用量如表 3-10 所示：

表 3-10　干粘玻璃碴项目材料用量

材料名称	单位	代码	含量	材料用量
玻璃碴	kg	AH0473	7.3684	736.84
水	m^3	AV0280	0.0076	0.76
水泥砂浆 1：3	m^3	AX0684	0.0231	2.31
801 胶素水泥浆	m^3	AX0841	0.0010	0.10

（五）系数调整法

系数调整法也是一种按比例换算法，只是比例系数是确定不变的。系数调整法是按定额规定的增减系数调整定额人工、材料或机械费。例如，圆弧形、锯齿形、复杂不规则的墙面抹灰或镶贴块料面层，就可按其面积部分套用相应的直线形定额子目，人工乘以系数 1.15，即人工增加 15%，材料乘以系数 1.05，即材料用量增加 5%。

用系数换算法进行调整时，只要将定额基本项目的定额含量乘以定额规定的系数即可。但在大多数情况下，定额规定的系数不是对整个项目而言，只是对项目中的用工、用料（或部分用料）或机械台班规定系数，因此，只能按规定把需要换算的人工、材料、机械按系数计算后，将其增减部分的工、料并入基本项目内。用公式可表示为：

$$调整含量=人工\times系数+材料\times系数+机械台班\times系数 \quad (3\text{-}23)$$

【例 3-12】　某建筑物内小会议室铝合金龙骨吊顶天棚，设计龙骨为不上人型装配式 T 型铝合金龙骨，单层结构；天棚面层规格为 450mm×450mm，平面型。试问此项目执行哪个子目，定额含量有无变化。

【解】　按工程要求，应执行子目 3-041，但设计龙骨为单层结构，按规定人工乘 0.85 系数，其他材料、机械消耗量不变。即综合人工由定额中 0.15 工/m^2 日改变为 0.15×0.85 = 0.13 工/m^2，其他材料、机械含量不变。

（六）数值增减法

所谓数值增减法是指按定额规定增减的数量（或比例）进行调整人工、材料、机械的方法。定额中直接列出应增减的人工工日、材料数量、机械台班或增减金额（元），换算时，只要用定额给出的增减工日、材料、机械数量增减到基本项的含量中即可。

（七）砂浆配合比换算

设计砂浆配合比与定额取定不同，必然会引起价格的变化，定额规定应进行换算的，则应换算配合比。

砂浆配合比的换算，不是要计算配合比，而是根据全国统一基础定额附录中所列砂浆配合比表，按装饰项目设计要求选用，以换算砂浆配合比。在采用综合单价招标时，重要的是将定额中的砂浆配合比改为设计砂浆的配合比，以便准确地计算砂浆价格和综合单价。

第四章　房屋装饰工程量清单项目及工程量计算（一）

第一节　概　　述

一、正确计算工程量的意义

工程量是以物理计量单位或自然计量单位表示的各分项工程或结构构件的数量。

自然计量单位是指以物体本身的自然属性为计量单位表示完成工程的数量。一般以件、块、个（或只）、台、座、套、组等或它们的倍数作为计量单位。例如，柜台、衣柜以台为单位，装饰灯具以套为单位。

物理计量单位是以物体的某种物理属性为计量单位，均以国家标准计量单位表示工程数量。以长度（米、m）、面积（平方米、m^2）、体积（立方米、m^3）、重量（吨、t）等或它们的倍数为单位。例如，楼地面、墙柱面的装饰工程量以平方米（m^2）为计量单位，扶手、栏杆、栏板以延长米（m）为计量单位。

计算工程量是编制房屋装饰工程工程量清单的基础工作，是招标文件和投标报价的重要组成部分。工程量清单计价或工程量清单报价主要取决于两个基本因素。一是工程量，二是综合单价。为了准确计算工程造价，这两者的数量都得正确，缺一不可。因此，工程量计算的准确与否，将直接影响房屋装饰工程的预算造价。

工程量又是施工企业编制施工组织计划、确定工程工作量、组织劳动力、合理安排施工进度和供应装饰材料、施工机具的重要依据。同时，工程量也是建设项目各管理职能部门，像计划部门和统计部门工作的内容之一，例如，某段时间某领域所完成的实物工程量指标就是以工程量为计算基准的。

工程量的计算是一项比较复杂而细致的工作，其工作量在整个预算中所占比重较大，任何粗心大意都会造成计算上的错误，致使工程造价偏离实际，造成国家资金和装饰材料的浪费与积压。从这层意义上说工程量计算也独具重要性。因此，正确计算工程量，对建设单位、施工企业和工程项目管理部门，对正确确定房屋装饰工程造价都有重要的现实意义。

二、房屋装饰工程量计算的依据

（一）经审定的设计施工图纸及其说明

施工图是计算工程量的基础资料，因为施工图纸反映了装饰工程的各部位构造、做法及其相关尺寸，是计算工程量获取数据的基本依据。在取得施工图和设计说明等资料后，必须全面、细致地熟悉与核对有关图纸和资料，检查图纸是否齐全、正确。如果发现设计图纸有错漏或相互间有矛盾的，应及时向设计人员提出修正意见，及时更正。经审核、修正后的施工图才能作为计算工程量的依据。

（二）房屋装饰工程量计算规则

在“13计量规范”中，编制了房屋装饰工程量清单计算规则，工程量计算规则由项目编码、项目名称、项目特征、计量单位、工程量计算规则和工作内容等6项构成。

房屋装饰工程量清单及计算规则列表详细地规定了各分部分项工程量的计算规则、工作内容、项目特征、项目名称、计算方法和计量单位。它们是计算工程量的唯一依据，计算工程量时必须严格按照计算规则和方法进行。否则，计算的工程量就不符合规定，或者说计算结果的数据和单位等与规范不相符。

（三）房屋装饰施工组织设计与施工技术措施方案

房屋装饰施工组织设计是确定施工方案、施工方法和主要施工技术措施等内容的基本技术经济文件。例如，在施工组织设计中要明确：铝合金吊顶，是方板面层吊顶方案，还是条板面层吊顶方案；大理石或花岗石贴墙柱面项目中，是挂贴式还是粘贴式或者是干挂，粘贴时是用水泥砂浆粘贴还是用干粉型粘结剂。施工方案或施工方法不同，与分项工程的列项及套用定额相关，工程量计算也不一样。

三、工程量计算的顺序

一个单位房屋装饰工程，分项繁多，少则几十个分项，多则几百个，甚至更多些，而且很多分项类同，相互交叉。如果不按科学的顺序进行计算，就有可能出现漏算或重复计算工程量的情况，计算了工程量的子项进入工程造价，漏算或重复算了的，就少计或多算了工程造价，给造价带来虚假性，同时，也给审核、校对带来诸多不便。因此计算工程量必须按一定顺序进行，以免差错。常用的计算顺序有以下几种：

（一）按工程量清单项目及计算规则表顺序计算

按“13计量规范”房屋装饰工程量清单项目及工程量计算规则表的顺序进行计算，即附录L~附录S及附录H中表格所列的顺序进行。

（二）按装饰工程消耗量定额分部分项顺序计算

一般装饰分部分项的顺序为：楼地面工程、墙柱面工程、天棚工程、门窗工程、油漆、涂料、裱糊工程、其他工程等部分，此外还有脚手架、垂直运输超高费、安全文明施工增加费等分部。

接下来是列工程分项，列分项的顺序一般也就是消耗定额子项目的编排顺序，亦即工程量计算的顺序，依此顺序列项并计算工程量，就可以有效地防止漏算工程量和漏套定额，确保预算造价真实可靠。

（三）从下到上逐层计算

对不同楼层来说，可先底层，后上层；对同一楼层或同一房间来说，可以先楼地面，再墙柱面，后顶棚，先主要，后次要；对室内外装饰，可先室内，后室外按一定的先后次序计算。

（四）计算工程量应运用技巧

（1）将计算规则用数学语言表达成计算式，然后再按计算公式的要求从图纸上获取数据代入计算，数据的量纲要换算成与定额计量单位一致，不要将图纸上的尺寸单位毫米代入，以免在换算时搞错。

（2）采用表格法计算，即常用的工程量计算表，其顺序及项目编码与所列子项一致，这可避免错漏项，也便于检查复核。

（3）采用、推广计算机软件计算工程量，它可使工程量计算既快又准，减少手工操作，提高工作效率。

运用以上各种方法计算工程量，应结合工程大小，复杂程度，以及个人经验，灵活掌握综合运用，以使计算全面、快速、准确。

四、工程量计算注意事项

（一）严格按计算规则的规定进行计算

工程量计算必须与工程量计算规则（或计算方法）一致，才符合要求。“房屋装饰工程量清单项目及计算规则”中，对各分项工程的工程量计算规则和计算方法都作了具体规定，计算时必须严格按规定执行。例如，楼地面整体面层、块料面层按饰面的净面积计算，而楼梯按水平投影面积计算。

（二）工程量计算所用原始数据（尺寸）的取得必须以施工图纸（尺寸）为准

工程量是按每一分项工程、根据设计图纸进行计算的，计算时所采用的原始数据都必须以施工图纸所表示的尺寸或施工图纸能读出的尺寸为准进行计算，不得任意加大或缩小各部位尺寸。在房屋装饰工程量计算中，较多的使用净尺寸，不得直接按图纸轴线尺寸，更不得按外包尺寸取代之，以免增大工程量，一般来说，净尺寸要按图示尺寸经简单计算取定。

（三）计算单位必须与规定的计量单位一致

计算工程量时，所算各工程子项的工程量单位必须与附录B中相应项目的单位相一致。例如，“13计量规范”中门窗分项的计量单位以“樘/m^2”为单位，所计算的工程量也必须以“樘”或“m^2”为单位，当然视情况二者取其一就可以了。

在“13计量规范”，主要计量单位采用以下规定：

（1）以面积计算的为平方米（m^2）；

（2）以长度计算的为米（m）；

（3）以重量计算的为吨或千克（t或kg）；

（4）以件（个或组）计算的为件（个或组）。

（四）工程量计算的准确度

工程量计算数字要准确，有效位数应遵守下列规定：

（1）以立方米（m^3）、平方米（m^2）及米（m）为单位者，应保留小数点后两位数字，第三位按四舍五入；

（2）以吨（t）为单位的，应保留小数点后三位数字，第四位按四舍五入；

（3）以“个”、“根（套）”等为单位，应取整数。

（五）各分项工程应标明

各分项工程应标明项目名称、项目编码、项目特征及相应的工作内容，以便于检查和审核。

第二节　楼地面工程量计算及示例

一、清单项目内容

本分部共8节43个项目。项目内容包括：整体面层、块料面层、橡塑面层、其他材料面层、踢脚线、楼梯装饰、台阶装饰、零星装饰等项目。楼地面一般由基层、垫层、填充层、隔离层、找平层、结合层和面层组成，现对常见分项工程的构造做法作简要介绍。

（一）水磨石楼地面

在基层上做水泥砂浆找平层后，按设计分格镶嵌嵌条，抹水泥砂浆面层，硬化后磨光露出石渣并经补浆、细磨、酸洗、打蜡，即成水磨石面层。图 4-1 是现浇水磨石地面构造，其施工程序如下：

基层清理→刷素水泥浆→做标筋→铺水泥砂浆找平层→养护→嵌分格条→刷素水泥浆一道→铺抹水泥石粒浆面层→研磨→酸洗打蜡。

水磨石楼地面按带嵌条，带艺术型嵌条分色，分普通水磨石和彩色镜面水磨石楼地面。嵌条是在水磨石面层铺设前，在找平层上按设计要求的图案设置的分格条，一般可用铜嵌条、铝嵌条或玻璃嵌条和不锈钢嵌条等，分格条的设置要求如图 4-2 所示。

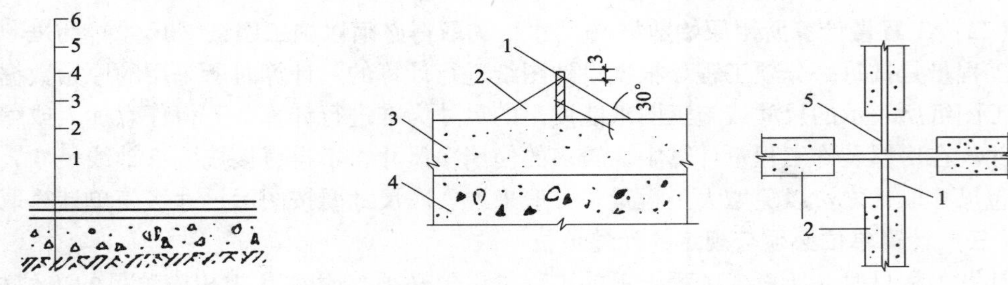

图 4-1　水磨石地面
1—素土夯实；2—混凝土垫层；
3—刷素水泥浆一道；
4—18 厚 1∶3 水泥砂浆找平层；
5—刷水泥浆结合层一道；
6—10～15 厚 1∶1.5～2 白水泥白石子浆

图 4-2　分格嵌条设置
1—分格条；2—素水泥浆；3—水泥砂浆找平层；
4—混凝土垫层；5—40～50mm 内不抹素水泥浆

彩色镜面水磨石楼地面是指用白水泥彩色石子浆代替白水泥白石子浆而做成的水磨石面层楼地面。这种彩色镜面水磨石楼地面是一种高级水磨石面层，除质量要达到规范要求外，表面磨光一般应按“五浆五磨”研磨，七道“抛光”工序施工。

（二）块料楼地面

随着房屋装饰档次的提高，新型块料楼地面日渐增多。块料面层也称板块面层，是指用一定规格的块状材料，采用相应的胶结料或水泥砂浆结合层（找平层）镶铺而成的面层。常见的铺地块料种类颇多，按块料品种列有大理石（包括人造大理石）板、花岗石、缸砖、锦砖（马赛克）、地砖、塑料板、橡胶板、玻璃地面等，现将有关项目分述如下：

1. 大理石、花岗石楼地面

大理石一般分为天然大理石和人造大理石两种，天然大理石因盛产于云南大理而得名。大理石具有表观致密，质地坚实，色彩鲜艳，吸水率小等优点。装饰用大理石板材、是将荒料经过锯、磨、切、抛光等工序加工而成。大理石一般为白色，纯净大理石，洁白如玉，常称为汉白玉。含有不同杂质的大理石呈黑色、玫瑰色、橘红色、绿色、灰色等多种色彩和花纹，磨光后非常美观。人造大理石是以大理石碎料、石英砂、石粉等为骨料，以聚酯、水泥等作胶粘剂，经搅拌、浇注成型、打磨、抛光而制成。大理石板材的化学稳定性较差，主要用作室内装饰材料。表 4-1 是常用大理石品种规格表。

表 4-1　常用大理石板材品种及产地

产品名称	产　　地	特　　征
汉白玉	北京房山，河南浙川、光山，湖北黄石，天津，西安，云南大理	白色，微有杂点和脉纹
晶白	湖北	白色晶粒、细致而均匀
雪花	山东淄博、青岛、掖县，河南浙川，天津，杭州，西安，宝鸡，安庆	白间淡灰色，有均匀中晶，有较多黄杂点
雪云	广东云浮	白和灰白相间
影晶白	江苏高资	乳白色有微红至深赭的脉纹
墨晶白	河北曲阳	玉白色，微晶，有黑色脉纹或斑点
风雪	云南大理	灰白间有深灰色晕带
冰浪	河北曲阳	灰白色均匀粗晶
黄花玉	湖北黄石	淡黄色，有较多稻黄脉纹
碧玉	辽宁连山关	嫩绿或深绿和白色絮状相渗
彩云	河北获鹿，河南浙川	浅翠绿色底，深绿絮状相渗，有絮斑或脉纹
斑绿	山东青岛、莱阳、淄博、陕西宝鸡、杭州、北京	灰白色底，有斑状堆状深草绿点
云灰	山东青岛、淄博、陕西宝鸡、北京房山、云南大理，河北阜平	白或浅灰底，有烟状或云状黑纹带
驼灰	江苏苏州	土灰色底，有深黄赫色、浅色疏脉纹
裂玉	湖北大冶	浅灰带微红色底，有红色脉络和青灰色斑
艾叶青	北京房山，西安，天津	青底，深灰间白色叶状斑云，间有片状纹缕
残雪	河北铁山	灰白色，有黑色斑带
晚霞	北京顺义，天津	石黄间土黄斑带，有深黄叠状脉编印，间有黑晕
虎纹	江苏宜兴，河南光山	赭色底，有流纹状石黄色经络
灰黄玉	湖北大冶	浅黑灰底，有焰红色、黄色和浅灰脉络
秋枫	江苏南京	灰红底，有血红晕脉纹
砾红	广东云浮	浅底，满布白色大小碎石块
桔络	浙江长兴	浅灰底，密布粉红和紫红叶脉纹
岭红	辽宁铁岭	紫红底
墨叶	江苏苏州	黑色，间有少量白络或白斑
莱阳黑	山东莱阳	灰墨底，间有墨斑灰白色点
墨玉	贵州，广西，北京，河南，昆明，陕西宝鸡、西安、湖南利慈、东安、山东淄博、青岛、河北阜平、灵寿	黑色
中国红	四川雅安	较为稀少的特殊品种，近似印度红
中国蓝	河北承德	较为稀少的特殊品种（1994 年发现）
诺尔红	内蒙古	近似印度红
紫豆瓣	河北阜平、灵寿，河南，西安	紫红色豆瓣
螺丝转	西安、天津，北京，河南	深灰地，紫红转
枣红	安徽安庆	枣皮色，有深浅

续表

产品名称	产　　地	特　　征
黑绒玉	安徽安庆	黑底呈灰白色，似墨白渗透之绒团或芦花状
云雾	安徽安庆	肉色或浅白底色，咖啡色及黑色相互交汇，呈云雾状
碧波	安徽安庆	浅碧绿色，呈海浪状
宜红	安徽安庆	棕红色，板面由氧化铁红形成的晕色花纹，酷似木质车轮
绿雪花	安徽安庆	白底淡绿色，似绿宝石散于雪地上，闪闪发光
蓝雪花	安徽安庆	似碧蓝海水，又如深秋晴空
凝脂	江苏宜兴	猪油色底，稍有深黄细脉，偶带透明杂晶
晶灰	河北曲阳	灰色微赭，均匀细晶，间有灰条纹或赭色斑
海涛	湖北	浅灰底，有深浅相间的青灰色条状斑带
象灰	浙江潭浅	象灰底，杂细晶斑，并有红黄色细纹络
螺青	北京房山	深灰色底，满布青白相间螺纹状花纹
螺红	辽宁金县	绛红底，夹有红灰相间的螺纹
蟹青	湖北	黄灰底，遍布深灰或黄色砾斑，间有白灰层
锦灰	湖北大冶	浅黑灰底，有红色或灰色脉络
电花	浙江杭州	黑灰底，满布红色间白色脉络
桃红	河北曲阳	桃红色，粗晶，有黑色缕纹或斑点
银河	湖北下陆	浅灰底，密布粉红脉络杂有黄脉
红花玉	湖北大冶	肝红底，夹有大小浅红碎石块
五花	江苏，河北	绛紫底，遍布绿青灰色或紫色大小砾石
墨壁	河北获鹿	黑色，杂有少量浅黑陷斑或少量土黄缕纹
量夜	江苏苏州	黑色，间有少量白络或白斑

花岗石板材是以含有长石、石英、云母等主要矿物晶粒的天然火成岩荒料，经过剁、刨、抛光而成，其色彩鲜明，光泽动人，有镜面感，主要用于室内外墙面，柱面和地面等装饰。表4-2是常用花岗石品种、规格及产地，供参考。

表4-2　常用花岗石产地及品种

产　地	品　　种
广东连县	连州大红、连州中红、连州浅红、穗青花玉、梅花斑、黑白花、紫罗兰、青黑麻
福建惠安	田中石、左山红、峰白石、笔山石
福建莆田、长乐	黑芝麻
福建同安	大黑白点
福建厦门、泰宁	厦门白
福建安门	浅红色
山东济南	济南青、将军红、芝麻白、五花石、桃红、玫瑰红、森树绿、济南灰、长青花、泰山青、济南白
山东青岛	黑花岗石、泰山红、将军红、柳埠红、四川红、樱花红、王莲红、莒南青、金山红、西丽红、梅花岩、茶山红、灰白色、济南青、万年青、崂山青、崂山红、石岛红、芝麻白、朝霞、星花

续表

产　　地	品　　　　　　种
山东淄博	柳埠红、将军红、济南青、淄博青、淄博花、鲁山白、泰山青、星星红、五莲红、樱花
山东泰安	泰山青、泰安绿、泰山红
山东平邑	平邑红、平迂黑、绿黑花白、灰黑花白
山东历城	柳埠红
山东栖霞	青灰色、灰白色、黑底小红花
山东海阴	白底黑花
山东掖县	莱州青、白底黑点
山东平度	灰白色
河南偃师	云里梅、梅花红、雪花青、乌龙青、菊花青、波状山水、虎皮黄、墨玉、晚霞红、珊瑚花、大青花
湖北石首	青石棉、大石花、小石花

大理石、花岗石面层，按装饰部位分为楼地面、楼梯、台阶、踢脚线和零星项目；按铺贴用粘结材料分水泥砂浆粘结和粘结剂铺贴。按镶贴面层的图案形式不同，分为单色、多色、拼花和点缀几种。此外，还有碎拼大理石、碎拼花岗石项目。大理石、花岗石板楼地面的构造做法如图 4-3 所示。

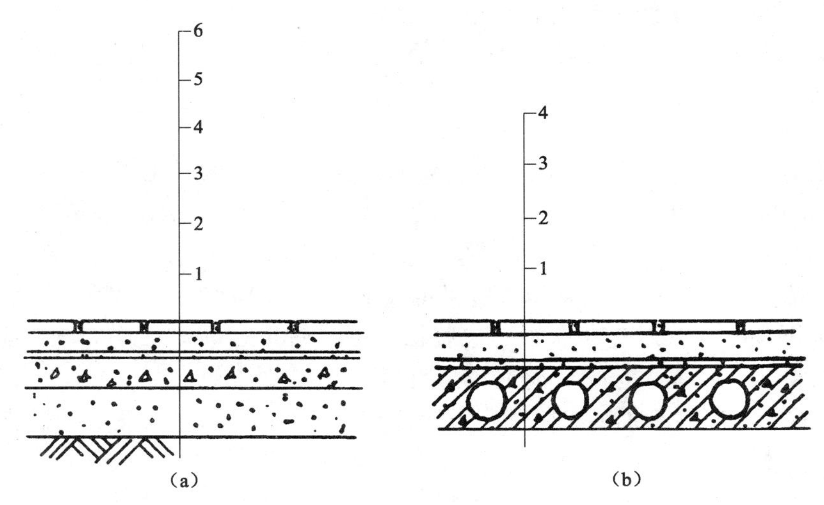

图 4-3　大理石、花岗石板楼地面构造层次图

（a）地面构造　1—素土夯实；2—100 厚 3∶7 灰土垫层；3—50 厚 C10 素混凝土基层；4—素水泥浆结合层；5—1∶3 干硬性水泥砂浆找平层；6—大理石或花岗石板面层

（b）楼面构造　1—钢筋混凝土楼板；2—素水泥砂浆结合层；3—1∶3 干硬性水泥砂浆找平层；4—大理石或花岗石板面层

2. 陶瓷地砖楼地面

陶瓷地砖也称地面砖，是采用塑性较大且难熔的黏土，经精细加工，烧制而成。地砖有带釉和不带釉两类，花色有红、白、浅黄、深黄等，红地砖多不带釉。地面砖有方形、长方形、六角形三种，规格大小不一，常用的地砖多为 200mm × 200mm、300mm × 300mm、400mm ×400mm、500mm ×500mm、600mm ×600mm、800mm ×800mm 或 150mm ×150mm 等。

陶瓷地砖按铺贴部位分为楼地面、楼梯、台阶及踢脚线、零星项目等。

3. 玻璃地面

玻璃地面包括镭射玻璃砖地面和幻影玻璃地砖。

镭射玻璃是以玻璃为基体，在其表面制成全息光栅或其他几何光栅，在阳光或灯光照射下，会反射出艳丽的七色光彩，给人以美妙出奇的感觉。

镭射玻璃地砖具有抗老化、抗冲击，且耐磨性及硬度等优于大理石，与高档花岗石相仿，装饰效果甚优。

镭射玻璃地砖分8mm厚单层钢化砖和（8+5）mm厚夹层钢化玻璃两种，单层镭射玻璃、夹层镭射玻璃的规格均有400mm×400mm、500mm×500mm、800mm×800mm等几种。

幻影玻璃地砖也分8mm厚单层钢化玻璃和（8+5）mm厚夹层钢化玻璃砖两种，单层玻璃的规格常有500mm×500mm、600mm×600mm、800mm×800mm，（8+5）mm夹层玻璃的规格常为400mm×400mm、500mm×500mm、800mm×800mm等。

4. 缸砖

缸砖又称地砖或铺地砖，系用组织紧密的黏土胶泥，经压制成型，干燥后入窑焙烧而成。缸砖表面不上釉，色泽常为暗红、浅黄和青灰色，形状有正方形、长方形和六角形等，常用规格有200mm×200mm×40mm、250mm×250mm×40mm以及150mm×150mm×10mm、100mm×100mm×8mm的小规格红缸砖（通常称为防潮砖）。缸砖一般用于室外台阶、庭院通道和室内厨房、浴厕以及实验室等楼地面的铺贴。

缸砖面层可用于楼地面、楼梯、台阶、踢脚线和零星项目等，楼地面可为勾缝和不勾缝。

5. 陶瓷锦砖

陶瓷锦砖俗称马赛克，它是以优质瓷土为主要原料，经压制成型入窑高温焙烧而成的小块瓷砖，有挂釉和不挂釉两种，目前产品多数不挂釉。因尺寸较小，拼图多样化，有“什锦砖”之美称，故常称陶瓷锦砖。单块陶瓷锦砖很小，不便施工，因此生产厂家将其按一定图案单元反贴在305.5mm×305.5mm的牛皮纸上，每张纸称为“一联”，每联面积为一平方英尺，约0.093m^2，一般以40联为一包装箱，可铺贴3.72m^2，故陶瓷锦砖又称皮纸砖。陶瓷锦砖具有美观、耐磨、抗腐蚀等特点，广泛用于室内外装饰。

陶瓷锦砖面层包括楼地面、台阶和踢脚线几种，楼地面又可分拼花和不拼花。

6. 塑料板、橡胶板

（1）塑料板

塑料地板以及塑料卷材地面，是一种比较风行的地面装饰板材，它具有表面光滑、色泽鲜艳、且脚感舒适、不易沾尘、防滑、耐磨等优点，用途广泛。

塑料地板最常用的产品为聚氯乙烯塑料板（简称PVC地板），它主要以聚氯乙烯树脂（PVC）为原料，掺以增塑剂、稳定剂、润滑剂、填充剂及适量颜料等，经搅拌混合，通过热压、退火等处理制成板材，再切成块料。

塑料地板按产品外形分有块材和卷材两种，分别称塑料板和塑料卷材。常用块状地板的规格为305mm×305mm（1平方英尺），或303mm×303mm，厚度有1.5mm、2.0mm、2.5mm等。块料地板每盒50张，有各种颜色的净面板，如仿水磨石、仿木纹、仿面砖等图案。卷材地板宽900～2000mm，厚度有1.5mm、2.0mm、2.5mm及3mm等。

（2）橡胶板

橡胶地板主要是指以天然橡胶或以含有适量填料的合成橡胶制成的复合板材。它具有吸声、绝缘、耐磨、防滑和弹性好等优点，主要用于对保温要求不高的防滑地面。橡胶面层也分橡胶板楼地面、橡胶卷材楼地面。

7. 镶贴面酸洗打蜡

为使铺贴的大理石、花岗石等块料面层表面更加明亮，富有光泽，需对其进行抛光打蜡。块料、花岗石、大理石楼地面、楼梯台阶镶贴面层要求酸洗打蜡者，应在项目特征及工作内容中描述，以便计价。

抛光一般是将草酸溶液浇到面层上，用棉纱头均匀擦洗面层，或用软布卷固定在磨石机上研磨，直至表面光滑，再用水冲洗干净。草酸有化学腐蚀作用，在棉纱或软布卷擦拭下，可把表面的突出微粒或细微划痕去掉，故常称酸洗。草酸溶液的配比可为：热水：草酸＝1：0.35重量比，溶化冷却后待用。

打蜡可使表面更加光亮滑润，同时对表面有保洁作用。蜡液的配比采用硬石蜡：煤油：松节油：清油＝1：1.5：0.2：0.2（重量比）。打蜡的方法是：在面层上薄薄涂一层蜡，稍干后，用钉有细帆布（或麻布）的木块代替油石，装在磨石机的磨盘上进行研磨，直至光滑洁亮为止。

（三）地毯

地毯是目前国内外最常用的楼地面装饰材料之一。地毯可分为两大类：一类为纯羊毛无纺织地毯，或分为手工编织纯毛地毯和机织纯毛地毯。另一类为化纤地毯，包括腈纶纤维地毯、锦纶纤维地毯、涤纶纤维地毯、丙纶纤维地毯和混纺纤维地毯等。

纯毛地毯具有弹性好、抗老化、柔软舒适、难燃不滑、经久耐用、色彩鲜艳等特点。

化纤地毯具有脚感舒适、质轻耐磨、不怕虫蛀、图案美观、价格便宜等特点。

地毯花色品种和规格繁多，广泛适用于室内地面装饰。

1. 楼地面地毯

楼地面地毯分固定式和不固定式两种铺设方式。

固定式分带垫和不带垫铺设方式。固定式铺设是先将地毯截边、再拼缝、粘结成一块整片，然后用胶粘剂或倒刺板条固定在地面基层上的一种铺设方法。

带垫铺设也称双层铺设，这种地毯无正反面，两面可调换使用，即无底垫地毯，需要另铺垫料。垫料一般为海绵波纹衬底垫料，塑料胶垫，也可用棉（或毛）织毡垫，统称为地毯胶垫。

不固定式即活动式的铺设，即为一般摊铺，它是将地毯明摆浮搁在地面基层上，不作任何固定处理。

2. 楼梯地毯

楼梯地毯可为满铺或不满铺。满铺是指从梯段最顶做到梯段最底级的整个楼梯全部铺设地毯。满铺地毯又分带胶垫和不带胶垫两种，有底衬（也称背衬、底垫）的地毯铺时不带胶垫，无底衬的地毯要另铺胶垫。

另外，楼梯地毯还应包括配件，用于固定地毯，分铜质和不锈钢压辊和压板。

（四）竹、木地板、踢脚线

1. 木地板

木地板以材质分为硬木地板、复合木地板、强化复合地板、硬木拼花地板和硬木地板砖；硬木质地板常称实木地板，复合地板亦称铭木地板，强化复合地板简称强化地板。

按铺贴或粘贴基层分为：（1）硬木地板铺在木楞上（单层）；（2）铺在水泥地面上；（3）硬木地板铺在毛地板上（双层）；按木板条及拼接形式分，有硬木拼花地板、硬木地板砖、长条复合地板、长条杉木地板、长条松木地板、软木地板，还有竹地板、木踢脚线。此外，大部分地板还分平口地板、企口地板、免刨免漆地板和复合木地板等。图4-4和图4-5为常见实铺木地板构造。

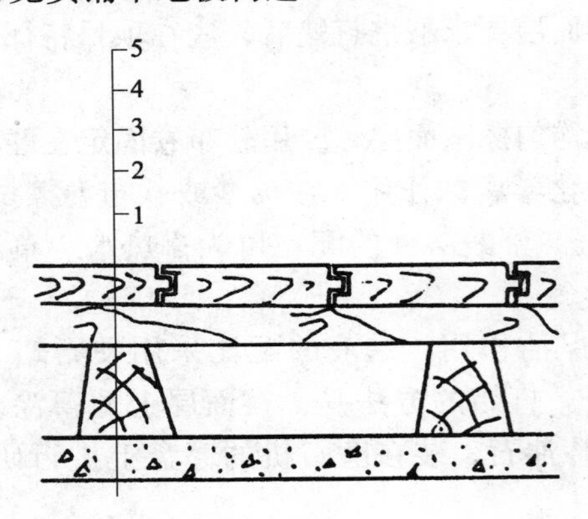

图4-4　单层企口硬木地板
1—钢筋混凝土楼板；2—细石混凝土基层；
3—木楞（预埋铁件固定，1∶3水泥砂浆坞龙骨）；
4—防腐油；5—硬木企口地板条

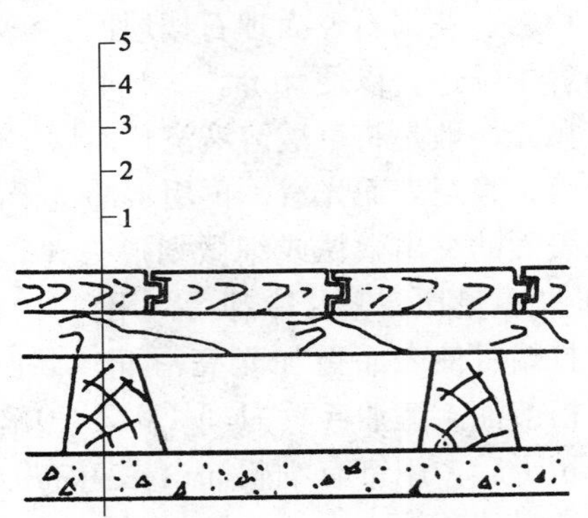

图4-5　双层企口硬木地板
1—细石混凝土基层；2—木楞；3—防腐油；
4—毛地板；5—硬木地板

硬木地板条的成品尺寸一般为厚15～20mm，宽50～120mm，长400～1200mm；木楞也称木搁栅或木龙骨，宽40～60mm，厚25～40mm，间距一般为400mm左右；毛地板厚22～25mm，宽100～120mm。硬木拼花地板条常用尺寸范围是厚9～20mm，宽23～50mm，长115～300mm。

毛地板底面及木楞表面，均应涂刷防腐油，既可防腐亦可预防白蚁。

2. 竹地板

竹地板是一种新型建筑装饰材料，我国上世纪八十年代末已经出现，它以天然优质竹子为原料，经过二十几道工序，脱去竹子原浆汁，经高温高压拼压，再经过多层油漆，最后红外线烘干而成。竹地板有竹子的天然纹理，清新文雅，给人一种回归自然、高雅脱俗的感觉。它具有很多特点，首先竹地板以竹代木，具有木材的原有特色，而且竹在加工过程中，采用符合国家标准的优质胶种，可避免甲醛等物质对人体的危害，还有竹地板兼具有原木地板的自然美感和陶瓷地砖的坚固耐用。

竹木复合地板是竹材与木材复合再生产物。它的面板和底板，采用的是上好的竹材，而其芯层多为杉木、樟木等木材。其生产制作要依靠精良的机器设备和先进的科学技术以及规范的生产工艺流程，经过一系列的防腐、防蚀、防潮、高压、高温以及胶合、旋磨等近40道繁复工序，制作成的一种新型的复合地板。

3. 硬木踢脚线

木踢脚线有：（1）直线形木踢脚线（包括杉板、榉木夹板、橡木夹板）；（2）弧线形木踢脚线；（3）实木踢脚线和成品木踢脚线。

（五）抗静电活动地板

抗静电活动地板是一种以金属材料或木质材料为基材，表面覆以耐高压装饰板（如三聚氰胺优质装饰板），经高分子合成胶粘剂胶合而成的特制地板，再配以专制钢梁、橡胶垫条和可调金属支架装配成活动地板。这种地板具有抗静电、耐老化、耐磨耐烫、装拆迁移方便、高低可调、下部串通、脚感舒适等优点，广泛应用于计算机房、通讯中心、电化教室、实验室、展览台、剧场舞台等。

抗静电活动地板典型面板平面尺寸有500mm×500mm、600mm×600mm、762mm×762mm等。常见的有防静电木质活动地板（600mm×600mm×25mm），全刚及铝质防静电活动地板（500mm×500mm），和PVC、陶瓷防静电地板等。

二、“项目特征”的有关说明

（一）基层

楼地面最下的构造层，楼面的基层为楼板，也称承重层；地面的基层为夯实土基；

（二）垫层

垫层是承受地面荷载并均匀传递给基层的构造层。按材料分，常见的垫层有混凝土垫层、砂石人工级配垫层、天然级配砂石垫层、灰土垫层、碎石、碎砖垫层、三合土垫层、炉渣垫层等。

（三）填充层

也称防水、防潮层，是指在楼地面上起隔声、保温、找坡或敷设暗管、暗线等作用的构造层。填充层材料包括：（1）松散材料，如炉渣、膨胀蛭石、膨胀珍珠岩等；（2）块体材料，有加气混凝土、泡沫混凝土、泡沫塑料、矿棉、膨胀珍珠岩、膨胀蛭石块和板材等；（3）整体材料，沥青膨胀珍珠岩、沥青膨胀蛭石、水泥膨胀珍珠岩、膨胀蛭石等。

（四）隔离层

隔离层是起防水、防潮作用的构造层。主要是指卷材、防水砂浆、沥青砂浆或防水涂料等隔离层。

（五）找平层

找平层是指在垫层、楼板承重层上或填充层上起找平、找坡或加强作用的构造层。通常使用水泥砂浆作找平层，有比较特殊要求的可采用细石混凝土、沥青砂浆、沥青混凝土铺设找平层。

（六）结合层

结合层也常称粘结层，是指面层与下层相结合的中间层，常用水泥砂浆作地砖或面砖铺贴的结合层。

（七）面层

是楼地面中直接承受各种荷载作用的表面层。常指：（1）整体面层，包括水泥砂浆面层、现浇水磨石面层、细石混凝土面层、菱苦土面层等；（2）块料面层，如天然或人工石材、陶瓷地砖、橡胶、塑料、竹、木地板等面层。

（八）有关其他材料的说明

1. 防护材料：是指耐酸、耐碱、耐臭氧、耐老化、防水、防油渗等材料。

2. 压线条：是指地毯、橡胶板、橡胶卷材铺设的压线条，如铝合金、不锈钢、铜压线条等。

3. 防滑条：是用于楼梯、台阶踏步的防滑设施，如，水泥玻璃屑、水泥钢屑、铜、铁防滑条等。

4. 颜料：本分部是指用于水磨石地面、踢脚线、楼梯、台阶、块料面层勾缝所需配制石子浆或砂浆内添加的颜料，是一些耐碱的矿物颜料，例如，氧化铁红（黄）、氧化铬绿颜料等。

三、楼地面工程量计算及示例

（一）整体面层工程量计算

整体面层、块料面层工程量均按设计图示尺寸以面积计算，单位为平方米（m^2），工程量计算规则如表4-3所示。工程量计算式可写为：

$$S(m^2) = 图示尺寸面积 - 扣除面积 \quad (4\text{-}1)$$

式中　S 为以 m^2 表示的面积；扣除面积指凸出地面的构筑物、设备基础、室内铁道、地沟等所占面积；不扣除间壁墙和≤0.3m^2 柱、垛、附墙烟囱及孔洞所占面积；门洞。

按不同项目、构造要求、不同材料种类、型号规格、颜色、品牌分别计算工程量，即按表4-3、表4-4中“项目特征”的要求详细描述，分别计算。空圈、暖气包槽、壁龛的开口部分不增加面积。

表4-3　L.1整体面层及找平层（编码：011101）工程量清单项目及计算规则

项目编码	项目名称	项　目　特　征	计量单位	工程量计算规则	工　作　内　容
011101001	水泥砂浆楼地面	1. 找平层厚度、砂浆配合比 2. 素水泥浆遍数 3. 面层厚度、砂浆配合比 4. 面层做法要求	m^2	按设计图示尺寸以面积计算。扣除凸出地面构筑物、设备基础、室内铁道、地沟等所占面积，不扣除间壁墙及≤0.3m^2 柱、垛、附墙烟囱及孔洞所占面积。门洞、空圈、暖气包槽、壁龛的开口部分不增加面积	1. 基层清理 2. 抹找平层 3. 抹面层 4. 材料运输
011101002	现浇水磨石楼地面	1. 找平层厚度、砂浆配合比 2. 面层厚度、水泥石子浆配合比 3. 嵌条材料种类、规格 4. 石子种类、规格、颜色 5. 颜料种类、颜色 6. 图案要求 7. 磨光、酸洗、打蜡要求			1. 基层清理 2. 抹找平层 3. 面层铺设 4. 嵌缝条安装 5. 磨光、酸洗、打蜡 6. 材料运输
011101003	细石混凝土楼地面	1. 找平层厚度、砂浆配合比 2. 面层厚度、混凝土强度等级			1. 基层清理 2. 抹找平层 3. 面层铺设 4. 材料运输
011101004	菱苦土楼地面	1. 找平层厚度、砂浆配合比 2. 面层厚度 3. 打蜡要求			1. 清理基层 2. 抹找平层 3. 面层铺设 4. 打蜡 5. 材料运输

续表

项目编码	项目名称	项目特征	计量单位	工程量计算规则	工作内容
011101005	自流地坪楼地面	1. 找平层砂浆配合比、厚度 2. 界面剂材料种类 3. 中层漆材料种类、厚度 4. 面漆材料种类、厚度 5. 面层材料种类	m^2	按设计图示尺寸以面积计算	1. 基层处理 2. 抹找平层 3. 涂界面剂 4. 涂刷中层漆 5. 打磨、吸尘 6. 镘自流平面漆（浆） 7. 拌合自流平浆料 8. 铺面层
011101006	平面砂浆找平层	找平层厚度、砂浆配合比			1. 基层清理 2. 抹找平层 3. 材料运输

注：1 水泥砂浆面层处理是拉毛还是提浆压光应在面层做法要求中描述。
2 平面砂浆找平层只适用于仅做找平层的平面抹灰。
3 间壁墙指墙厚≤120mm 的墙。
4 楼地面混凝土垫层另按附录 E. 1 垫层项目编码列项，除混凝土外的其他材料垫层按规范 GB 50854—2013 表 D. 4 垫层项目编码列项。

表 4-4 L. 2 块料面层（编码：011102）工程量清单项目及计算规则

项目编码	项目名称	项目特征	计量单位	工程量计算规则	工作内容
011102001	石材楼地面	1. 找平层厚度、砂浆配合比 2. 结合层厚度、砂浆配合比 3. 面层材料品种、规格、颜色 4. 嵌缝材料种类 5. 防护层材料种类 6. 酸洗、打蜡要求	m^2	按设计图示尺寸以面积计算。门洞、空圈、暖气包槽、壁龛的开口部分并入相应的工程量内	1. 基层清理 2. 抹找平层 3. 面层铺设、磨边 4. 嵌缝 5. 刷防护材料 6. 酸洗、打蜡 7. 材料运输
011102002	碎石材楼地面				
011102003	块料楼地面				

注：1 在描述碎石材项目的面层材料特征时可不用描述规格、颜色。
2 石材、块料与粘结材料的结合面刷防渗材料的种类在防护层材料种类中描述。
3 本表工作内容中的磨边指施工现场磨边，后面章节工作内容中涉及的磨边含义同。

（二）块料面层、橡塑面层、其他材料面层工程量计算

块料面层、橡塑面层、其他材料面层工程量清单项目及计算规则分别如表 4-4 至表 4-6 所示。工程量按下式计算：

$$S(m^2) = 图示面积 + 并入面积 \quad (4\ 2)$$

式中 并入面积是门洞、空圈、暖气包槽、壁龛的开口部分面积。

表 4-5 L. 3 橡塑面层（编码：011103）工程量清单项目及计算规则

项目编码	项目名称	项目特征	计量单位	工程量计算规则	工作内容
011103001	橡胶板楼地面	1. 粘结层厚度、材料种类 2. 面层材料品种、规格、颜色 3. 压线条种类	m^2	按设计图示尺寸以面积计算。门洞、空圈、暖气包槽、壁龛的开口部分并入相应的工程量内	1. 基层清理 2. 面层铺贴 3. 压线条装钉 4. 材料运输
011103002	橡胶卷材楼地面				

续表

项目编码	项目名称	项目特征	计量单位	工程量计算规则	工作内容
011103003	塑料板楼地面	1. 粘结层厚度、材料种类 2. 面层材料品种、规格、颜色 3. 压线条种类	m^2	按设计图示尺寸以面积计算。门洞、空圈、暖气包槽、壁龛的开口部分并入相应的工程量内	1. 基层清理 2. 面层铺贴 3. 压线条装钉 4. 材料运输
011103004	塑料卷材楼地面				

注：本表项目中如涉及找平层，另按本附录表 L. 1 找平层项目编码列项。

表 4-6　L. 4 其他材料面层（编码：011104）工程量清单项目及计算规则

项目编码	项目名称	项目特征	计量单位	工程量计算规则	工作内容
011104001	地毯楼地面	1. 面层材料品种、规格、颜色 2. 防护材料种类 3. 粘结材料种类 4. 压线条种类	m^2	按设计图示尺寸以面积计算。门洞、空圈、暖气包槽、壁龛的开口部分并入相应的工程量内	1. 基层清理 2. 铺贴面层 3. 刷防护材料 4. 装钉压条 5. 材料运输
011104002	竹、木（复合）地板	1. 龙骨材料种类、规格、铺设间距 2. 基层材料种类、规格 3. 面层材料品种、规格、颜色 4. 防护材料种类			1. 基层清理 2. 龙骨铺设 3. 基层铺设 4. 面层铺贴 5. 刷防护材料 6. 材料运输
011104003	金属复合地板				
011104004	防静电活动地板	1. 支架高度、材料种类 2. 面层材料品种、规格、颜色 3. 防护材料种类			1. 清理基层 2. 固定支架安装 3. 活动面层安装 4. 刷防护材料 5. 材料运输

【例 4-1】　试计算图 4-6 所示中套住宅室内起居室铺贴大理石地面的工程量和工、料、机用量。大理石地面做法为：大理石板规格选 600 × 600mm，水泥砂浆铺贴。

【解】　1. 本例客厅大理石面层工程量如表 4-7-1；

2. 起居室大理石地面工程量清单（表 4-7-2）；

表 4-7-1　起居室大理石地面工程量计算表

序号	清单项目编码	清单项目名称	计算式	工程量合计	计量单位
1	011102001001	大理石地面	$S=(6.8-1.2-0.24)(1.5+2.36-0.24)+1.2\times(1.5-0.24)+(2.74-1.79+0.12)(2.2-0.24)$	23.01	m^2

表 4-7-2　起居室大理石地面工程和单价措施项目清单与计价表

序号	项目编码	项目名称	项目特征描述	计量单位	工程量	金额（元）	
						综合单价	合价
1	011102001001	大理石地面	1. 结合层厚度、砂浆配合比：厚度 20mm，水泥砂浆 1∶3 2. 面层材料品种、规格、颜色：大理石板 500mm × 500mm，白色带纹理 3. 嵌缝材料种类：白水泥浆	m^2	23.01		

3. 按项目要求，套用××省房屋装饰工程消耗量定额（2006年），定额编号B1-26子目，其工、料、机用量如表4-7-3所示。

表4-7-3 客厅铺贴大理石工料机消耗量表

定额编号		B1-26				
定额项目		（天然）大理石，楼地面，水泥砂浆				
单位		$100m^2$				
材料类别	材料编号	材料名称	数量	工程量	消耗量	单位
人工费	jz0002	综合工日	23.93	0.23	5.50	工日
材料费	pb353	素水泥浆	0.10		0.02	m^3
	pb326	水泥砂浆1∶3	2.02		0.46	m^3
	pb322	水泥砂浆1∶1	0.51		0.12	m^3
	030102D059	锯木屑	0.60		0.14	m^3
	171200D045	石料切割锯片	0.35		0.08	片
	240500D032	麻袋	22.00		5.06	m^2
	240100D019	水	2.60		0.60	m^3
	240500D020	棉纱头	1.00		0.23	kg
	060202D022	大理石板	102.00		23.46	m^2
	050100D021	白水泥	10.00		2.30	kg
机械费	jx14050	石料切割机	1.68		0.39	台班
	jx06016	灰浆搅拌机拦筒容量200L小	0.42		0.10	台班

【例4-2】 试计算如图4-6所示居室中两卧室铺设硬木地板的工程量及人工和主材用量。设计要求地板条为硬木企口成品，铺在木楞上，单层铺设。

【解】 按表4-6的工程量计算规则，门洞开口部分面积应加入工程量中，则

$$S=(3.4-0.24)(4.8-0.24)\times 2+0.8\times 0.24\times 2+2.4\times 0.24$$
$$=29.7850m^2=29.79m^2$$

按项目要求，查定额1-134，其综合人工工日数为：

综合人工 $=0.4630\times 29.79=13.79$ 工日

硬木企口地板 $=1.05\times 29.78=31.28m^2$

杉木锯材 $=0.0142\times 29.78=0.42m^3$

（三）踢脚线工程量计算

踢脚线工程量清单项目及工程量计算规则列于表4-8。工程量可按下式计算：

$$S(m^2)=\text{图示长度}\times\text{高度,或按图示以延长米计算} \tag{4-3}$$

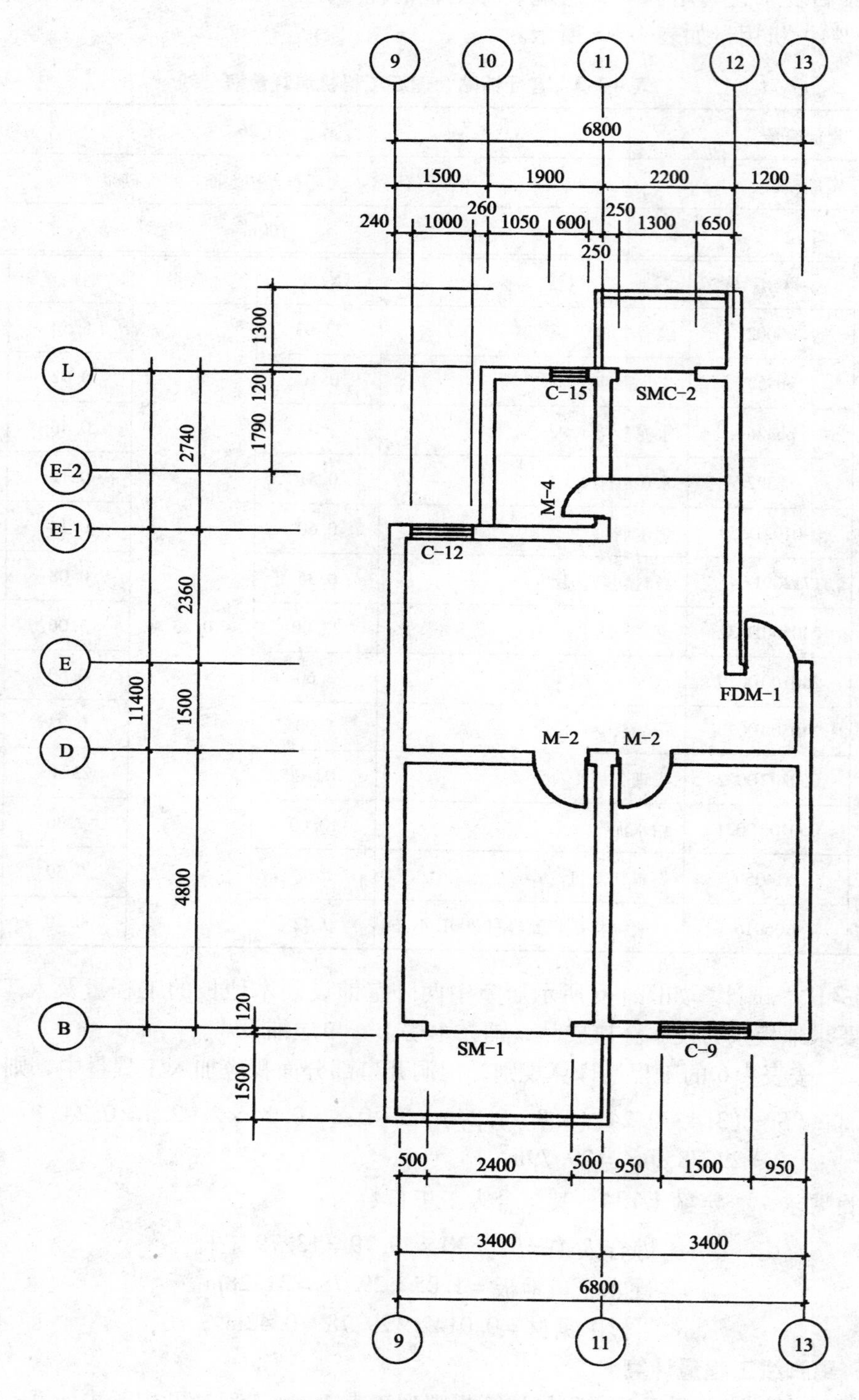

图 4-6　中套居室设计平面图

表 4-8　L.5 踢脚线（编码：011105）工程量清单项目及计算规则

<table>
<tr><th>项目编码</th><th>项目名称</th><th>项　目　特　征</th><th>计量单位</th><th>工程量计算规则</th><th>工 作 内 容</th></tr>
<tr><td>011105001</td><td>水泥砂浆踢脚线</td><td>1. 踢脚线高度
2. 底层厚度、砂浆配合比
3. 面层厚度、砂浆配合比</td><td rowspan="7">1. m^2
2. m</td><td rowspan="7">1. 按设计图示长度乘以高度以面积计算
2. 以米计量，按延长米计算</td><td>1. 基层清理
2. 底层和面层抹灰
3. 材料运输</td></tr>
<tr><td>011105002</td><td>石材踢脚线</td><td rowspan="2">1. 踢脚线高度
2. 粘贴层厚度、材料种类
3. 面层材料品种、规格、颜色
4. 防护材料种类</td><td rowspan="2">1. 基层清理
2. 底层抹灰
3. 面层铺贴、磨边
4. 擦缝
5. 磨光、酸洗、打蜡
6. 刷防护材料
7. 材料运输</td></tr>
<tr><td>011105003</td><td>块料踢脚线</td></tr>
<tr><td>011105004</td><td>塑料板踢脚线</td><td>1. 踢脚线高度
2. 粘结层厚度、材料种类
3. 面层材料品种、规格、颜色</td><td rowspan="4">1. 基层清理
2. 基层铺贴
3. 面层铺贴
4. 材料运输</td></tr>
<tr><td>011105005</td><td>木质踢脚线</td><td rowspan="3">1. 踢脚线高度
2. 基层材料种类、规格
3. 面层材料品种、规格、颜色</td></tr>
<tr><td>011105006</td><td>金属踢脚线</td></tr>
<tr><td>011105007</td><td>防静电踢脚线</td></tr>
</table>

计算踢脚线工程量时，应按不同构造要求、材料品种、型号规格、颜色、品牌分别计算。

【例 4-3】　计算图 4-6 居室的卧室榉木夹板踢脚线工程量，踢脚线的高度按 150mm 考虑。

【解】　按图示榉木夹板踢脚线计算如下：

(1)按延长米,踢脚线长 $=[(3.4-0.24)+(4.8-0.24)]\times4-2.40-0.8\times2+$ 洞口侧面 0.24×2

$=27.36$m

(2)按面积,踢脚线工程量 $=27.36\times0.15$

$=4.10m^2$

(四) 楼梯装饰工程量计算

楼梯按设计图示尺寸（包括踏步、休息平台及 500mm 以内的楼梯井），按水平投影面积计算，单位为 m^2。

(1) 当楼梯与楼地面相连时，楼梯算至梯口梁内侧边沿；无梯口梁者，算至最上一层踏步边沿加 300mm；

(2) 单跑楼梯，不论其中间是否有休息平台，其工程量与双跑楼梯同样计算。

计算工程量时，应描述项目特征，分别不同构造要求、型号规格、颜色、品牌，楼梯铺地毯应分单层、双层分别计算。楼梯分项工程计量计算规则如表 4-9 所示。

表 4-9　L.6 楼梯装饰（编码：011106）工程量清单项目及计算规则

项目编码	项目名称	项 目 特 征	计量单位	工程量计算规则	工 作 内 容
011106001	石材楼梯面层	1. 找平层厚度、砂浆配合比 2. 粘结层厚度、材料种类 3. 面层材料品种、规格、颜色 4. 防滑条材料种类、规格 5. 勾缝材料种类 6. 防护层材料种类 7. 酸洗、打蜡要求	m²	按设计图示尺寸以楼梯（包括踏步、休息平台及≤500mm 的楼梯井）水平投影面积计算。楼梯与楼地面相连时，算至梯口梁内侧边沿；无梯口梁者，算至最上一层踏步边沿加 300mm	1. 基层清理 2. 抹找平层 3. 面层铺贴、磨边 4. 贴嵌防滑条 5. 勾缝 6. 刷防护材料 7. 酸洗、打蜡 8. 材料运输
011106002	块料楼梯面层				
011106003	拼碎块料面层				
011106004	水泥砂浆楼梯面层	1. 找平层厚度、砂浆配合比 2. 面层厚度、砂浆配合比 3. 防滑条材料种类、规格			1. 基层清理 2. 抹找平层 3. 抹面层 4. 抹防滑条 5. 材料运输
011106005	现浇水磨石楼梯面层	1. 找平层厚度、砂浆配合比 2. 面层厚度、水泥石子浆配合比 3. 防滑条材料种类、规格 4. 石子种类、规格、颜色 5. 颜料种类、颜色 6. 磨光、酸洗打蜡要求			1. 基层清理 2. 抹找平层 3. 抹面层 4. 贴嵌防滑条 5. 磨光、酸洗、打蜡 6. 材料运输
011106006	地毯楼梯面层	1. 基层种类 2. 面层材料品种、规格、颜色 3. 防护材料种类 4. 粘结材料种类 5. 固定配件材料种类、规格			1. 基层清理 2. 铺贴面层 3. 固定配件安装 4. 刷防护材料 5. 材料运输
011106007	木板楼梯面层	1. 基层材料种类、规格 2. 面层材料品种、规格、颜色 3. 粘结材料种类 4. 防护材料种类			1. 基层清理 2. 基层铺贴 3. 面层铺贴 4. 刷防护材料 5. 材料运输
011106008	橡胶板楼梯面层	1. 粘结层厚度、材料种类 2. 面层材料品种、规格、颜色 3. 压线条种类			1. 基层清理 2. 面层铺贴 3. 压缝条装钉 4. 材料运输
011106009	塑料板楼梯面层				

注：1　在描述碎石材项目的面层材料特征时可不用描述规格、颜色。
　　2　石材、块料与粘结材料的结合面刷防渗材料的种类在防护材料种类中描述。

【例 4-4】　图 4-7 是某六层房屋楼梯设计图，计算该建筑楼梯工程量和定额消耗量。该建筑物有两个单元，楼梯饰面用陶瓷砖水泥砂浆（1∶3）铺贴。

【解】　由图中标注，可写出铺贴楼梯面层工程量计算公式：

$$S(\mathrm{m}^2) = (a \times l - b \times c) \times (n - 1) \tag{4-4}$$

式中　a，l——楼梯间净尺寸，m；

b，c——楼梯井长和宽，m；

n——建筑物层数。

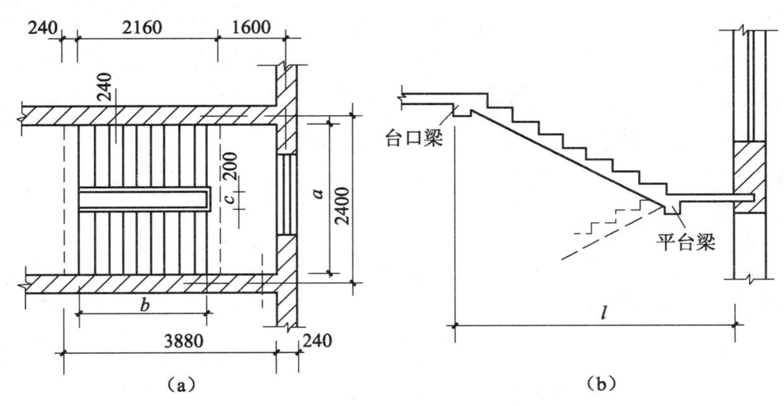

图 4-7　楼梯设计图

（a）平面；（b）剖面

当楼梯井宽度 $c<500$mm 时，式（4-4）简化为下式

$$S(\mathrm{m}^2)=a\times l\times(n-1) \tag{4-5}$$

按式（4-5）和图示尺寸，该楼梯工程量：

$$S=(2.4-0.24)(0.24+2.16+1.6-0.12)\times(6-1)\times2=83.81\mathrm{m}^2$$

若按××省建筑与装饰工程计价表（2004 年），查消耗量定额 12-100，则该建筑物楼梯项目人、材、机用量如表 4-10 所示。

表 4-10　建筑物楼梯工料机用量表

定额编号			12-100			
定额项目			楼梯贴地砖水泥砂浆粘贴			
单位			10m²			
材料类别	材料编号	材料名称	数量	工程量	用量	单位
人工费	GR1	一类工	10.83	8.38	90.76	工日
材料	613206	水	0.26		2.18	m³
	510165	合金钢切割锯片	0.09		0.75	片
	407007	锯（木）屑	0.06		0.50	m³
	608110	棉纱头	0.10		0.84	kg
	301002	白水泥	1.00		8.38	kg
	013075	素水泥浆	0.01		0.084	m³
	013005	水泥砂浆 1∶3	0.20		1.68	m³
	013003	水泥砂浆 1∶2	0.05		0.42	m³
	204054	同质地砖 300×300	122.00		1022.36	块
机械	13090	电动切割机	0.35		2.93	台班
	06016	灰浆拌合机 200L	0.07		0.59	台班

（五）台阶装饰工程量计算

台阶装饰面层工程量（包括最上一层踏步边沿加300mm），按设计图示尺寸以台阶水平投影面积（m^2）计算。

若台阶面层与平台面层是同一种材料时，平台计算面层后，台阶不再计算最上一层踏步面积；如台阶计算最上一层踏步加300mm，则平台面层中必须扣除该面积。

台阶分项的主要品种、项目编码、项目特征、工程量计算规则等内容列于表4-11中。

【例4-5】 图4-8为某建筑物入口处台阶平面图，台阶做法为水泥砂浆铺贴花岗石板，试计算项目工程量及主材用量。

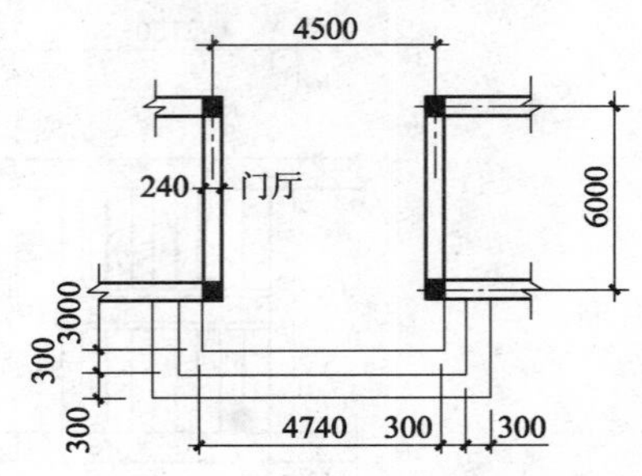

图4-8　台阶平面图

表4-11　L.7台阶装饰（编码：011107）工程计算规则

项目编码	项目名称	项目特征	计量单位	工程量计算规则	工作内容
011107001	石材台阶面	1. 找平层厚度、砂浆配合比 2. 粘结材料种类 3. 面层材料品种、规格、颜色 4. 勾缝材料种类 5. 防滑条材料种类、规格 6. 防护材料种类	m^2	按设计图示尺寸以台阶（包括最上层踏步边沿加300mm）水平投影面积计算	1. 基层清理 2. 抹找平层 3. 面层铺贴 4. 贴嵌防滑条 5. 勾缝 6. 刷防护材料 7. 材料运输
011107002	块料台阶面				
011107003	拼碎块料台阶面				
011107004	水泥砂浆台阶面	1. 找平层厚度、砂浆配合比 2. 面层厚度、砂浆配合比 3. 防滑条材料种类			1. 基层清理 2. 抹找平层 3. 抹面层 4. 抹防滑条 5. 材料运输
011107005	现浇水磨石台阶面	1. 找平层厚度、砂浆配合比 2. 面层厚度、水泥石子浆配合比 3. 防滑条材料种类、规格 4. 石子种类、规格、颜色 5. 颜料种类、颜色 6. 磨光、酸洗、打蜡要求			1. 清理基层 2. 抹找平层 3. 抹面层 4. 贴嵌防滑条 5. 打磨、酸洗、打蜡 6. 材料运输
011107006	剁假石台阶面	1. 找平层厚度、砂浆配合比 2. 面层厚度、砂浆配合比 3. 剁假石要求			1. 清理基层 2. 抹找平层 3. 抹面层 4. 剁假石 5. 材料运输

注：1　在描述碎石材项目的面层材料特征时可不用描述规格、颜色。
　　2　石材、块料与粘结材料的结合面刷防渗材料的种类在防护材料种类中描述。

【解】 按表4-11规定，台阶部分工程量应算至最上层踏步外沿加300mm处，即

台阶花岗石板工程量 $=(4.74+0.3\times4)\times0.3\times3+(3-0.3)\times0.3\times3\times2$

$=10.21m^2$

平台部分花岗石板工程量 $=(4.74-0.3\times2)(3-0.3)$

$=11.18m^2$

台阶部分按子目1-034，平台部分按地面考虑，定额编号为1-008，则花岗石板及水泥砂浆（1∶3）的用量分别列入表4-12中。

表4-12 例4-5花岗石台阶项目人工及主材用量表

序号	项目	代码	单位	台阶			平台			项目用量
				消耗量（$1/m^2$）	工程量（m^2）	台阶用量	消耗量（$1/m^2$）	工程量（m^2）	平台用量	
1	人工	000001	工日	0.5600	10.21	5.72	0.253	11.18	2.83	8.55
2	花岗石板	AG0291	m^2	1.5690	10.21	16.02				16.02
		AG0292					1.0200	11.18	11.40	11.40
3	1∶3水泥砂浆	AX0684	m^3	0.0299	10.21	0.31	0.0303	11.18	0.34	0.65

（六）零星装饰项目工程量计算

零星装饰项目适用于小面积，即$0.5m^2$以内的少量分散的楼地面房屋装饰项目。

楼梯、台阶侧面装饰，可按零星装饰项目编码列项，并应在清单项目中进行描述。

零星项目的工程量按设计图示尺寸以面积（m^2）计算，其清单项目及工程量计算规则列于表4-13中。

表4-13 L.8零星装饰项目（编码：011108）工程量计算规则

项目编码	项目名称	项目特征	计量单位	工程量计算规则	工作内容
011108001	石材零星项目	1. 工程部位 2. 找平层厚度、砂浆配合比 3. 结合层厚度、材料种类 4. 面层材料品种、规格、颜色 5. 勾缝材料种类 6. 防护材料种类 7. 酸洗、打蜡要求	m^2	按设计图示尺寸以面积计算	1. 清理基层 2. 抹找平层 3. 面层铺贴、磨边 4. 勾缝 5. 刷防护材料 6. 酸洗、打蜡 7. 材料运输
011108002	拼碎石材零星项目				
011108003	块料零星项目				
011108004	水泥砂浆零星项目	1. 工程部位 2. 找平层厚度、砂浆配合比 3. 面层厚度、砂浆厚度			1. 清理基层 2. 抹找平层 3. 抹面层 4. 材料运输

第三节 墙柱面工程量计算及示例

一、清单项目内容及相关说明

本分部共10节35个项目。包括墙面抹灰、柱面抹灰、零星抹灰、墙面镶贴块料、柱（梁）面镶贴块料、镶贴零星块料、墙饰面、柱（梁）饰面、隔断、幕墙等分项工程。具体项目内容作如下简单介绍。

（一）一般抹灰

一般抹灰按建筑业的质量标准分为：普通抹灰、中级抹灰和高级抹灰三个等级。一般多采用普通抹灰和中级抹灰。抹灰的总厚度通常为：内墙15～20mm，外墙20～25mm。抹灰一般由三层组成，各层的作用和厚度如下：

（1）底层。又称“括糙”，主要起与基层粘结和初步找平的作用，底层砂浆可采用石灰砂浆、水泥石灰混合砂浆和水泥砂浆。抹灰厚度一般为10～15mm。

（2）中层。又叫“二道糙”，起进一步找平作用，所用砂浆一般与底层灰相同，厚度为5～12mm。

（3）面层。主要是使表面光洁美观，以达到装饰效果，室内墙面抹灰一般还要做罩面。面层厚度因做法而异，一般在2～8mm。

通常，普通抹灰做一层底层和一层面层，或不分层一遍成活；中级抹灰做一层底层、一层中层和一层面层，或一层底层、一层面层；高级抹灰做一层底层、数层中层和一层面层。

抹灰等级与抹灰遍数、工序、外观质量及适用范围的对应关系如表4-14所示。

表4-14 一般抹灰等级、遍数、工序、外观质量和适用范围的对应关系

名称	普通抹灰	中级抹灰	高级抹灰
遍数	二遍	三遍	四遍
主要工序	分层找平、修整表面压光	阳角找方、设置标筋、分层找平、修整、表面压光	阳角找方、设置标筋、分层找平、修整、表面压光
外观质量	表面光滑、洁净，接槎平整	表面光滑、洁净，接槎平整，压线清晰、顺直	表面光滑、洁净，颜色均匀，无抹纹压线，平直方正、清晰美观
适用范围	简易住宅、大型设施和非居住的房屋，以及地下室、临时建筑等	一般居住、公用和工业建筑，以及高级装修建筑物中的附属用房	大型公共建筑、纪念性建筑物，以及有特殊要求的高级建筑

按抹灰砂浆种类，常用的砂浆有：石灰砂浆、水泥混合砂浆、水泥砂浆、防水砂浆、白水泥砂浆、聚合物水泥砂浆、膨胀珍珠岩水泥砂浆、纸筋石灰或麻刀石灰浆等。

（二）装饰抹灰

包括水刷石、水磨石、斩假石（剁斧石）、干粘石、假面砖、拉条灰、拉毛灰、甩毛灰、扒拉石、喷毛灰、喷漆、喷砂、滚涂、弹涂等。现介绍几种常见的装饰抹灰。

1. 水刷石面层

水刷石面层的做法一般需经过下列工序：

分层抹底层灰→弹线、贴分格条→抹面层石子浆→水刷面层→起分格条、勾缝上色。底层灰常用水泥砂浆或混合砂浆，面层石子浆有水泥豆石浆（如1：1.25）、水泥白石子浆（1：1.15）、水泥玻璃碴浆、水泥石碴浆（水泥：石膏：小八厘按1：0.5：5）等。

2. 干粘石面层

干粘石面层的做法一般按下列工序进行：

抹底层砂浆→弹线、粘贴分格条→抹粘石砂浆→粘石子→起分格条、勾缝。

干粘石面层所用的粘石子砂浆可用水泥砂浆或聚合物水泥砂浆（水泥：石灰膏：砂：JE-1聚合物防水胶或有机硅防水剂按1：1：22.5：0.2）；采用的石子粒直径宜为4mm（小八厘）~6mm（中八厘），石子嵌入砂浆的深度不得小于石子粒径的1/2，常用石子可为白石子、玻璃碴、瓷粒等。

3. 斩假石面层

斩假石面层的做法包括：抹底层砂浆→弹线、贴分格条→抹面层水泥石粒浆→斩剁面层→起分格条、勾缝。

面层石粒砂浆的配比常用1：1.25或1：1.5，稠度为5~6cm。常用石粒为白云石、大理石等坚硬岩石粒，粒径一般采用小八厘（4mm以下），典型的石粒为2mm的白色米粒石内掺粒径在0.3mm左右的白云石屑。面层水泥石屑浆养护到石屑不松动时即可斩剁（常温15~30℃下，2~3d），剁纹深度一般以1/3石粒的粒径为宜，通常应剁两遍，头遍轻斩，后遍稍重些。

（三）墙柱面镶贴块料

墙柱面镶贴块料面层，按材料品质分包括：

（1）石材饰面板类：有大理石、人造大理石、花岗石、人造花岗石、凹口假麻石、预制水磨石饰面板。

（2）陶瓷面砖：陶瓷锦砖、瓷板、内墙彩釉面砖、文化石、外墙面砖、大型陶瓷锦面板等。

以下对主要项目作简要叙述。

1. 大理石板、花岗石板镶贴墙柱面

大理石板、花岗石板饰面属于高档饰面装饰，具有饰面光滑如镜，花纹多样，色彩鲜艳夺目，装饰豪华大方，富丽堂皇之美好感觉。

大理石板、花岗石板墙柱面按镶贴基层分为：砖墙面、混凝土墙面、砖柱面、混凝土柱面和零星项目等。按镶贴方法分为：挂贴法、水泥砂浆粘贴法、干粉型粘贴法，干挂法和拼碎等5种基本方法。

1）挂贴大理石、花岗石板（挂贴法）

挂贴法又称镶贴法，是对大规格的石材（如大理石、花岗石、青石板等），使用先挂后灌浆固定于墙面或柱面的一种方式，“规范”中称挂贴方式。通常分传统湿作业灌浆法和新工艺安装法。

（1）传统挂贴法

传统湿法挂贴石材的构造做法是：

绑扎钢筋网→预拼编号→钻孔、剔槽、固定不锈钢丝→安装→临时固定→灌浆→嵌缝。

① 先在墙、柱面上预埋铁件。

② 绑扎钢筋网。

绑扎用于固定面板的钢筋网片，网片为$\phi6$双向钢筋网，竖向钢筋间距不大于500mm，横向钢筋间距应与板材连接孔网的位置一致，如图 4-9 所示。

③ 钻孔、剔槽、固定不锈钢丝。

在石板的上下部位钻孔剔槽（图 4-10所示），以便穿钢丝或铜丝与墙面钢筋网片绑牢，固定板材。

④ 安装就位、临时固定。

安装石板，用木楔调节板材与基层面之间的间隙宽度；石板找好垂直、平整、方正，并临时固定。

⑤ 灌浆。

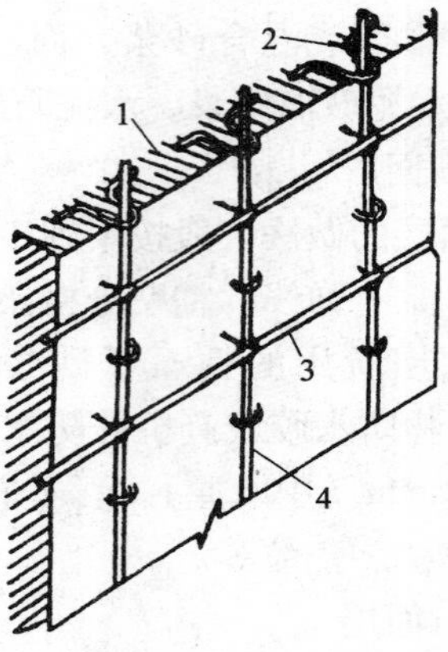

图 4-9　大理石（花岗石）板镶贴钢筋网绑扎示意图
1—墙体；2—预埋件；3—横向钢筋；4—竖向钢筋

用 1∶2.5 或 1∶2 水泥砂浆（稠度一般为 80 ~ 120mm）分层灌入石板内侧缝隙中，每层灌浆高度 150 ~ 200mm。

⑥ 嵌缝。

全部面层石板安装完毕，灌注砂浆达到设计强度等级的 50% 后，用白水泥砂浆或按板材颜色调制的水泥色浆擦缝，最后清洗表面、打蜡擦亮。

大理石（花岗石）板的安装固定如图 4-11 所示。

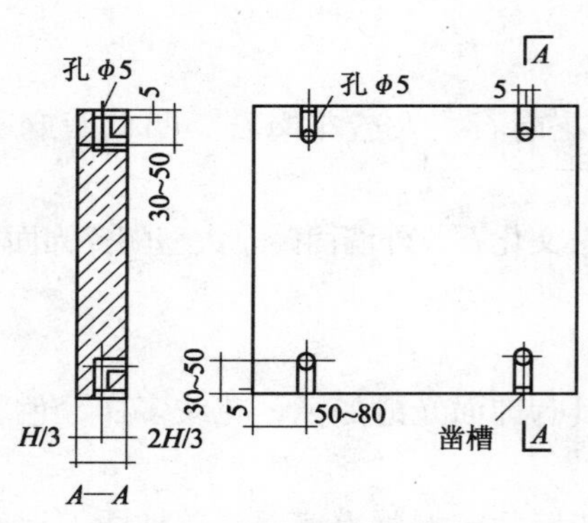

图 4-10　大理石（花岗石）板钻孔剔槽示意图

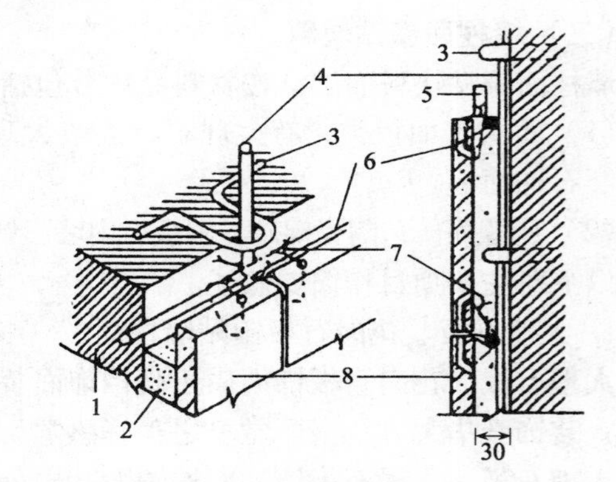

图 4-11　大理石（花岗石）板材安装固定示意图
1—墙体；2—灌注水泥砂浆；3—预埋件；4—竖筋；5—固定木楔；6—横筋；7—钢筋绑扎；8—大理石板

（2）湿法挂贴新工艺

湿法挂贴新工艺是在传统湿法工艺的基础上发展起来的安装方法，与传统工艺的主要不同工序操作要点如下：

① 石板钻孔、剔槽

用手电钻在板上侧两端打直孔，在板两侧的下端打同样孔径的直孔，然后剔槽，如图 4-12 所示。

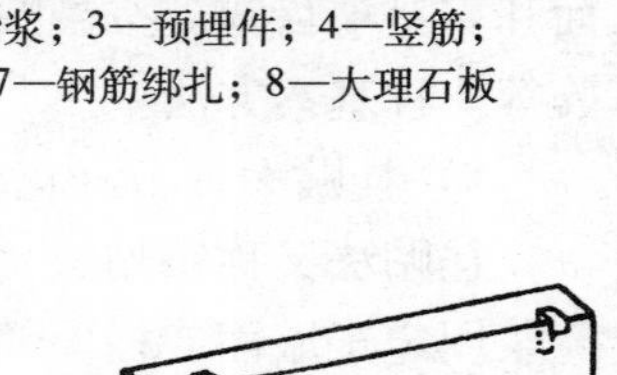

② 基体钻孔

在与板材上下直孔对应的基体位置上，钻与板材孔数相等的斜孔，斜度为 45°，如图4-13所示。

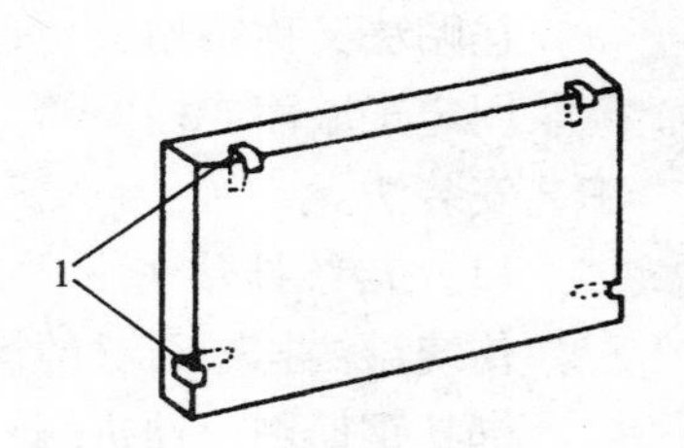

图 4-12　打直孔示意图
1—φ6 直孔

③ 板材安装固定

根据板材与基体相应的孔距，现制直径5mm的不锈钢"U"形钉（见图4-14中4），"U"形钉的一端钩进石板直孔内，另一端则钩进基体斜孔内，校正、固定、灌浆后即如图4-14所示挂面。

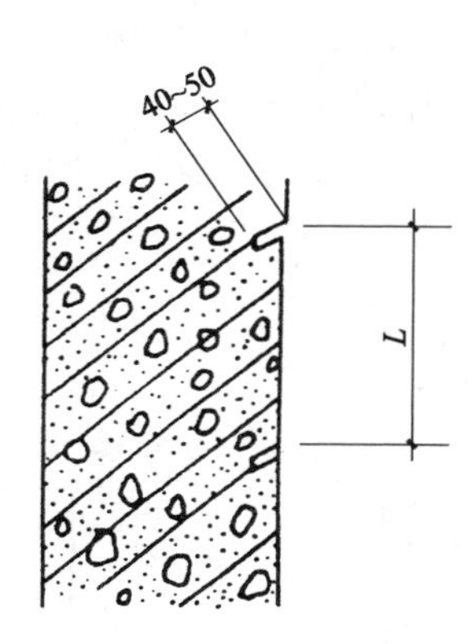

图4-13 基体钻斜孔

L："U"形钩平直部分长度，等于石板高度减105mm

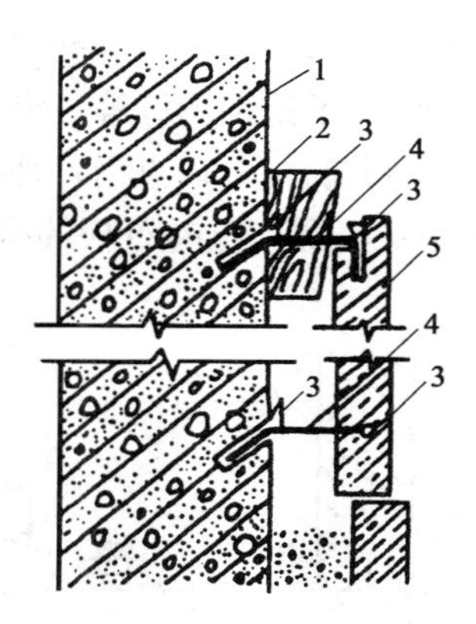

图4-14 湿法挂贴另一法——石板就位固定示意图

1—基体；2—大头木楔；3—小木楔；4—"U"形钉；5—大理石（花岗石）石板

(2) 粘贴大理石、花岗石板（粘贴法）

粘贴法包括水泥砂浆粘贴和干粉型粘结剂粘贴两种。水泥砂浆粘贴法的做法是：

① 先清理基层，在硬基层墙面上刷YJ-302粘结剂（混凝土墙面）或YJ-Ⅲ粘结剂（砖墙面）一道。

② 用1：3水泥砂浆打底、找平，砖墙面平均厚度12mm，混凝土墙10mm。

③ 1：2.5水泥砂浆（粘结层）贴大理石（花岗石）板，粘结层厚度6mm，定额含量为$0.006 \times 1.11 = 0.0067m^3$。

④ 擦缝，去污打蜡抛光。定额采用YJ-Ⅲ型粘结剂与白水泥调制成剂擦缝，草酸抛光。

水泥砂浆粘贴法的装饰构造如图4-15所示。

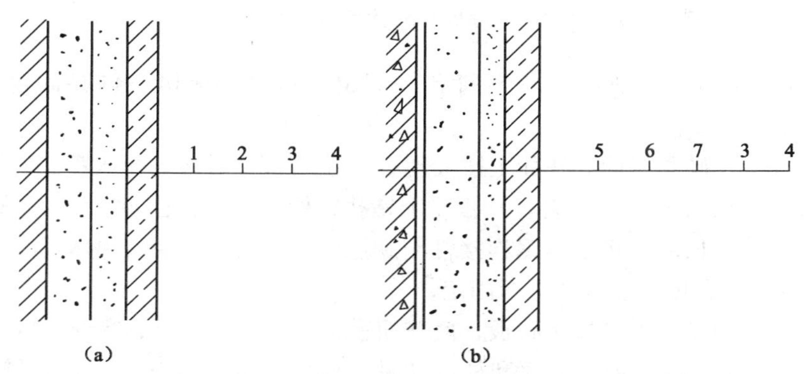

图4-15 水泥砂浆粘贴大理石（花岗石）板构造层次图

(a) 砖墙面镶贴；(b) 混凝土墙面镶贴

1—墙体；2—12厚1：3水泥砂浆打底；3—6厚1：2.5水泥砂浆结合层；4—大理石（花岗石）板面层，水泥调剂擦缝、打蜡；5—混凝土墙体；6—YJ-302粘结层；7—10厚1：3水泥砂浆打底

干粉型粘结剂贴法：在砖墙面上粘贴大理石、花岗石板时，先在砖墙上用 1∶3 水泥砂浆找平，并划出纹道。在大理石或花岗石板的背面满抹 5～7mm 厚的建筑胶粘剂（干粉型粘结剂），对准位置粘贴、压平，白水泥或石膏浆擦缝。

（3）干挂大理石、花岗石板（干挂法）

干挂法有直接干挂法和间接干挂法。直接干挂法是通过不锈钢膨胀螺栓、不锈钢挂件、不锈钢连接件、不锈钢钢针等，将外墙饰面板连接固定在外墙墙面上；间接干挂法是通过固定在墙、柱、梁上的龙骨，再用各种挂件固定外墙饰面板的方法，"项目特征" 中统称干挂方式。

干挂大理石、花岗石板的构造做法如下（图 4-16）：

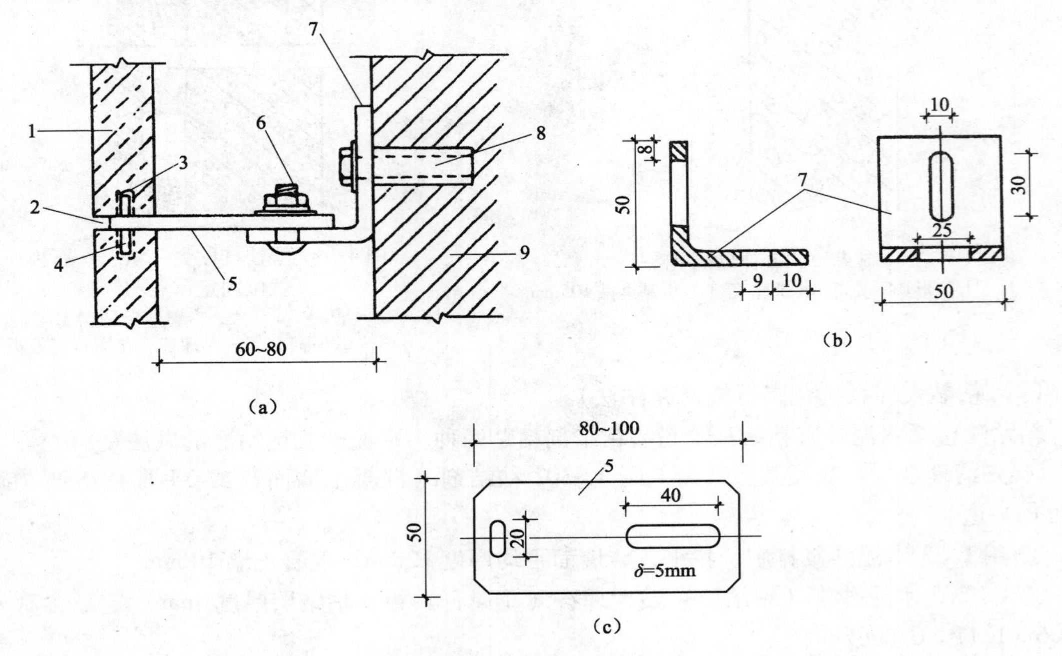

图 4-16　干挂大理石（花岗石）板示意图

（a）干挂示意图；（b）固定角钢；（c）连接板

1—石材；2—嵌缝；3—环氧树脂胶；4—不锈钢插棍；5—不锈钢连接板；6—连接螺栓；7—连接角钢；8—膨胀螺栓；9—墙体

墙面处理、埋设铁件→弹线→板材打孔→固定连接件、板块→调整固定石板→嵌缝清理。

① 埋设铁件：在硬基层墙、柱面上按大理石（花岗石）方格，打入膨胀螺栓；

② 石材打孔：在大理石（花岗石）板材上钻孔成槽，一般孔径 ϕ4mm，孔深 20mm；

③ 固定连接件、板块：将不锈钢连接件与膨胀螺栓连接，再用不锈钢六角螺栓和不锈钢插棍将打有孔洞的石板与连接件进行固定；

④ 调整固定、嵌缝清理：校正石板，使饰面平整后，进行洁面、嵌缝、打蜡、抛光。

干挂大理石（花岗石）板分墙面和柱面两种，墙面又分密缝和勾缝，密缝是指石板材之间紧密结合，不留缝隙，勾缝是指石板材之间留有宽 6mm 以内的缝隙，待板面校正固定后，缝隙内压泡沫塑料背衬条，F130 密封胶或硅胶嵌缝，使饰面平整。干挂密缝和勾缝饰面，均用干挂云石胶（AB 胶）擦缝。

（4）拼碎大理石（花岗石）板

大理石（花岗石）厂的边角废料，经过适当的分类加工，亦作为墙面饰面材料，还能取得别具一格的装饰效果。例如矩形块料，它是锯割整齐而大小不等的边角块料，以大小搭配的形式镶拼在墙面上，用同色水泥色浆嵌缝后，擦净上蜡打光而成。冰裂状块料，是将锯割整齐的各种多边形碎料，可大可小地搭配成各种图案，缝隙可做成凹凸缝，也可做成平缝，用同色水泥浆嵌抹后，擦净、上蜡打光即成。选用不规则的毛边碎料，按其碎料大小和接缝长短有机拼贴，可做到乱中有序，给人以自然优美的感觉。

大理石（花岗石）碎拼可镶拼在砖墙、砖柱，也可在混凝土墙、柱面上拼贴，其做法层次如图4-17所示。

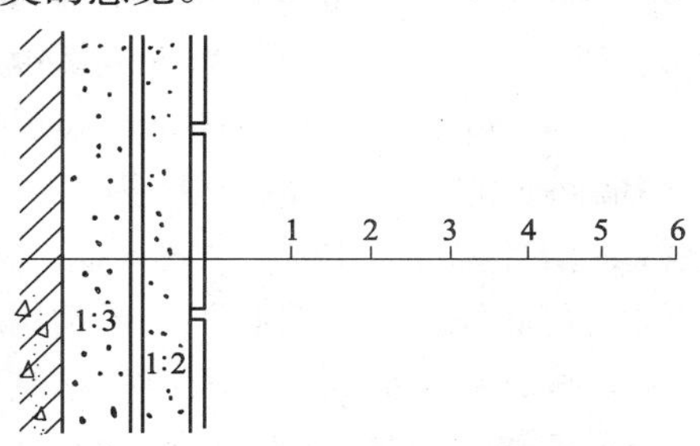

图4-17　硬基层上拼碎大理石（花岗石）做法层次图

1—砖墙或混凝土基层；

2—1：3水泥砂浆找平层（用于砖基体）；

3—刷素水泥砂浆一道；

4—水泥砂浆（掺防水剂）或混合砂浆；

5—碎大理石（花岗石）面层；

6—1：1.5水泥砂浆嵌缝，擦净打蜡

2. 镶贴凹凸假麻石

可分水泥砂浆粘贴和干粉型粘结剂粘贴两种不同粘贴方法，每种粘贴方式都可用于墙面、柱面和零星项目。粘贴做法是先在硬基层上用1：3水泥砂浆打底找平，刷素水泥浆，抹1：2水泥砂浆（或干粉型粘结剂）作结合层，贴假麻石块，最后白水泥浆擦缝即可。

3. 陶瓷锦砖、玻璃马赛克

陶瓷锦砖常称马赛克或纸皮砖，其做法操作程序如下：

预选陶瓷锦砖→基层处理→排砖、弹线→铺贴→揭纸拨缝→擦缝、清洗。

（1）基层处理：基层清理干净，用1：3水泥砂浆打底。

（2）铺贴砖联：铺贴时，先在墙面上浇水湿润，刷一遍素水泥浆，然后在墙面抹2mm厚粘结层，并将锦砖底面朝上，在其缝中灌1：2干水泥细砂，随后再刮上一薄层水泥灰浆，最后用双手执住锦砖联上面两角，对准位置粘贴到墙面上，拍实压平。

（3）揭纸、拨缝：待砖联稳固后，用水湿润砖联背纸，将背纸揭尽。若发现砖粒位置不正，可用开刀调整扭曲的缝隙，使其缝隙均匀、平直。

（4）擦缝、清洗：用与陶瓷锦砖本体同颜色的水泥浆满抹锦砖表面，将缝填满嵌实。然后应及时清理表面，保养。

4. 瓷板、文化石

瓷板，常称瓷砖、内墙瓷砖、饰面花砖等，瓷板规格有152mm×152mm、200mm×150mm、200mm×200mm、200mm×250mm、200mm×300mm；可分为水泥砂浆粘贴和干粉型粘贴剂粘贴两种粘贴方法；基层可分为（内）墙面、柱（梁）面、零星项目。

贴瓷板（瓷砖、饰花面砖）的工作内容和做法是：

（1）清理、修补基层表面。

（2）打底抹灰，砂浆找平，定额按1：3水泥砂浆编制。

（3）抹结合层砂浆并刷粘结剂，贴饰面砖。定额分别编入1：1水泥砂浆，素水泥浆，以及干粉型粘结剂作为贴面结合层，其中素水泥浆加801胶水用作粘结剂。

（4）最后擦缝、清洁面层。

近年来，各种新型装饰石材不断出现，其中称为文化石的就是一种，文化石分为天然文化石和人造文化石，天然文化石包括蘑菇石、砂卵石、砂砾石、鹅卵石、砂岩板、石英板、板岩、艺术石等；人造文化石是以天然文化石的精华为母本，以无机材料铸制而成。文化石以其丰富的自然面，多变的外观及鲜明柔和的色彩，日渐进入房屋装饰行列。

5. 贴面砖

按面砖粘贴方法分水泥砂浆粘贴、干粉型粘结剂粘贴、钢丝网挂贴、膨胀螺栓干挂、型钢龙骨干挂等数种；面砖规格品种众多，包括：95mm × 95mm、150mm × 75mm、194mm × 94mm、240mm × 60mm、300mm × 300mm、400mm × 400mm、200mm × 150mm、450mm × 450mm、500mm × 500mm、800mm × 800mm、1000mm × 800mm、1200mm × 1000mm 等。

贴墙面砖的工作内容和做法为：

（1）清理修补基层。

（2）打底抹灰，砂浆找平，通常用1∶3 水泥砂浆打底找平。

（3）抹粘结层砂浆，贴面砖，粘结层有1∶2 水泥砂浆和干粉型粘结剂两种。

（4）擦缝、勾缝，设计砖面为勾缝时，用1∶1 水泥砂浆勾缝。

（5）清洁面层。

墙面砖饰面的构造做法如图 4-18 所示。

（四）墙、柱（梁）面装饰

墙、柱面装饰是指除抹灰、石材及各种瓷质材料用粘贴、涂抹等方法所形成的装饰面层之外的其他饰面装饰层，包括墙面、墙裙和柱（梁）面的装饰层。

1. 墙柱面龙骨、隔墙龙骨

墙、柱面龙骨分木龙骨、轻钢龙骨、型钢龙骨、铝合金龙骨和石膏龙骨等。

（1）墙面木龙骨的构造如图 4-19 所示。

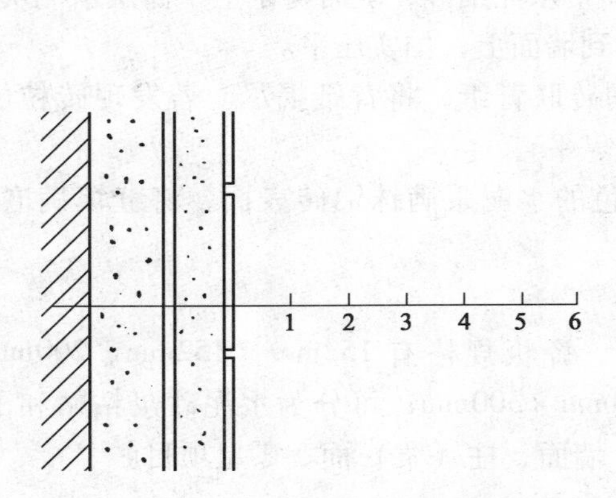

图 4-18　贴墙面砖构造层次示意图

1—墙基层；2—1∶3 水泥砂浆打底；
3—素水泥浆粘结层（设计要求时）；4—1∶2 水泥砂浆；
5—面砖；6—1∶1 水泥砂浆勾缝

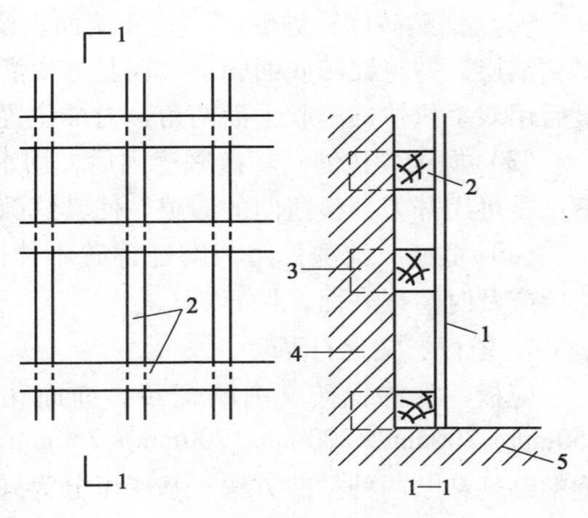

图 4-19　墙面木龙骨构造

1—面层；2—木龙骨；3—木砖；4—墙体

（2）柱面龙骨：包括方形柱、梁面、圆柱面、方柱包圆形面，其龙骨构造简图如图 4-20、图 4-21 和图 4-22 所示。

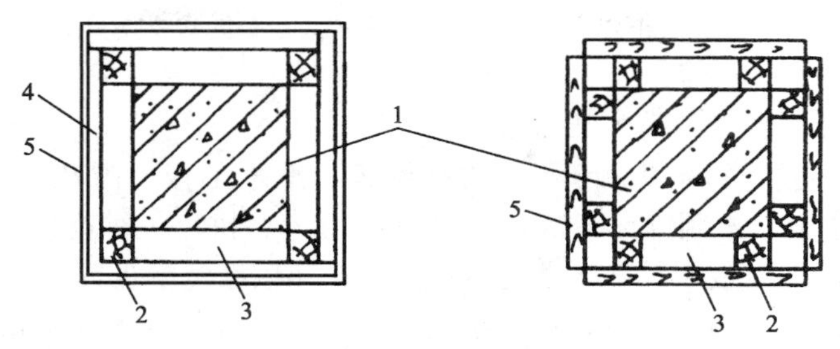

图 4-20　方形柱龙骨构造

1—结构柱；2—竖向木龙骨；3—横向木龙骨；4—衬板；5—面板

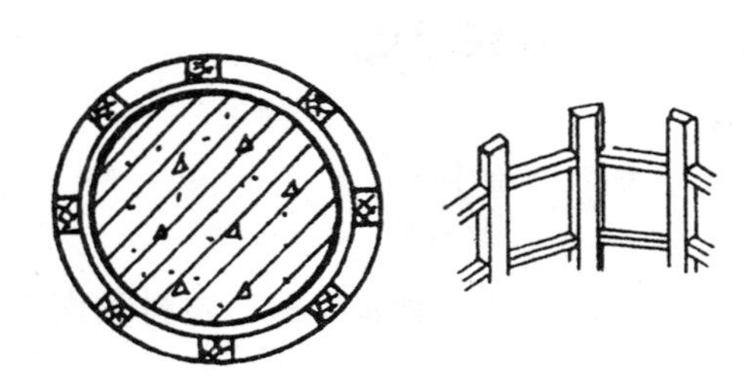
图 4-21　圆柱面龙骨

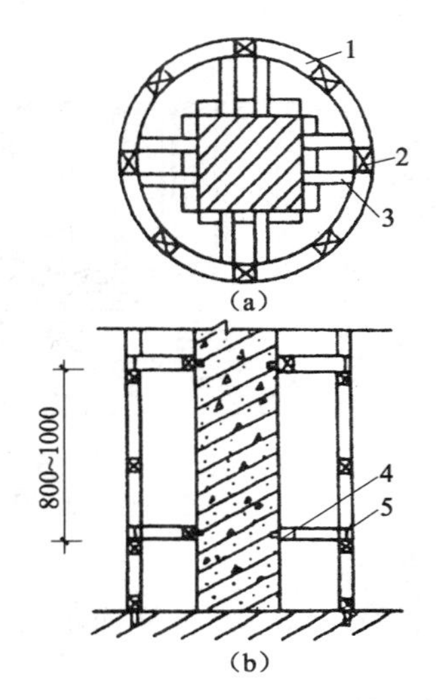

图 4-22　方柱包圆形面龙骨构造简图

(a) 水平剖面；(b) 垂直剖面

1—横向龙骨；2—竖向龙骨；3—支撑杆；

4—支撑杆与建筑柱体固定；5—支撑杆与装饰柱固定

(3) 隔墙龙骨：隔墙或隔断龙骨的骨架形式很多，可大致分为金属骨架和木骨架。金属骨架一般由沿顶龙骨、沿地龙骨、竖向龙骨、横撑龙骨及加强龙骨等组成，断面一般为槽形、角钢、板条，如图 4-23 所示。

隔墙木龙骨由上槛、下槛、墙筋（立柱）斜撑（或横挡）构成（图 4-24），木料断面视房间高度及所配面层板材规格而定。

2. 墙、柱面装饰基层

墙、柱面装饰基层，是指在龙骨与面层之间设置的一层隔离层。常见基层有：5mm、9mm 胶合板基层、石膏饰面板基层、油毡隔离层、玻璃棉毡隔离层以及细木工板基层。

3. 墙、柱（梁）面各种面层

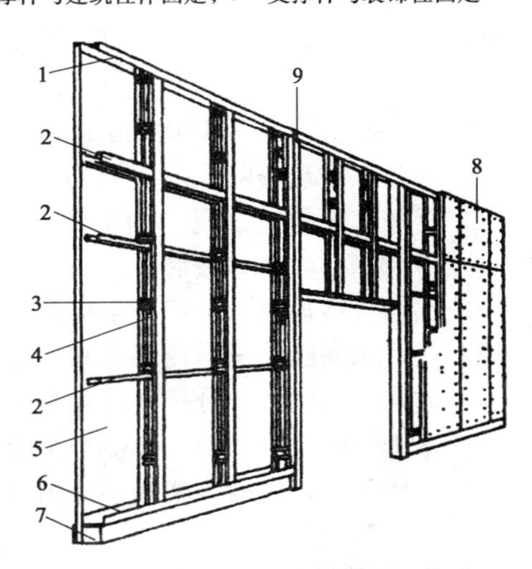

图 4-23　金属龙骨隔墙（断）构造

1—沿顶龙骨；2—横撑龙骨；3—支撑卡；4—贯通卡；

5—纸面石膏板；6—沿地龙骨；7—踢脚板；

8—纸面石膏板；9—加强龙骨

墙、柱（梁）面各种装饰面层，包括墙面、墙裙、柱面（圆柱）、梁面、柱帽、柱脚等的饰面层，具体归纳如下：

（1）木质类装饰面层（或称木质饰面板）：

胶合板（3mm 夹板、5mm 夹板）、硬质纤维板、细木工板、刨花板、木丝板、杉木薄板、柚木皮、硬木条板、木制饰面板（如榉木夹板 3mm，拼色、拼花）、水泥木屑板等。

（2）镜面不锈钢饰面板（8K）、彩色不锈钢板、彩色涂色钢板等。

（3）铝质面板：电化铝装饰板、铝合金装饰板、铝合金复合板（铝塑板）、铝塑板等。

（4）人造革、丝绒面料。

（5）玻璃面层：镜面玻璃、镭射玻璃。

（6）石膏装饰板。

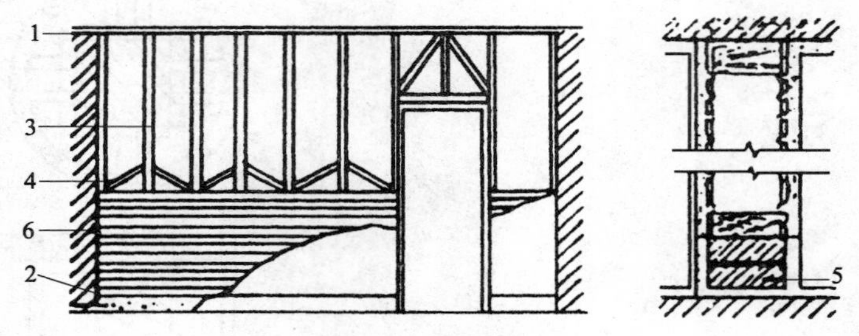

图 4-24　木龙骨隔墙

1—上槛；2—下槛；3—立柱；4—横挡；5—砌砖；6—面板

（7）竹片内墙面。

（8）塑料面板：塑料扣板饰面板、聚氯乙烯塑料饰面板、玻璃钢饰面板、塑料贴面饰面板、聚酯装饰板等。

（9）岩棉吸声板、石棉板。

（10）超细玻璃棉板、FC 板。

（11）镀锌铁皮墙面。

图 4-25 是墙裙木饰面层及墙面贴壁纸构造图，图 4-26 是玻璃墙面的一般构造。

4. 隔断

隔断项目种类颇多，具体项目如下：

（1）木骨架玻璃隔断。

（2）全玻璃隔断（金属、木龙骨）。

（3）不锈钢柱嵌防弹玻璃。

（4）铝合金玻璃隔断、铝合金板条隔断。

（5）花式木隔断，分直栅镂空和木井格网两种。

（6）玻璃砖隔断，分分格嵌缝和全砖。

（7）塑钢隔断，分全玻、半玻、全塑钢板。

（8）浴厕隔断，按木骨架基层分榉木面板、不锈钢磨砂玻璃。

5. 柱龙骨基层及饰面

柱龙骨基层及饰面项目内容包括：

（1）圆柱包装饰铜板；（2）方柱包圆铜；（3）包方柱镶条；（4）包圆柱镶条；（5）包圆柱；（6）包方柱。

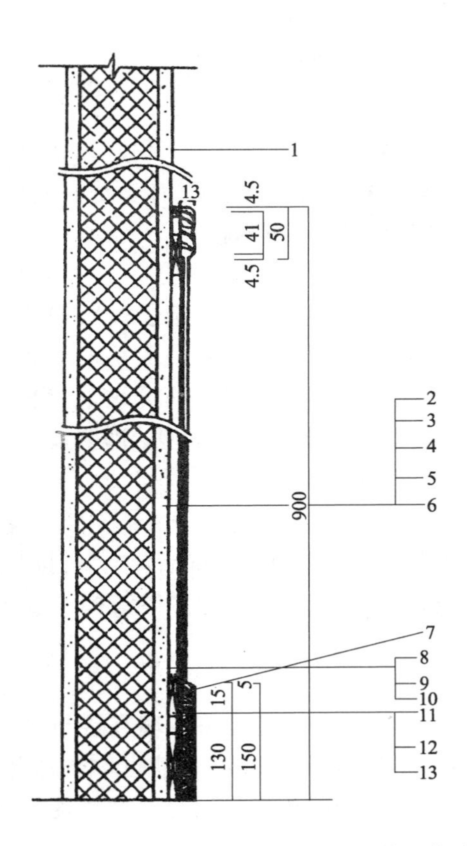

图 4-25　内墙面木饰面板墙裙及壁纸墙面构造
1—墙面贴壁纸；2—表面清漆饰面；3—榉木板厚 3mm；
4—板厚 5mm；5—木龙骨 9mm × 50mm；6—石膏板隔墙；
7—榉木压条 12mm × 20mm；8—板厚 5mm；
9—榉木板厚 3mm；10—表面清漆饰面；11—墙体；
12—木龙骨 9mm × 50mm；13—板 9mm 厚

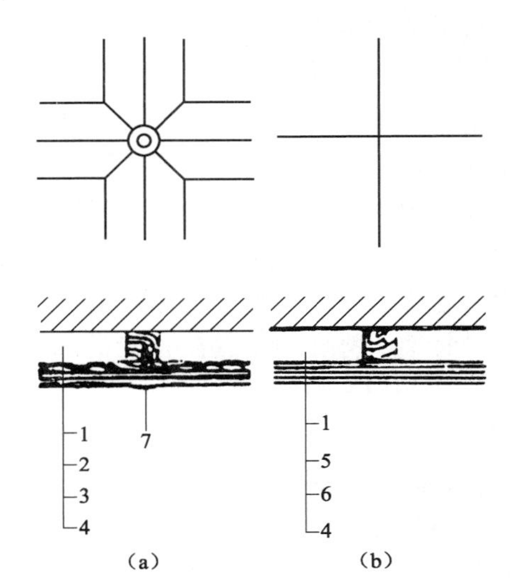

图 4-26　玻璃墙面一般构造
(a) 嵌钉；(b) 粘贴
1—40 × 40 纵横向木龙骨；2—150 厚木衬板；3—油毡一层；
4—车边玻璃（5 ~ 6mm 厚，内表面磨砂涂色）；
5—7 层夹板；6—环氧树脂粘结；7—铜或钢螺钉

（五）幕墙

幕墙是指悬挂在建筑物结构框架外表面的非承重墙。玻璃幕墙主要是利用玻璃作饰面材料，覆盖在建筑物的表面，看上去好像是罩在建筑物外表的一层薄帷。铝合金玻璃幕墙是指以铝合金型材为框架，框内镶以功能性玻璃而构成的建筑物围护墙体，铝合金玻璃幕墙由骨架、玻璃和封缝材料等三部分材料构成。

1. 玻璃幕墙的组成

（1）骨架

骨架是玻璃幕墙的承重结构，也是玻璃的载体，主要有各种型材，以及连接件和紧固件。铝合金型材是经特殊挤压成型的各种专用铝合金幕墙型材，主要有立柱（也称竖向杆件）、横档（亦称横向杆件）两种类型。

（2）玻璃

玻璃幕墙的功能性玻璃品种很多，主要有热反射玻璃、吸热玻璃、双层中空玻璃、钢化玻璃、夹层（丝）玻璃等。按生产工艺可分为浮法玻璃、真空镀膜玻璃、真空磁溅射镀膜玻璃等。玻璃颜色有白色、蓝色、茶色、绿色等。玻璃的常用厚度为 5 ~ 15mm。

（3）封缝材料

包括填充材料和密缝材料两种。

填充材料主要用于凹槽间隙内的底部，起填充及缓冲作用。密封材料不仅起到密封、防水作用，同时也起缓冲、粘结的作用。常用的封缝材料有橡胶密封条、幕墙双面不干胶条、泡沫条、幕墙结构胶（如 DC995）、幕墙耐候胶（如 DC79HN）、玻璃胶等。

2. 玻璃幕墙的结构

玻璃幕墙的结构构造主要分为单元式（工厂组装式）、元件式（现场组装式）和结构玻璃幕墙（又称玻璃墙，一般用于建筑物的 1、2 层，它是不用金属框架的纯大块玻璃墙，高度可达 12m）等三种形式。目前大部分玻璃幕墙是采用由骨架支撑玻璃、固定玻璃，然后通过连接件与建筑物主体结构相连的结构形式。幕墙的具体构造常分两种类型，即明框玻璃幕墙和隐框玻璃幕墙（又分全隐框和半隐框）。

（1）铝合金明框玻璃幕墙

铝合金明框玻璃幕墙通常称为铝合金型材骨架体系，其基本构造是将铝合金型材作为玻璃幕墙的骨架，将玻璃镶嵌在骨架的凹槽内，再用连接板将幕墙立柱与主体结构（楼板或梁）固定，如图 4-27 所示。

（2）铝合金隐框玻璃幕墙

铝合金隐框玻璃幕墙，一般称不露骨架结构体系，其基本构造是将玻璃直接与骨架连接，外面不露骨架，也不见窗框，即骨架、窗框隐蔽在玻璃内侧，此种幕墙也称全隐幕墙。图 4-28 是隐框玻璃幕墙构造简图，用特制的铝合金连接件将铝合金封框与立柱相连，再用高强胶粘剂（通称幕墙结构胶）将玻璃固定在封框上。

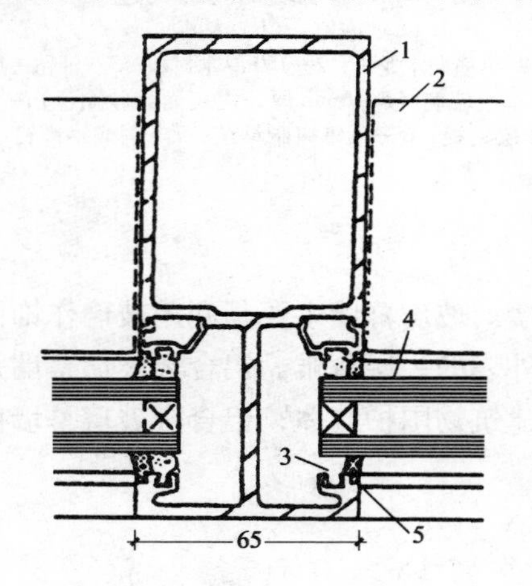

图 4-27　明框铝合金玻璃幕墙构造
1—幕墙竖向件；2—固定连接件；3—橡胶压条；
4—玻璃；5—密封胶

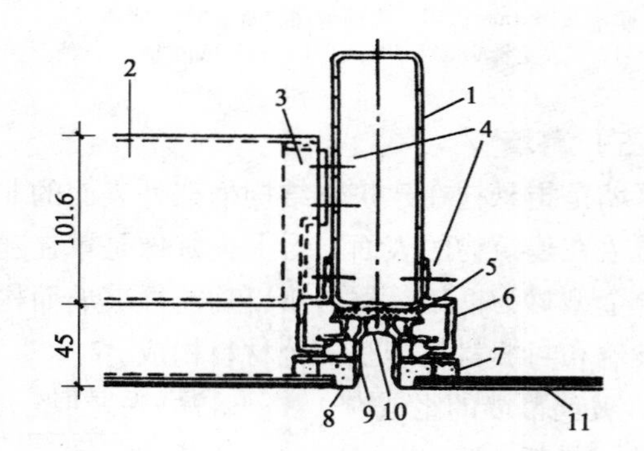

图 4-28　铝合金隐框玻璃幕墙构造
1—立柱；2—横向杆件；3—连接件；
4—ϕ6 螺栓加垫圈；5—聚乙烯泡沫压条；
6—固定玻璃连接件；7—聚乙烯泡沫；8—高强胶粘剂；
9—防水；10—铝合金封框；11—热反射玻璃

（3）玻璃幕墙封边

玻璃幕墙封边是指幕墙与建筑物的封边，即幕墙端壁（两端侧面及顶端）与墙面的封边。

（六）清单项目的其他有关说明

1. 墙体类型：指砖墙、石墙、混凝土墙、砌块墙，以及内墙、外墙等。

2. 底层厚度、面层厚度：按设计规定，一般采用标准图设计。

3. 勾缝类型：（1）清水砖墙、砖柱的加浆勾缝，有平缝或凹缝之分；（2）石墙、石柱的勾缝，如：平缝、平凹缝、平凸缝、半圆凹缝、半圆凸缝和三角凸缝等。

4. 嵌缝材料：指嵌缝用的嵌缝砂浆、嵌缝油膏、密封胶防水材料等。

5. 防护材料：是指石材等防碱背涂处理剂和面层防酸涂剂等。

6. 基层材料：指面层下的底板材料，如：木墙裙、木护墙、木板隔墙等，在龙骨上粘贴或铺钉的一层加强面层的底板。

二、墙柱面工程量计算及示例

（一）墙柱（梁）面抹灰工程量计算

墙柱面抹灰分墙面抹灰、柱面抹灰和零星抹灰 3 节 11 个项目。工程量均以面积 m^2 计算。

1. 墙面抹灰工程量

墙面抹灰包括墙面一般抹灰、墙面装饰抹灰、墙面勾缝和立面砂浆找平层。工程量按设计图示尺寸以面积 m^2 计算。

（1）外墙面抹灰工程量，按下式计算：

$$\text{外墙抹灰面积 } S(m^2) = \text{垂直投影面积} = L \times H \pm K(B) \quad (4\text{-}6)$$

式中 S——外墙抹灰面积，等于垂直投影面积；

L——外墙外边线长，m；

H——抹灰高度，m；

K——扣除面积，系指墙裙、门窗洞口及单个 $0.3m^2$ 以外的孔洞面积；

B——并入面积，指附墙柱、梁、垛、烟囱侧壁面积并入相应的墙面积内。

（2）内墙抹灰工程量，按下式计算：

$$\text{内墙抹灰面积 } S(m^2) = L \times H \pm K(B) \quad (4\text{-}7)$$

式中 L——内墙主墙间图示净长尺寸之和，m；主墙是指结构厚度在 120mm 以上（不含 120mm）的各类墙体；

H——内墙抹灰高度，按下列规定取值：

无墙裙的，高度按室内楼地面至天棚底面净高计算；有墙裙的，高度按墙裙顶至天棚底面计算。

K（B）——扣除面积 K，系指门窗洞口及单个 $0.3m^2$ 以外的孔洞面积；并入面积 B 指附墙柱、梁、垛、烟囱侧壁面积并入相应的墙面积内。

（3）墙裙抹灰工程量计算式如下：

$$\text{墙裙抹灰面积 } S(m^2) = L \times H \pm K(B) \quad (4\text{-}8)$$

式中 S——墙裙抹灰面积，m^2；

L——外墙裙时，指外墙墙裙的长度；内墙裙时，指内墙净长；

H——墙裙高度，m；

K——门窗洞口及单个 $0.3m^2$ 以外的孔洞面积；

B——并入附墙柱、垛、烟囱侧壁面积。

墙面抹灰工程量清单项目及计算规则列于表4-15中，供使用时参照。表中有关内容再作如下说明：

① 墙面抹灰不扣除墙与构件交接处的面积，是指墙与梁的交接处所占面积，不包括墙与楼板的交接。

② 抹面层：是指一般抹灰的普通抹灰、中级抹灰和高级抹灰。

③ 抹装饰面：是指装饰抹灰的面层，装饰抹灰的做法一般为：抹底灰、涂刷防水胶（如JE-1聚合物防水胶）、刮或刷水泥浆液、抹中层、抹装饰面层。

2. 柱（梁）面抹灰

柱（梁）面抹灰包括柱的一般抹灰、装饰抹灰和勾缝及砂浆找平层，工程量按下式计算：

$$柱面抹灰工程量S(m^2)=设计图示柱的结构断面周长\times抹灰(勾缝)高度 \quad (4\text{-}9)$$

$$梁面抹灰工程量S(m^2)=设计图示梁断面周长\times长度 \quad (4\text{-}10)$$

柱（梁）面抹灰工程量清单项目及计算规则如表4-16所示。

表4-15　M.1墙面抹灰（编码：011201）工程量计量规则

项目编码	项目名称	项　目　特　征	计量单位	工程量计算规则	工 作 内 容
011201001	墙面一般抹灰	1. 墙体类型 2. 底层厚度、砂浆配合比 3. 面层厚度、砂浆配合比 4. 装饰面材料种类 5. 分格缝宽度、材料种类	m^2	按设计图示尺寸以面积计算。扣除墙裙、门窗洞口及单个>$0.3m^2$的孔洞面积，不扣除踢脚线、挂镜线和墙与构件交接处的面积，门窗洞口和孔洞的侧壁及顶面不增加面积。附墙柱、梁、垛、烟囱侧壁并入相应的墙面面积内 1. 外墙抹灰面积按外墙垂直投影面积计算 2. 外墙裙抹灰面积按其长度乘以高度计算 3. 内墙抹灰面积按主墙间的净长乘以高度计算 （1）无墙裙的，高度按室内楼地面至天棚底面计算 （2）有墙裙的，高度按墙裙顶至天棚底面计算 （3）有吊顶天棚抹灰，高度算至天棚底 4. 内墙裙抹灰面积按内墙净长乘以高度计算	1. 基层清理 2. 砂浆制作、运输 3. 底层抹灰 4. 抹面层 5. 抹装饰面 6. 勾分格缝
011201002	墙面装饰抹灰				
011201003	墙面勾缝	1. 勾缝类型 2. 勾缝材料种类			1. 基层清理 2. 砂浆制作、运输 3. 勾缝
011201004	立面砂浆找平层	1. 基层类型 2. 找平层砂浆厚度、配合比			1. 基层清理 2. 砂浆制作、运输 3. 抹灰找平

注：1　立面砂浆找平项目适用于仅做找平层的立面抹灰。

2　墙面抹石灰砂浆、水泥砂浆、混合砂浆、聚合物水泥砂浆、麻刀石灰浆、石膏灰浆等按本表中墙面一般抹灰列项；墙面水刷石、斩假石、干粘石、假面砖等按本表中墙面装饰抹灰列项。

3　飘窗凸出外墙面增加的抹灰并入外墙工程量内。

4　有吊顶天棚的内墙抹灰，抹至吊顶以上部分在综合单价中考虑。

表 4-16　M.2 柱（梁）面抹灰（编码：011202）工程量计算规则

<table>
<tr><th>项目编码</th><th>项目名称</th><th>项　目　特　征</th><th>计量单位</th><th>工程量计算规则</th><th>工 作 内 容</th></tr>
<tr><td>011202001</td><td>柱、梁面一般抹灰</td><td rowspan="2">1. 柱（梁）体类型
2. 底层厚度、砂浆配合比
3. 面层厚度、砂浆配合比
4. 装饰面材料种类
5. 分格缝宽度、材料种类</td><td rowspan="4">m^2</td><td rowspan="3">1. 柱面抹灰：按设计图示柱断面周长乘高度以面积计算
2. 梁面抹灰：按设计图示梁断面周长乘长度以面积计算</td><td rowspan="2">1. 基层清理
2. 砂浆制作、运输
3. 底层抹灰
4. 抹面层
5. 勾分格缝</td></tr>
<tr><td>011202002</td><td>柱、梁面装饰抹灰</td></tr>
<tr><td>011202003</td><td>柱、梁面砂浆找平</td><td>1. 柱（梁）体类型
2. 找平的砂浆厚度、配合比</td><td>1. 基层清理
2. 砂浆制作、运输
3. 抹灰找平</td></tr>
<tr><td>011202004</td><td>柱面勾缝</td><td>1. 勾缝类型
2. 勾缝材料种类</td><td>按设计图示柱断面周长乘高度以面积计算</td><td>1. 基层清理
2. 砂浆制作、运输
3. 勾缝</td></tr>
</table>

注：1　砂浆找平项目适用于仅做找平层的柱（梁）面抹灰。
　　2　柱（梁）面抹石灰砂浆、水泥砂浆、混合砂浆、聚合物水泥砂浆、麻刀石灰浆、石膏灰浆等按本表中柱（梁）面一般抹灰编码列项；柱（梁）面水刷石、斩假石、干粘石、假面砖等按本表中柱（梁）面装饰抹灰项目编码列项。

3. 零星抹灰

“零星抹灰”工程量按设计图示尺寸以面积（m^2）计算。

“零星抹灰”适用于小面积（$0.5m^2$）以内少量分散的抹灰项目。例如：挑檐、天沟、腰线、遮阳板、雨篷周边和其他零星工程。

“零星抹灰”工程量清单项目及计算规则列于表 4-17 中，供参照。

表 4-17　M.3 零星抹灰（编码：011203）工程量清单项目及计算规则

<table>
<tr><th>项目编码</th><th>项目名称</th><th>项　目　特　征</th><th>计量单位</th><th>工程量计算规则</th><th>工 作 内 容</th></tr>
<tr><td>011203001</td><td>零星项目一般抹灰</td><td rowspan="2">1. 基层类型、部位
2. 底层厚度、砂浆配合比
3. 面层厚度、砂浆配合比
4. 装饰面材料种类
5. 分格缝宽度、材料种类</td><td rowspan="3">m^2</td><td rowspan="3">按设计图示尺寸以面积计算</td><td rowspan="2">1. 基层清理
2. 砂浆制作、运输
3. 底层抹灰
4. 抹面层
5. 抹装饰面
6. 勾分格缝</td></tr>
<tr><td>011203002</td><td>零星项目装饰抹灰</td></tr>
<tr><td>011203003</td><td>零星项目砂浆找平</td><td>1. 基层类型、部位
2. 找平的砂浆厚度、配合比</td><td>1. 基层清理
2. 砂浆制作、运输
3. 抹灰找平</td></tr>
</table>

注：1　零星项目抹石灰砂浆、水泥砂浆、混合砂浆、聚合物水泥砂浆、麻刀石灰浆、石膏灰浆等按本表中零星项目一般抹灰编码列项，水刷石、斩假石、干粘石、假面砖等按本表中零星项目装饰抹灰编码列项。
　　2　墙、柱（梁）面$\leq 0.5m^2$的少量分散的抹灰按本表中零星抹灰项目编码列项。

（二）墙柱（梁）面、零星镶贴块料工程量计算

墙柱（梁）面镶贴块料包括墙面镶贴块料、柱（梁）面镶贴块料、镶贴零星块料面层 3 节 12 个分项目。

墙面、柱（梁）面、镶贴零星块料面层工程量均按下式计算：

$$工程量S(m^2)=设计图示尺寸以镶贴表面积计算 \quad (4\text{-}11)$$

相关问题说明如下：

（1）干挂石材钢骨架工程量：

按设计长度乘以理论质量以吨（t）计算。

（2）“零星镶贴块料”面层项目适用于小面积（$\leqslant 0.5m^2$）以内少量分散的抹灰项目。包括镶贴挑檐、天沟、腰线、窗台线、门窗套、压顶、扶手、遮阳板、雨篷周边和其他零星工程。

墙面、柱面、零星镶贴块料工程量清单项目及计算规则分别列于表4-18、表4-19及表4-20中，供计算时使用。计算工程量时，应按项目特征予以描述，分别按不同构造要求、型号规格、颜色、品牌等进行计算。

表4-18　M.4 墙面块料面层（编码：011204）工程量清单项目及计算规则

项目编码	项目名称	项　目　特　征	计量单位	工程量计算规则	工 程 内 容
011204001	石材墙面	1. 墙体类型 2. 安装方式 3. 面层材料品种、规格、颜色 4. 缝宽、嵌缝材料种类 5. 防护材料种类 6. 磨光、酸洗、打蜡要求	m^2	按镶贴表面积计算	1. 基层清理 2. 砂浆制作、运输 3. 粘结层铺贴 4. 面层安装 5. 嵌缝 6. 刷防护材料 7. 磨光、酸洗、打蜡
011204002	拼碎石材				
011204003	块料墙面				
011204004	干挂石材钢骨架	1. 骨架种类、规格 2. 防锈漆品种遍数	t	按设计图示以质量计算	1. 骨架制作、运输、安装 2. 刷漆

表4-19　M.5 柱（梁）面镶贴块料（编码：020205）工程量清单项目及计算规则

项目编码	项目名称	项　目　特　征	计量单位	工程量计算规则	工 作 内 容
011205001	石材柱面	1. 柱截面类型、尺寸 2. 安装方式 3. 面层材料品种、规格、颜色 4. 缝宽、嵌缝材料种类 5. 防护材料种类 6. 磨光、酸洗、打蜡要求	m^2	按镶贴表面积计算	1. 基层清理 2. 砂浆制作、运输 3. 粘结层铺贴 4. 面层安装 5. 嵌缝 6. 刷防护材料 7. 磨光、酸洗、打蜡
011205002	块料柱面				
011205003	拼碎块柱面				
011205004	石材梁面	1. 安装方式 2. 面层材料品种、规格、颜色 3. 缝宽、嵌缝材料种类 4. 防护材料种类 5. 磨光、酸洗、打蜡要求			
011205005	块料梁面				

注：1　在描述碎块项目的面层材料特征时可不用描述规格、颜色。

2　石材、块料与粘接材料的结合面刷防渗材料的种类在防护层材料种类中描述。

3　柱梁面干挂石材的钢骨架按表 M.4 相应项目编码列项。

表 4-20　M.6 镶贴零星块料（编码：011206）工程量清单项目及计算规则

项目编码	项目名称	项　目　特　征	计量单位	工程量计算规则	工 作 内 容
011206001	石材零星项目	1. 基层类型、部位 2. 安装方式 3. 面层材料品种、规格、颜色 4. 缝宽、嵌缝材料种类 5. 防护材料种类 6. 磨光、酸洗、打蜡要求	m^2	按镶贴表面积计算	1. 基层清理 2. 砂浆制作、运输 3. 面层安装 4. 嵌缝 5. 刷防护材料 6. 磨光、酸洗、打蜡
011206002	块料零星项目				
011206003	拼碎块零星项目				

注：1　在描述碎块项目的面层材料特征时可不用描述规格、颜色。

2　石材、块料与粘接材料的结合面刷防渗材料的种类在防护材料种类中描述。

3　零星项目干挂石材的钢骨架按表 M.4 相应项目编码列项。

4　墙柱面≤$0.5m^2$ 的少量分散的镶贴块料面层按本表中零星项目执行。

【例 4-6】　某建筑物钢筋混凝土柱 14 根，构造如图 4-29 所示，若柱面挂贴花岗石面层，计算工程量和相应工料。

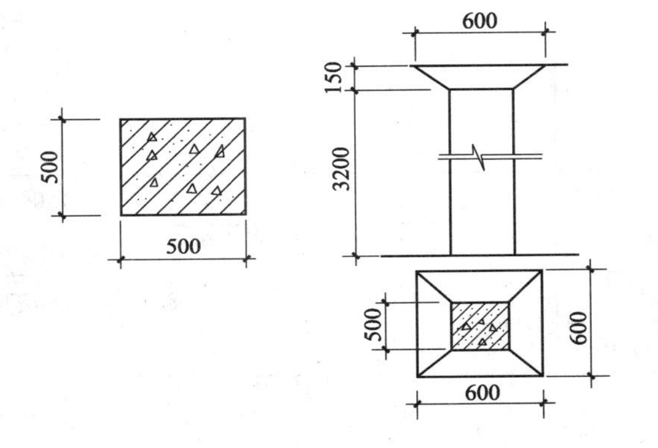

图 4-29　钢筋混凝土柱构造简图

【解】　柱面贴块料面层按设计图示周长乘以高度计算。参照图 4-11，挂贴面层厚度取 50mm（其中花岗石板 20mm），则：

（1）柱身挂贴花岗石工程量

$$(0.1+0.50)\times 4\times 3.2\times 14=107.52m^2$$

（2）花岗石柱帽，工程量按图示尺寸展开面积，本例柱帽为倒置四棱台，即应计算四棱台的斜表面积，公式为：

$$\text{四棱台全斜表面积}=\frac{1}{2}\times\text{斜高}\times(\text{上面的周边长}+\text{下面的周边上长})\qquad(4\text{-}12)$$

按图示数据代入，柱帽展开面积：

$$\frac{1}{2}\sqrt{0.05^2+0.15^2}\times(0.60\times 4+0.70\times 4)\times 14=5.755m^2$$

（3）柱面、柱帽工程量合并计算，即：

$$107.52+5.755=113.28m^2$$

（4）计算工料用量：按定额子项 2-052，工料计算结果如表 4-21 所示。

表 4-21　钢筋混凝土柱挂贴花岗石工料表

序号	名　　称	单　位	代　码	定额含量（$1/m^2$）	工程量（m^2）	用　　量
1	人工	工日	000001	1.1123	113.28	126.0 + 0.38 × 14 = 131.32
2	白水泥	kg	AA0050	0.1550		17.56
3	花岗石板	m^2	AG0291	1.0600		120.08

续表

序号	名　　称	单　位	代　码	定额含量（$1/m^2$）	工程量（m^2）	用　　量
4	膨胀螺栓	套	AM0671	9.2000	113.28	1042.18
5	合金钢钻头 ϕ20	个	AN3221	0.1150		13.03
6	石料切割锯片	片	AN5900	0.0421		4.77
7	棉纱头	kg	AQ1180	0.0100		1.13
8	电焊条	kg	AR0211	0.0278		3.15
9	水	m^3	AV0280	0.0150		1.70
10	水泥砂浆1：2.5	m^3	AX0683	0.0393		4.45
11	素水泥浆	m^3	AX0720	0.0010		0.113
12	钢筋	kg	DA1851	1.4830		167.99
13	铜丝	kg	DB0860	0.0777		8.80
14	清油	kg	HA1000	0.0053		0.60
15	煤油	kg	JA0470	0.0400		4.53
16	松节油	kg	JA0660	0.0060		0.68
17	草酸	kg	JA0770	0.0100		1.13
18	硬白蜡	kg	JA2930	0.0265		3.00

【例4-7】 图4-30为某宾馆标准客房平面图和顶棚平面图，试计算卫生间墙面贴200mm×300mm瓷板的工程量和主材用量（浴缸高度400mm）。

【解】 按设计面积计算工程量，由图4-31有：

$(1.6-0.12+1.85)\times2\times2.1-0.8\times2.0-0.55\times2\times0.4=11.95m^2$（浴缸侧面贴面砖）

按设计要求，水泥砂浆贴瓷板200×300瓷片，执行定额2-116，主材用量：

瓷板200×300：　　$1.035\times11.95=12.37m^2$

水泥砂浆1：2：　　$0.0061\times11.95=0.073m^3$

水泥砂浆1：3：　　$0.0169\times11.95=0.20m^3$

白水泥：　　$0.155\times11.95=1.85kg$

（三）墙、柱（梁）饰面工程量计算

1. 墙饰面工程量

墙饰面工程量计算式如下：

$$S(m^2)=\text{墙净长}\,L\times\text{墙净高}\,H-K \tag{4-13}$$

式中　K——应扣除面积，包括：门窗洞口及单个$0.3m^2$以上的孔洞所占面积。

墙柱（梁）饰面工程量清单项目及计算规则分别列于表4-22及表4-23中。

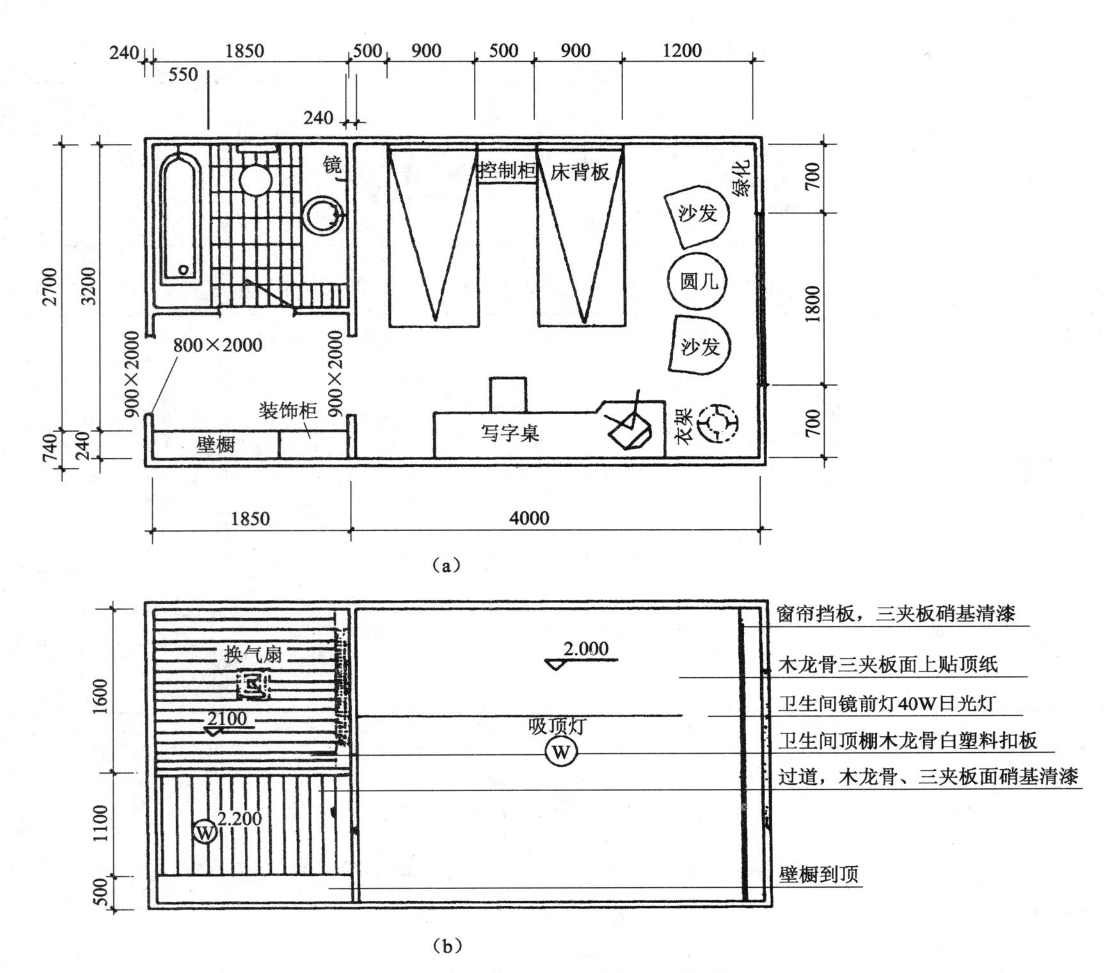

图 4-30　标准客房平面图和顶棚平面图

（a）单间客房平面；（b）单间客房顶棚图

说明：1. 图中陈设及其他构件均不做。

2. 地面：卫生间为 300mm×300mm 防滑地砖；过道、房间，水泥砂浆抹平，1∶3 厚 20mm；满铺地毯（单层）。

3. 墙面：卫生间贴 200mm×280mm 印花面砖；过道、房间贴装饰墙纸；硬木踢脚板高 150mm×20mm，硝基清漆。

4. 铝合金推拉窗 1800mm×1100mm，90 系列 1.5mm 厚铝型材；浴缸高 400mm；内外墙厚均 240mm；窗台高 900mm。

表 4-22　M.7 墙饰面（编码：011207）工程量计算规则

项目编码	项目名称	项　目　特　征	计量单位	工程量计算规则	工 作 内 容
011207001	墙面装饰板	1. 龙骨材料种类、规格、中距 2. 隔离层材料种类、规格 3. 基层材料种类、规格 4. 面层材料品种、规格、颜色 5. 压条材料种类、规格	m^2	按设计图示墙净长乘净高以面积计算。扣除门窗洞口及单个 >$0.3m^2$ 的孔洞所占面积	1. 基层清理 2. 龙骨制作、运输、安装 3. 钉隔离层 4. 基层铺钉 5. 面层铺贴

续表

项目编码	项目名称	项 目 特 征	计量单位	工程量计算规则	工 作 内 容
011207002	墙面装饰浮雕	1. 基层类型 2. 浮雕材料种类 3. 浮雕样式	m^2	按设计图示尺寸以面积计算	1. 基层清理 2. 材料制作、运输 3. 安装成型

表 4-23 M.8 柱（梁）饰面（编码：011208）工程量计算规则

项目编码	项目名称	项 目 特 征	计量单位	工程量计算规则	工 作 内 容
011208001	柱（梁）面装饰	1. 龙骨材料种类、规格、中距 2. 隔离层材料种类 3. 基层材料种类、规格 4. 面层材料品种、规格、颜色 5. 压条材料种类、规格	m^2	按设计图示饰面外围尺寸以面积计算。柱帽、柱墩并入相应柱饰面工程量内	1. 基层清理 2. 龙骨制作、运输、安装 3. 钉隔离层 4. 基层铺钉 5. 面层铺贴
011208002	成品装饰柱	1. 柱截面、高度尺寸 2. 柱材质	1. 根 2. m	1. 以根计量，按设计数量计算 2. 以米计量，按设计长度计算	柱运输、固定、安装

2. 柱（梁）饰面工程量

$$柱(梁)饰面积\ S(m^2)=L\times H+B \tag{4-14}$$

式中 L——柱（梁）外围饰面尺寸，外围饰面尺寸是指饰面的表面尺寸，m；

H——柱（梁）的高度（长度），m；

B——并入的柱帽、柱墩饰面的展开面积，m^2。

3. 墙面装饰浮雕工程量

墙面装饰浮雕工程量按设计图示尺寸以面积（m^2）计算。

【例 4-8】 图 4-30 标准客房内做 1100mm 高的内墙裙，计算其工程量和工料用量。墙裙做法：木龙骨（断面 24mm×30mm，间距 300mm×300mm）基层，5mm 夹板衬板，其上粘贴铝塑板面层。窗台高 900mm，走道橱柜同时装修，侧面不再做墙裙。门窗、空圈单独做门窗套（本例暂不计及）。

【解】 按式（4-13）计算工程量

$$墙裙净长=[(1.85-0.80)+(1.1-0.12-0.9)\times2]+[(4-0.12+3.2)\times2-0.9]$$
$$=14.47m$$

$$内墙裙骨架、衬板及面层工程量=14.47\times1.1-1.8\times(1.1-0.9)$$
$$=15.56m^2$$

木龙骨、夹板基层及铝塑板面层用料计算列入表 4-24 中。

【例 4-9】 某证券营业厅 4 根钢筋混凝土柱包装饰铜板圆形面，做法如图 4-31 所示。圆形木龙骨、夹板基层上包装饰铜板面层，同法包圆锥形柱帽、柱脚。试计算工程量。

【解】 按工程量计算规则，柱身、柱帽及柱脚应合并计算其工程量

（1）柱身工程量

按图计算，装饰铜板面层直径按795mm计算，则外围面积为：

$$0.795 \times 3.1416 \times 2.92 \times 4 = 29.17\text{m}^2$$

（2）柱帽、柱脚工程量

柱帽、柱脚均为圆锥台，其斜表面积为：

$$\text{圆锥台斜(侧)表面积} = \frac{\pi}{2} \times \text{母线长} \times (\text{上面直径} + \text{下面直径}) \qquad (4\text{-}15)$$

$$\text{柱帽、柱墩饰面面积} = (\pi/2) \times \sqrt{0.1^2 + 0.14^2} \times (0.795 + 0.995) \times 8 = 3.87\text{m}^2$$

（3）该证券营业厅钢筋混凝土柱包圆铜的工程量：

$$29.17 + 3.87 = 33.04\text{m}^2$$

表4-24　例4-8龙骨、基层及面层材料用量表

序号	名　称	单位	代码	工程量（m^2）	木龙骨		夹板基层		面　层		项目用量
					定额含量	用量	定额含量	用量	定额含量	用量	
1	膨胀螺栓	套	AM0671	15.56	3.1593	49.16					49.16
2	圆铁钉	kg	AN0580		0.0384	0.60	0.0256	0.40			1.00
3	合金钢钻头	个	AN3223		0.0782	1.22					1.22
4	杉木锯材	m^3	CB0010		0.0079	0.12					0.12
5	防腐油	kg	JA0410		0.0218	0.34					0.34
6	射钉	盒	AN0540				0.0060	0.09			0.09
7	胶合板5mm	m^2	CD0020				1.05	16.34			16.34
8	聚醋酸乙烯乳液	kg	JA2150				0.1404	2.18			2.18
9	铝塑板	m^2	AG0460						1.1484	17.87	17.87
10	玻璃胶350g	支	JB0342						0.8608	13.39	13.39
11	密封胶	支	JB0642						0.5053	7.86	7.86

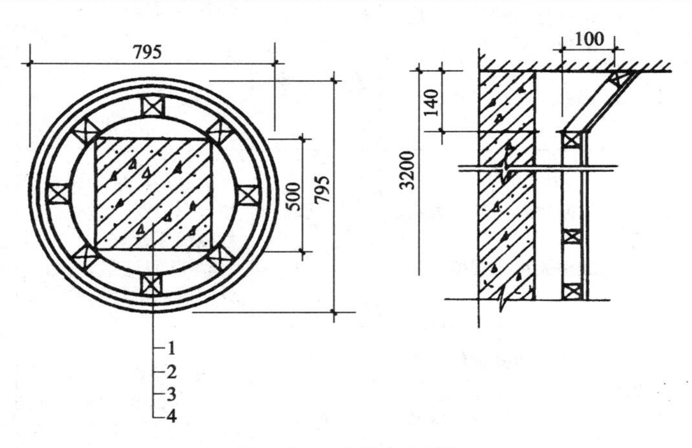

图4-31　方柱包圆铜

1—钢筋混凝土柱；2—木龙骨；3—3mm夹板基层；4—装饰铜板包面（$\delta = 1$mm）

（四）隔断工程量计算

隔断工程量应按设计框外围尺寸面积计算，公式如下：

$$隔断工程量\ S(m^2)=图示框外围面积\pm K(B) \tag{4-16}$$

式中 K——指单个 $0.3m^2$ 以上的孔洞及不同材质门所占面积；

B——当浴厕门的材质与隔断相同时，浴厕门的面积并入隔断面积内计算。

隔断与隔墙系指房屋内部的非承重隔离构件，隔墙一般是指到楼板底的隔离墙体，隔断是指不到顶的隔离构件。

隔断工程量计算规则示于表 4-25 中。

表 4-25 M.10 隔断（编码：011210）工程量清单项目及计算规则

项目编码	项目名称	项目特征	计量单位	工程量计算规则	工作内容
011210001	木隔断	1. 骨架、边框材料种类、规格 2. 隔板材料品种、规格、颜色 3. 嵌缝、塞口材料品种 4. 压条材料种类	m^2	按设计图示框外围尺寸以面积计算。不扣除单个 ≤0.3m^2 的孔洞所占面积；浴厕门的材质与隔断相同时，门的面积并入隔断面积内	1. 骨架及边框制作、运输、安装 2. 隔板制作、运输、安装 3. 嵌缝、塞口 4. 装钉压条
011210002	金属隔断	1. 骨架、边框材料种类、规格 2. 隔板材料品种、规格、颜色 3. 嵌缝、塞口材料品种			1. 骨架及边框制作、运输、安装 2. 隔板制作、运输、安装 3. 嵌缝、塞口
011210003	玻璃隔断	1. 边框材料种类、规格 2. 玻璃品种、规格、颜色 3. 嵌缝、塞口材料品种		按设计图示框外围尺寸以面积计算。不扣除单个 ≤0.3m^2 的孔洞所占面积	1. 边框制作、运输、安装 2. 玻璃制作、运输、安装 3. 嵌缝、塞口
011210004	塑料隔断	1. 边框材料种类、规格 2. 隔板材料品种、规格、颜色 3. 嵌缝、塞口材料品种			1. 骨架及边框制作、运输、安装 2. 隔板制作、运输、安装 3. 嵌缝、塞口
011210005	成品隔断	1. 隔断材料品种、规格、颜色 2. 配件品种、规格	1. m^2 2. 间	1. 以平方米计量，按设计图示框外围尺寸以面积计算 2. 以间计量，按设计间的数量计算	1. 隔断运输、安装 2. 嵌缝、塞口
011210006	其他隔断	1. 骨架、边框材料种类、规格 2. 隔板材料品种、规格、颜色 3. 嵌缝、塞口材料品种	m^2	按设计图示框外围尺寸以面积计算。不扣除单个 ≤0.3m^2 的孔洞所占面积	1. 骨架及边框安装 2. 隔板安装 3. 嵌缝、塞口

下面对几种常见隔断工程量计算方法作简要说明。

1. 半玻璃隔断

半玻璃隔断是指上部为玻璃隔断，下部为其他墙体组成的隔断。半玻璃隔断工程量按半玻璃设计边框外边线以平方米（m^2）计算。

2. 全玻璃隔断

全玻璃隔断的工程量为高度乘宽度以平方米（m^2）计算。高度自下横档底面算至上横档顶面。宽度指隔断两边立框外边之间的宽。图 4-32 所示为不锈钢框架玻璃隔断，其中不锈钢框架可采用铝合金框架或硬木框架，框架内镶嵌玻璃，玻璃四周可用压条固定，并采用密封胶封闭。

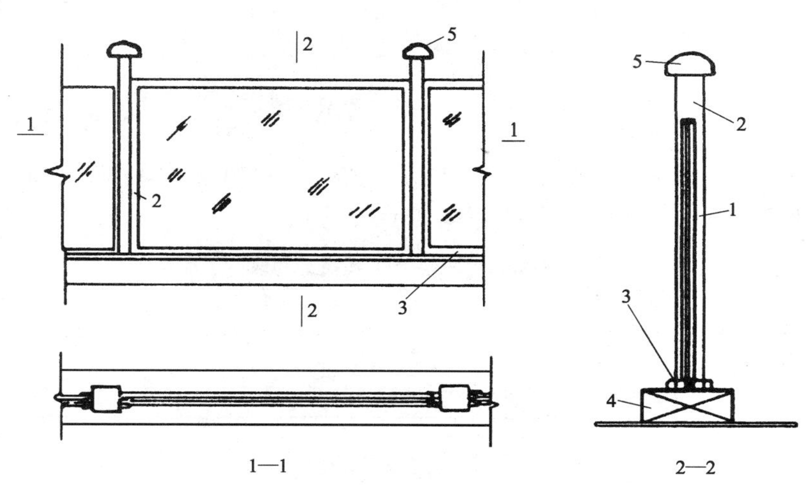

图 4-32　不锈钢框架玻璃隔断构造简图

1—钢化玻璃；2—不锈钢管；3—不锈钢条饰面；4—基座；5—不锈钢柱顶

3. 玻璃砖隔断

玻璃砖隔断工程量按玻璃砖格式框外围面积计算。玻璃砖隔断由外框和玻璃砖砌体组成，分嵌缝玻璃砖隔断和全砖隔断，外框可用钢框、铝合金框、木框等。玻璃砖的常见规格有：190mm × 190mm × 80mm（或 95mm），240mm × 240mm × 80mm，240mm × 115mm × 80mm，145mm × 145mm × 80mm（或 95mm）等几种。

4. 花式木隔断

花式隔断有栅镂空式和井格式，工程量均以框外围面积计算。这类隔断俗称花格隔断，所用的花格材料有木制、竹制花格，水泥制品花格，金属花格等，花格可拼装成各种图案，故多为空透式隔断。

5. 浴厕木隔断

浴厕木隔断工程量按隔断长度乘高度，以平方米（m^2）计算。隔断长度按图示长度，高度自下横档底面算至上横档顶面。当浴厕门的材料与隔断相同时，门扇面积不扣除，并入隔断面积内计算。

【例 4-10】　如图 4-33 所示，室内加做间壁墙，木龙骨截面为 40 × 35mm，间距为 600 ×

1000mm 的木隔断；中密度板基层，五合板面层，刷调合漆三遍；安装艺术门扇，M 门洞口尺寸为 900×2000mm。试计算该木间壁工程量及其清单。

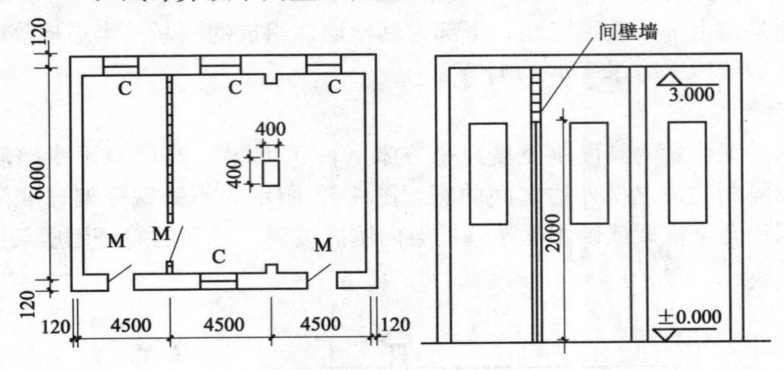

图 4-33 木隔断工程示意图

【解】 按表 4-25，木隔断工程量应为图示框外围面积扣除不同材质门窗面积，则该隔断工程量计算列于表 4-26-1 中；工程量清单列于表 4-26-2 中。

表 4-26-1 木隔断工程量计算表

序号	清单项目编码	清单项目名称	计算式	工程量合计	计量单位
1	011210001001	木隔断	$S=(6-0.24)\times3.0-0.9\times2.0=15.48$	15.48	m^2

表 4-26-2 木隔断工程和单价措施项目清单与计价表

序号	项目编码	项目名称	项目特征描述	计量单位	工程量	金额（元）	
						综合单价	合价
1	011210001001	木隔断	1. 骨架材料种类、规格：普通方木龙骨 40mm×35mm， 2. 隔板材料种类、规格、颜色：中密度板基层，五合板面层 3. 压条材料种类：普通木压条	m^2	15.48		

（五）幕墙工程量计算

“13 计量规范”中，幕墙分带骨架幕墙和全玻幕墙两种，分别计算工程量：

1. 带骨架幕墙工程量，按设计图示框外围尺寸以面积（m^2）计算。

注意，与幕墙同种材质的窗所占面积不扣除。

2. 全玻璃幕墙工程量，按设计图示尺寸以面积（m^2）计算。

其中，带肋全玻幕墙按展开面积计算工程量。所谓带肋全玻幕墙是指玻璃幕墙带玻璃肋，即玻璃肋的工程量应合并在玻璃幕墙工程量中。

幕墙项目工程量计量规则见表 4-27。

表 4-27　M.9 幕墙（编码：011209）项目工程量计量规则

项目编码	项目名称	项　目　特　征	计量单位	工程量计算规则	工 作 内 容
011209001	带骨架幕墙	1. 骨架材料种类、规格、中距 2. 面层材料品种、规格、颜色 3. 面层固定方式 4. 隔离带、框边封闭材料品种、规格 5. 嵌缝、塞口材料种类	m^2	按设计图示框外围尺寸以面积计算。与幕墙同种材质的窗所占面积不扣除	1. 骨架制作、运输、安装 2. 面层安装 3. 隔离带、框边封闭 4. 嵌缝、塞口 5. 清洗
011209002	全玻（无框玻璃）幕墙	1. 玻璃品种、规格、颜色 2. 粘结塞口材料种类 3. 固定方式		按设计图示尺寸以面积计算。带肋全玻幕墙按展开面积计算	1. 幕墙安装 2. 嵌缝、塞口 3. 清洗

第四节　天棚工程量计算及示例

一、清单项目内容及有关说明

天棚，亦称顶棚、吊顶、天花板、平顶等，其构造主要由龙骨、面层（及基层）和吊筋三大部分组成。天棚龙骨，也常称骨架层，是一个由大龙骨、中龙骨和小龙骨（或称为主龙骨、主搁栅，次龙骨、次搁栅等）所形成的骨架体系，用以承受顶棚的荷载。常用的天棚龙骨有木龙骨和金属龙骨两大类。天棚面层是用各类饰面板制作，少数为镂空式天棚。基层是指面层背后（即龙骨与面层之间）的加强层。

天棚工程清单项目共分 4 节 10 个分项目。包括天棚抹灰、天棚吊顶、天棚其他装饰。现对相关项目内容作简要说明。

（一）天棚龙骨

天棚龙骨分木龙骨、轻钢龙骨、铝合金龙骨等 3 类。

1. 方木龙骨

天棚木龙骨由大龙骨、中龙骨和吊木等组成，并有圆木龙骨和方木龙骨之分。木龙骨按面层规格分别列项，包括：300mm × 300mm，450mm × 450mm，600mm × 600mm，及 600mm × 600mm 以上。

木龙骨的安装可有两种方法：一种是将大龙骨搁在墙上或混凝土梁上，再用铁钉和木吊筋将中龙骨吊在主龙骨下方；另一种是用吊筋将龙骨吊在混凝土楼板下。安装龙骨时，大龙骨沿房间短向布置，然后按设计要求分档划线钉中龙骨，最后钉横撑龙骨。中龙骨、横撑龙骨的底面要相平，间距与面层板的规格相对应。木龙骨的防潮、防腐和防火性能均比较差，施工时要刷防腐油，需要时还要刷防火漆处理。图 4-34 是木龙骨人造板材面层吊顶构造。

2. 轻钢龙骨

天棚轻钢龙骨一般是采用冷轧薄钢板或镀锌薄钢板，经剪裁冷弯、辊轧成型。按载重能力分为装配式U形上人型轻钢龙骨和不上人型轻钢龙骨；按其型材断面分为U形和T形龙骨，因为断面形状为“U”（“［”）型和“T”（“⊥”）型，故而得名。轻钢龙骨由大龙骨、中龙骨、小龙骨、横撑龙骨和各种连接件等组成。其中，大龙骨按其承载能力分为三级：轻型大龙骨不能承受上人荷载；中型大龙骨能承受偶然上人荷载，亦可在其上铺设简易检修走道；重型大龙骨能承受上人荷载，并可在其上铺设永久性检修走道。常用的轻钢龙骨是U形龙骨系列（其大、中、小龙骨断面均为U形），图4-35是U形天棚龙骨构造示意图。

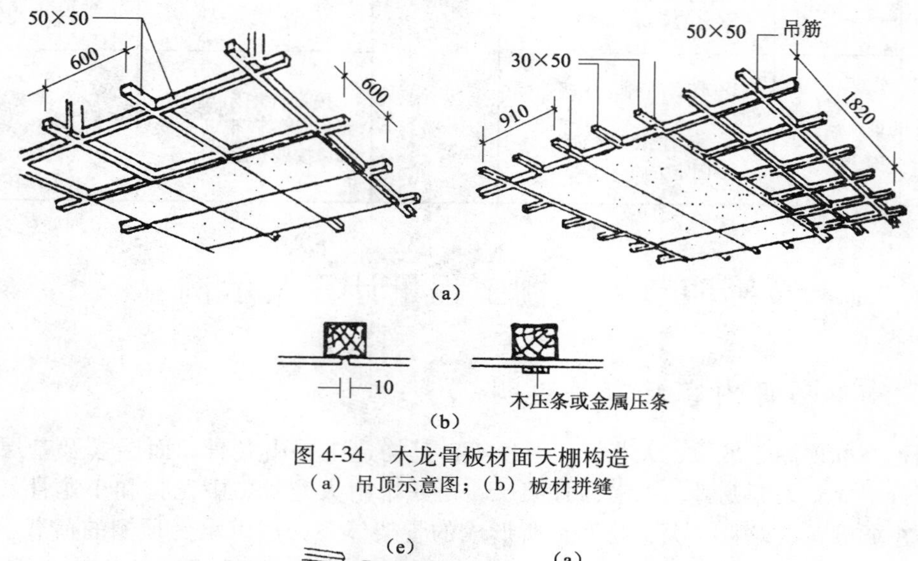

图4-34　木龙骨板材面天棚构造

（a）吊顶示意图；（b）板材拼缝

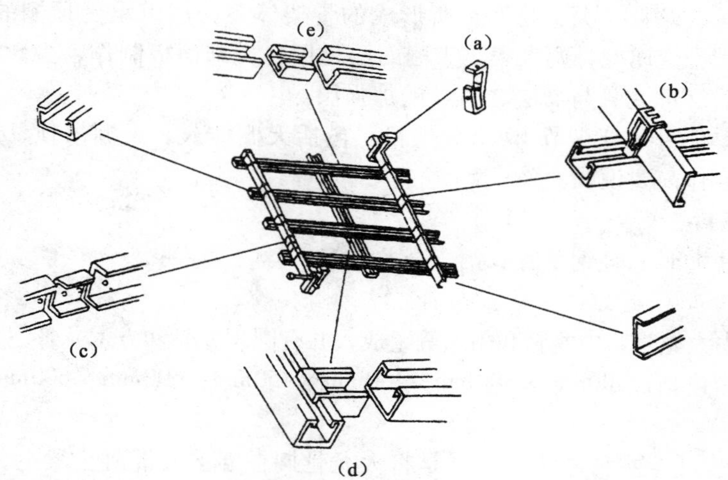

图4-35　U形吊顶轻钢龙骨构造示意图

（a）大龙骨垂直吊挂件；（b）中龙骨垂直吊挂件；（c）大龙骨纵向连接件；（d）中小龙骨平面连接件；（e）中小龙骨纵向连接件

现就图4-35天棚龙骨构造中的有关问题作如下叙述：

（1）基本构造形式，主龙骨与垂直吊挂件连接，主龙骨下为中小龙骨，中小龙骨相间布置。龙骨可采用双层结构（即中、小龙骨吊挂在大龙骨下面），也可用单层结构形式（即大中龙骨底面在同一水平上）。中小龙骨间距应按饰面板宽度而定。常用的面层板规格有：

300mm×300mm、450mm×450mm、600mm×600mm、600mm×600mm 以上等几种。

（2）垂直吊挂件

垂直吊挂件是指大龙骨与天棚吊杆的连接件，如图 4-35a 所示，以及大龙骨与中小龙骨的连接件，如图 4-35b 所示。

（3）平面连接件

平面连接件是指中小龙骨与横撑相搭接的连接件，如图 4-35d 所示。

（4）纵向连接件

纵向连接件是指大中小龙骨因本身长度不够，而需各自接长所用的连接件，如图 4-35c 和图 4-35d 所示，定额中称为主接件、次接件和小接件。

U 形轻钢龙骨适用于隐蔽式装配顶棚，所谓隐蔽式装配是将面板装固在次龙骨底缘下面，使面板包住龙骨，这样天棚面层平整一致，整体效果好。

3. T 形铝合金天棚龙骨

铝合金天棚龙骨是目前使用最多的一种吊顶龙骨，常用的是 T 形龙骨，T 形龙骨也由大龙骨、中龙骨、小龙骨、边龙骨及各种连接配件组成。大龙骨也分轻型、中型和重型系列，其断面与 U 形轻钢吊顶大龙骨相同；中、小龙骨断面均为“⊥”形，边龙骨的断面为“L”形（也称小龙骨边横撑、封口角铝）。图 4-36 是 T 形铝合金吊顶龙骨构造简图，图中：中龙骨与大龙骨的连接用垂直吊挂连接件。中龙骨与小龙骨相交叉，用铁丝或螺栓连接，或用吊钩连接。

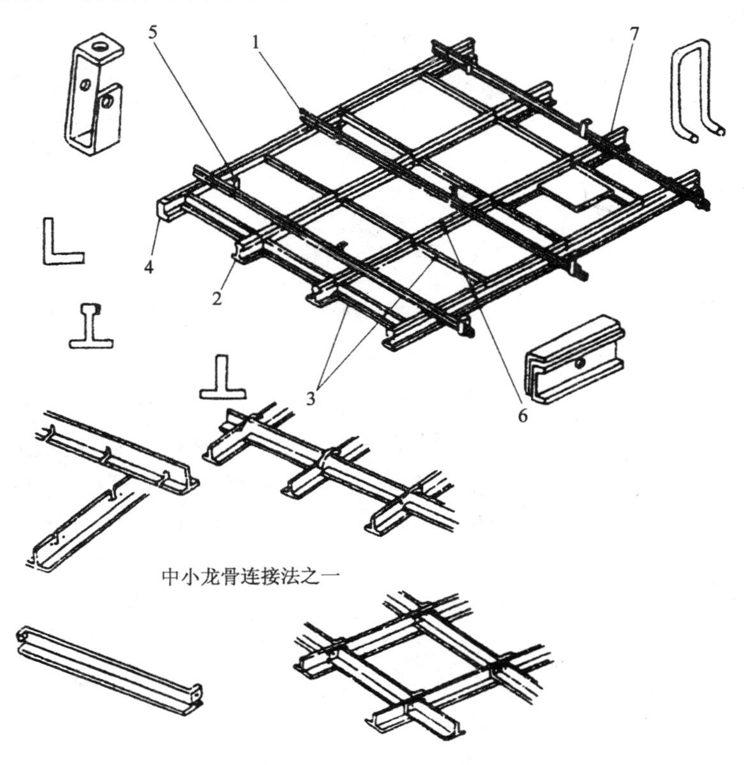

图 4-36　T 形铝合金吊顶龙骨构造

1—U 形大龙骨；2—中龙骨；3—小龙骨及横撑；4—边龙骨；
5—大龙骨吊挂件；6—大龙骨纵向连接件；7—中小龙骨吊钩

T形铝合金天棚龙骨适合于活动式装配顶棚，所谓活动式装配是指将面层直接浮搁在次龙骨上，龙骨底翼外露，这样更换面板方便。

T形铝合金龙骨与轻钢龙骨相同，分上人型和不上人型、面层规格有：300mm×300mm、450mm×450mm、600mm×600mm及600mm×600mm以上几种。

4. 铝合金方板天棚龙骨

铝合金方板天棚龙骨是专为铝合金“方形饰面板”配套使用的龙骨。铝合金方板龙骨按方板安装的构造形式分为嵌入式方板龙骨和浮搁式方板龙骨两种。

(1) 浮搁式方板龙骨

浮搁式方板龙骨的大龙骨为U形断面，中小龙骨为“⊥”形断面，中、小龙骨垂直相交布置、装饰面板直接搁在T形龙骨组成的方框形翼缘上，搁置后形成格子状，且为离缝，故称为浮搁式或搁置式，方板的这种安装方法也称为搁置法，如图4-37所示。

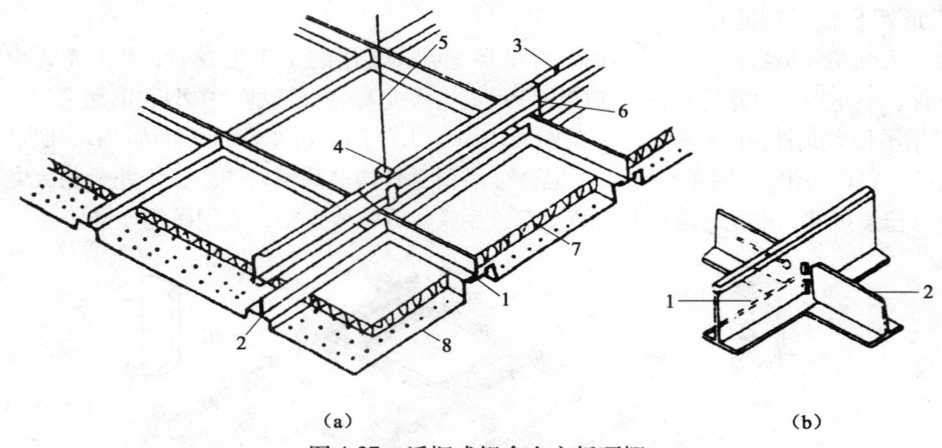

图4-37 浮搁式铝合金方板顶棚

(a) 顶棚示意图；(b) 十字交叉处构造

1—T形次龙骨；2—T形小龙骨；3—U形主龙骨；4—主龙骨吊挂件；5—吊件；6—次龙骨吊挂件；7—玻璃棉垫板；8—搁置式金属穿孔方板

(2) 嵌入式方板龙骨

嵌入式（也称卡入式）方板天棚的大龙骨为U形断面，中龙骨为T形，断面尺寸为：高30.5mm，宽45mm，厚0.8mm，图4-38是嵌入式方板天棚的构造，安装时，中龙骨垂直于大龙骨布置，间距等于方板宽度，由于金属方板卷边向上，形同有缺口的盒子，一般边上轧出凸出的卡口，插入T形龙骨的卡内，使方板与龙骨直接卡接固定，不需用其他方法加固。

铝合金方板龙骨可按浮搁式和嵌入式、上人型和不上人型及面层规格分列项目，面层规格为：500mm×500mm、600mm×600mm和600mm×600mm以上几种。

5. 铝合金条板天棚龙骨

铝合金条板天棚龙骨是与专用铝合金条板配套使用而设计的一种天棚龙骨形式。铝合金条板天棚龙骨是采用1mm厚的铝合金板，经冷弯、辊轧、阳极电化而成，龙骨断面为“Π”形。条板天棚龙骨的褶边形状按条板的安装方式分为开放型和封闭型两种，相应的便称为开放型（开缝）条板天棚和封闭型（闭缝）条板天棚（参见图4-39）。

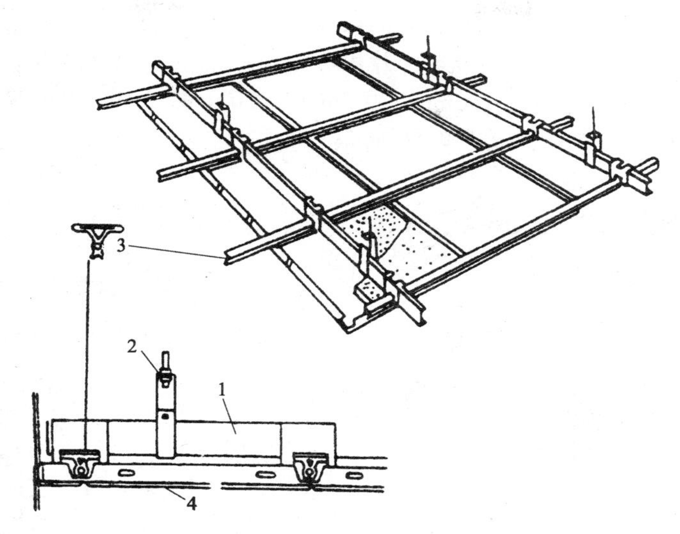

图 4-38　嵌入式铝合金方板天棚构造

1—主龙骨；2—主龙骨吊挂件；3—中龙骨；4—方形金属板

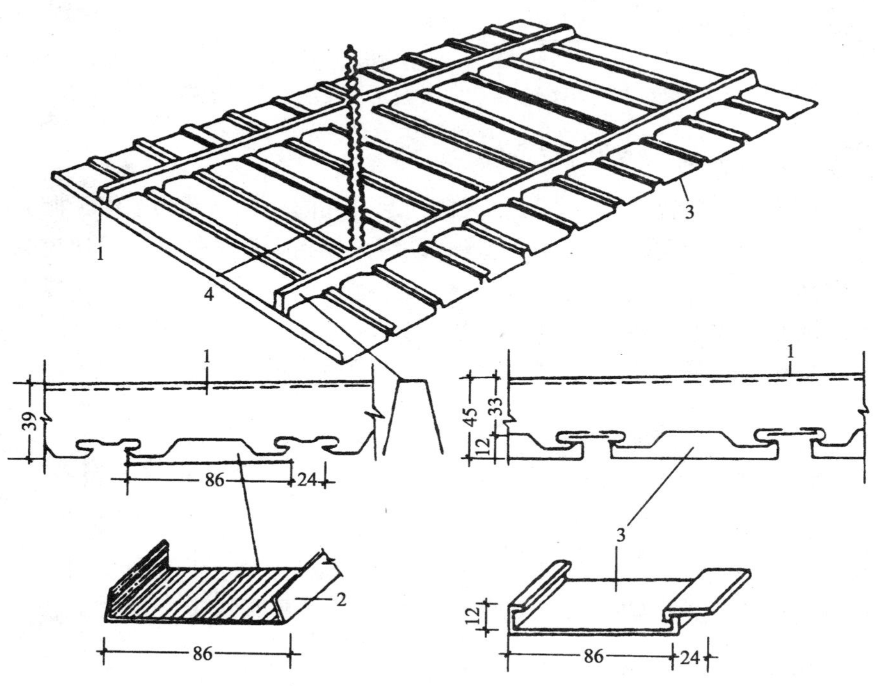

图 4-39　铝合金条板龙骨外形图

1—铝合金条板龙骨；2—开放式铝合金条板（长 5 ~ 8m）；
3—封闭式铝合金条板（长 5 ~ 8m）；4—螺纹钢筋吊杆

另外，铝合金条板龙骨分中型和轻型条板龙骨。中型条板天棚龙骨由 U 形大龙骨和 TG 形铝合金条板龙骨组成，承受负载稍大；轻型条板龙骨是指由一种 TG 形龙骨构成的骨架体系。

6. 铝合金格片式天棚龙骨

铝合金格片式天棚龙骨也是用薄型铝合金板，经冷轧弯制而成，是专与叶片式天棚饰面板配套的一种龙骨。因此，这种天棚也可称窗叶式天棚，或假格栅天棚。龙骨断面为“Π”形，褶边轧成三角形缺口卡槽，供卡装格片用。定型产品的卡槽间距为50mm，安装时可根据叶片的疏密情况，将叶片按 50mm、100mm、150mm、200mm 等间距配装，定额按100mm、150mm，列2个子项，如图4-40所示。

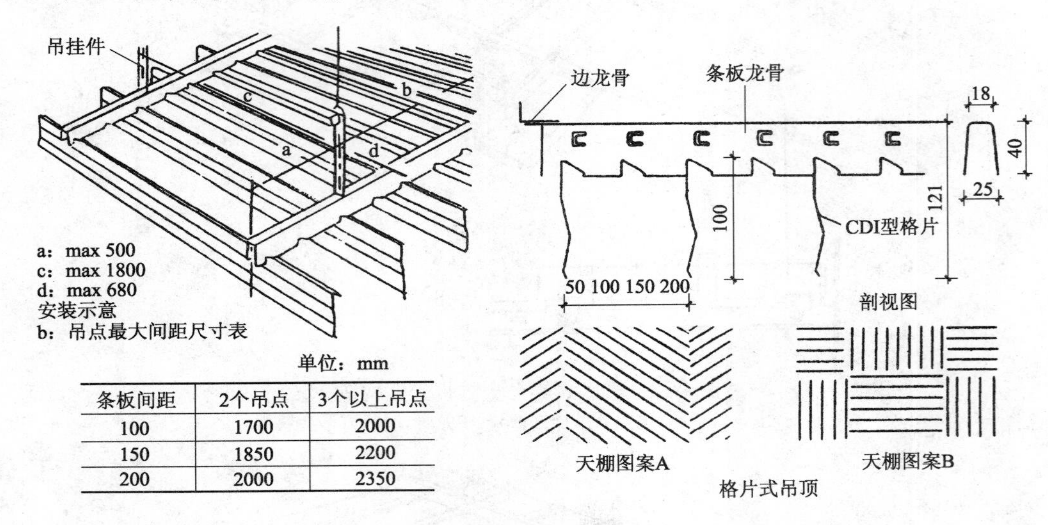

单位：mm

条板间距	2个吊点	3个以上吊点
100	1700	2000
150	1850	2200
200	2000	2350

图4-40　铝合金格片式天棚龙骨及顶棚布置图案

7. 关于天棚外观造型

天棚面层在同一标高者为平面天棚；天棚面层不在同一标高者为跌级天棚。平面天棚和跌级天棚是指一般直线型天棚，不带灯光槽；跌级天棚指天棚的构造形状比较简单，不带灯槽，且一个空间内有一个“凸”或“凹”形状的天棚。

第二类外观造型称艺术造型天棚，其构造断面示意图见图4-41。此外，还有弧形、拱形等造形。不管哪种外观形式的天棚，都应在清单项目中描述。

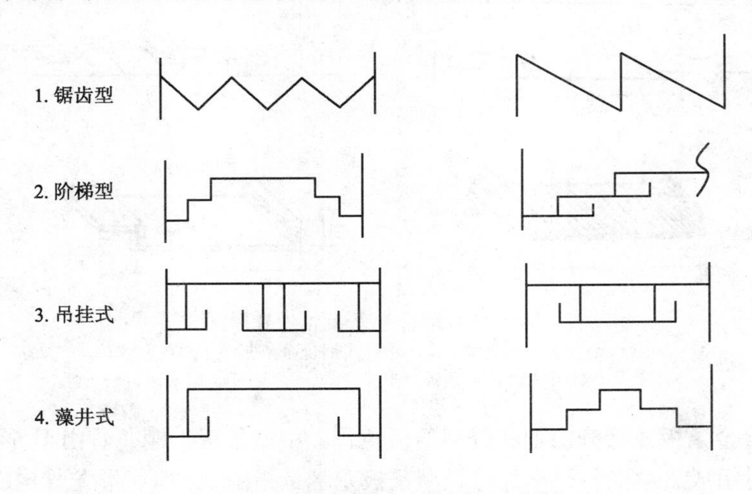

图4-41　艺术造型天棚断面示意图

8. 双层结构和单层结构龙骨

轻钢龙骨、铝合金龙骨都可设置为双层结构和单层结构两种不同构造形式。双层结构是指中小龙骨紧贴吊挂在大龙骨下面。单层龙骨即指大、中龙骨或大、小龙骨的底面均在同一平面上。

无论是简单造型天棚或艺术造型天棚，其龙骨均可做成单层结构或双层结构，这要根据承载负荷的情况而定，但一般单层结构多为不上人型天棚。

（二）天棚面层

随着新材料、新工艺的不断出现，天棚饰面板的品种类型很多，例如：石膏板、埃特板、装饰吸声板、塑料装饰罩面板、金属装饰板、玻璃饰面板、木质饰面板、纤维水泥加压板等。以下是常用饰面板材和安装方法，供选用参考。

1. 木质饰面板

木质饰面板包括胶合板、薄板、板条、刨花板、水泥木丝板等。其中最常用的胶合板，是用桃、杨、椴、桦、松木和水曲柳等硬杂木，经刨切成薄片（最薄可达0.8mm），整理干燥后，再横直相叠、层层上胶（可用酚醛树脂液、脲醛树脂液和三聚氰胺树脂等），用压力机压制而成，故称为夹板。根据薄板叠胶层数分为三夹板（3mm）、五夹板（5mm）、七夹板（7mm）、九夹板（9mm）等。这种产品具有表面平整、抗拉抗剪强度好、不裂缝、不翘曲等优点，可用于封闭式天棚，也可用于浮搁式。

2. 塑料装饰罩面板

装饰罩面板包括塑料、聚苯乙烯泡沫塑料装饰吸声板、聚氯乙烯塑料天花板、钙塑板等。钙塑罩面板或称钙塑泡沫装饰吸声板，又称钙塑天花板，它是以聚氯乙烯和轻质碳酸钙为主要原料，加入抗老化剂，阻燃剂等搅拌后压制而成的一种复合材料。其特点为不怕水、吸湿性小、不易燃、保温隔热性能好。规格有：500mm × 500mm ×（6 ~ 7）mm；600mm × 600mm × 8mm；300mm × 300mm × 6mm；1600mm × 700mm × 10mm 等。钙塑板天棚面层可安装在U形轻钢龙骨上，也可搁在T形铝合金龙骨上，做成活动式。

3. 金属装饰板

金属装饰板包括铝合金罩面板、金属微孔吸声板、铝合金单体构件等。铝合金罩面板有铝合金方板和铝合金条板，铝合金方板是用0.4 ~ 0.6mm厚的铝合金板冷轧而成，其断面形状如图4-37及图4-38所示。方板规格有：600mm × 600mm × 0.6mm，平板；600mm × 600mm × 0.6，ϕ1.8mm 微孔，吸声板；600mm × 600mm × 0.6mm，压花板；600mm × 600mm × 0.6ϕ3mm 对角等。铝合金方板的安装方法是：当嵌入式装配时，可将板边直接插入龙骨中，也可在铝板边孔用铜丝扎结；当用浮搁式安装时，方板直接搁在龙骨上，不需任何处理，余边空隙用石膏板填补。

铝合金条板，常称铝合金扣板，它是用厚0.5 ~ 1.2mm的铝合金板经裁剪、冷弯冷轧而成，呈长条形，两边有高低槽，其断面如图4-39所示。

铝合金条板的安装方法一般有两种：卡固法和钉固法。卡固法是利用条板两侧弯曲翼缘（图4-39）直接插入龙骨卡口内，条板与条板之间不需作任何处理。若采用开放型（开缝）装配，两条板之间留有一条间隙。若采用封闭型（闭缝）装配，应在两条板之间插入一块插缝板。这种方法一般适用于板厚在0.8mm、板宽在100mm以下的条板。钉固法是将条板用螺丝钉、自攻螺丝等固定在龙骨上，条板与条板的边缘相互搭接，可遮盖住螺钉头，条板之间留有间隙，可增加吊顶的纵深感，也可以不留间隙。板厚超过 1mm、板宽超过 100mm 的条板，多采用螺钉钉结。

铝合金条板有银白色、茶色和彩色（烘漆），一般采用银白色和彩色的居多。条板有窄条、宽条之分，板厚一般为 0.5mm、0.8mm 和 1.0mm 几种。

注意：铝合金方板、条板与方板、条板铝合金龙骨应配套使用，即凡方板天棚面层应配套使用方板铝合金龙骨，龙骨项目以面板的尺寸确定；凡条板天棚面层就配套使用条板铝合金龙骨。

4. 装饰吸声罩面板

装饰吸声罩面板的品种有多种。矿棉板面层是其中一种，系指矿棉吸声板，它是以矿渣棉为主要原料，加入适量的胶粘剂、防潮剂、防腐剂，经加压、烘干、饰面而成的一种新型顶棚材料。矿棉吸声板具有质轻、吸声、防火、隔热、保温、美观大方、施工简便等特点。适用于各类公共建筑的天棚饰面，可改善音响效果、生活环境和劳动条件。矿棉板的常用规格为：500mm×500mm，600mm×600mm，1200mm×600mm 等。常用厚度为 12mm、15mm、20mm、25mm 等。

矿棉板的安装，可以将矿棉板搁置在龙骨上（用于 T 形金属龙骨或木龙骨），也可用胶粘剂（如万能胶）将板材直接粘贴在吊顶木条上，或贴在混凝土板下。

在实际工程中，有多种矿棉吸声板材可供选用，它们包括：矿棉装饰吸声板、岩棉吸声板、钙塑泡沫装饰吸声板、膨胀珍珠岩装饰吸声制品、玻璃棉装饰吸声板、贴塑矿（岩）棉吸声板、聚苯乙烯泡沫装饰吸声板、纤维装饰吸声板、石膏纤维装饰吸声板、以及金属（如铝合金）微孔板等，都是吸声效果良好的天棚装饰面层板。

（三）其他天棚

1. 木格栅吊顶天棚

格栅吊顶天棚有木格栅吊顶、金属格栅吊顶和塑料格栅吊顶。用于制作格栅吊顶面层的材料称格栅吊顶面层材料。

木格栅吊顶属于敞开式吊顶，也称格栅类天棚。它是用木制单体构件组成格栅，其造型可多种多样，形成各种不同风格的木格栅顶棚。图 4-42 是长板条吊顶；图 4-43 是木制方格子顶棚；图 4-44 是用方块木与矩形板交错布置所组成的顶棚，其透视效果别具一格；图 4-45所示为横、竖板条交错布置形成的顶棚。

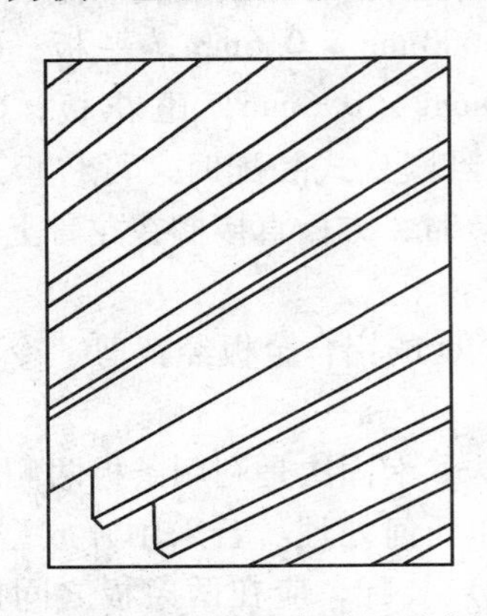

图 4-42　木制长板条顶棚示意图

图 4-43　木制方格子顶棚示意图

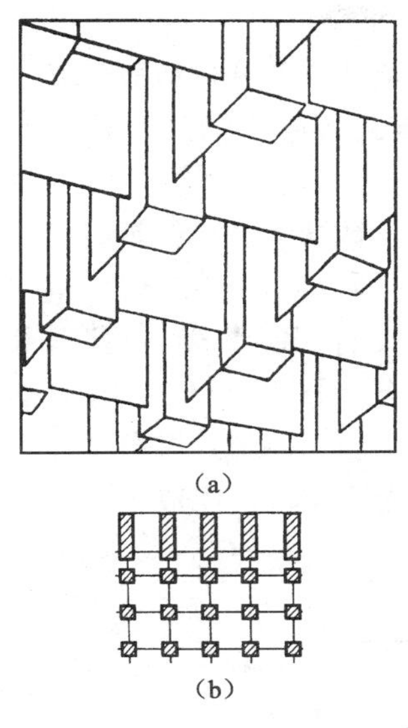

图 4-44　方形木与矩形板组合顶棚
(a) 透视图；(b) 单元构件平、剖面图

图 4-45　横竖板条交叉布置的天棚

近年来，使用的防火装饰板具有重量轻、加工方便，并具有防火性能好的优点，同时其表面又无须再进行装饰，因此，在开敞式木制吊顶中得到广泛应用。

2. 铝合金格栅天棚

铝合金格栅天棚也是敞开式天棚的一种，是在藻井式天棚的基础上发展形成的，吊顶的表面也是开口的。铝合金格栅的构造形式很多，它是由单体构件组合而成。单体构件的拼装，通常是采用将预拼安装的单体构件插接、挂接或榫接在一起的方法，如图 4-46 所示。图 4-47 是格栅天棚的两种固定方法，间接固定法是先将单体构件用卡具连成整体，再用通长的钢管与吊杆相连；直接固定法可用吊点铁丝或铁件，与固定在单体或多体顶棚架上的连接件进行固定连接。

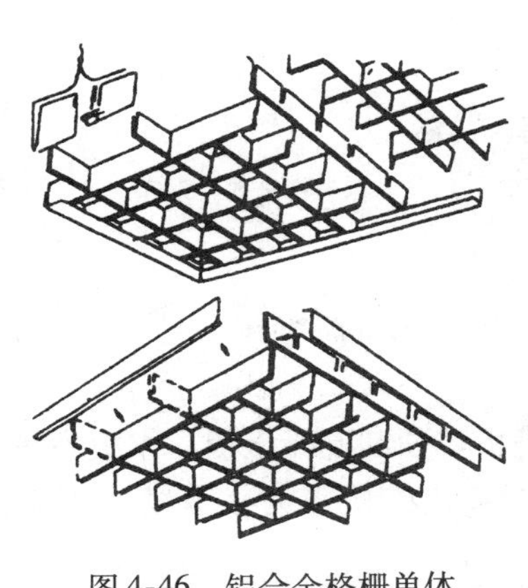

图 4-46　铝合金格栅单体构件拼装示意图

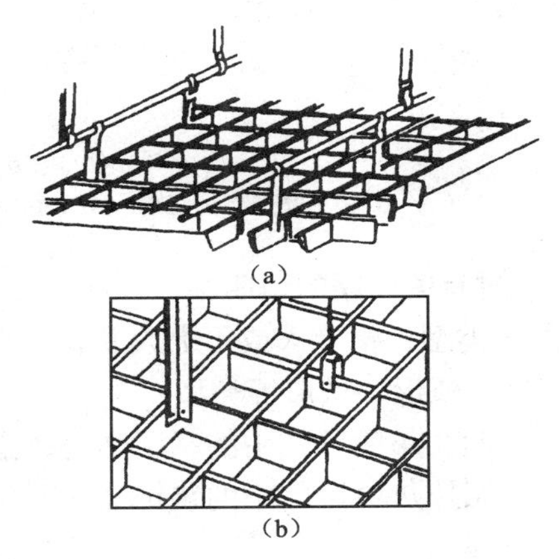

图 4-47　格栅吊顶固定方法
(a) 间接固定法；(b) 直接固定法

3. 吊筒吊顶项目：适用于木竹质吊筒、金属吊筒、塑料吊筒，以及圆形、矩形、扁钟形吊筒等。

4. 采光天棚

采光天棚也称采光顶，是指建筑物的屋顶、雨篷等的全部或部分材料被玻璃、塑料、玻璃钢等透光材料所代替，形成具有装饰和采光功能的建筑顶部结构构件。可用于宾馆、医院、大型商业中心、展览馆，以及建筑物的入口雨篷等。

采光天棚的构成主要由透光材料、骨架材料、连接件、粘结嵌缝材料等组成。骨架材料主要有铝合金型材、型钢等。透光材料有：夹丝玻璃、夹层玻璃、中空玻璃、钢化玻璃、透明塑料片（聚碳酸酯片）、有机玻璃等。目前市售产品主要有聚碳酸酯（PC）耐力板，俗称阳光板，玻璃卡普隆板，有中空板、耐力板、瓦楞板之分。PC板已广泛用于建筑物采光天棚、商店雨篷、高速公路屏障、温室大棚、大型灯箱、广告、标牌、候车亭等场所。采光天棚用连接件一般有钢质和铝质两种。图4-48是PC板采光天棚构造组成示意图。嵌缝材料为橡皮垫条、垫片和玻璃胶、建筑油膏等。

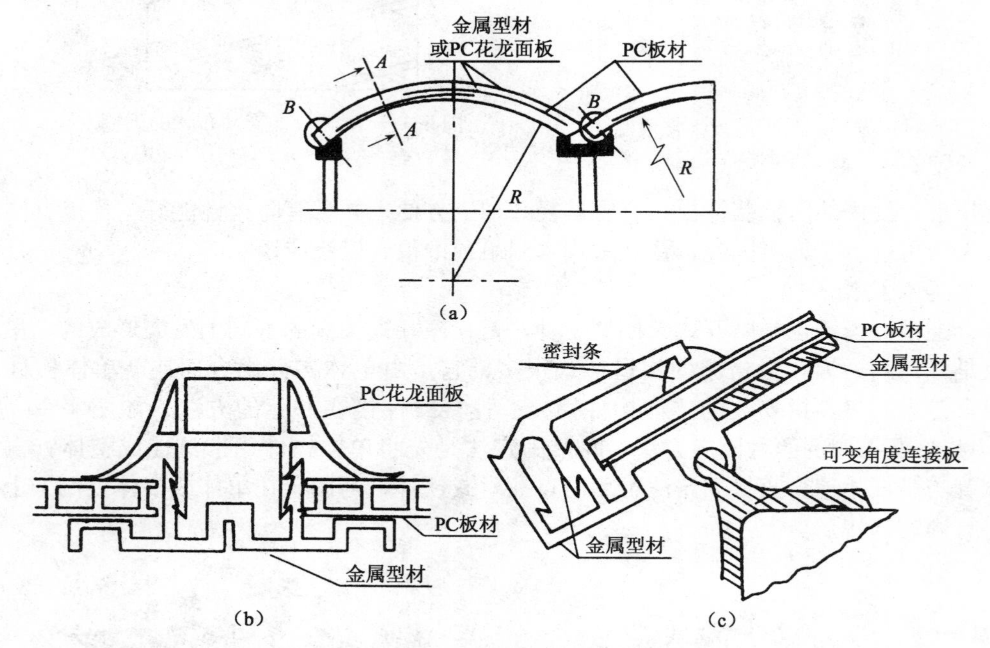

图4-48　PC板采光天棚构造示意图

（a）PC板采光天幕剖面图；（b）*A-A*板材横向拼接方式；（c）*B*板材端头封口方式

（四）对有关问题的说明

1. 龙骨类型：指上人或不上人龙骨；平面、跌级、锯齿形、阶梯形、吊挂式、藻井式；矩形、圆形、弧形、拱形等类型。

2. “天棚抹灰项目”中的基层类型：指混凝土现浇板、预制混凝土板、木板条等基层。

3. “天棚抹灰项目”中的装饰线条道数：是以一个突出的棱角为一道线，通常有三道线、五道线等。

4. “灯带项目”中的灯带格栅片：指灯带格栅片材料，有不锈钢格栅、铝合金格栅、玻璃类格栅等。

5. “送风口、回风口”项目中的风口材料：指金属、塑料、木质风口。

二、工程量计算及示例

（一）天棚抹灰工程量计算

天棚抹灰工程量计算规则列于表4-28中。工程量按设计图示尺寸以水平投影面积计算，见下式：

$$天棚抹灰 S(m^2) = 图示水平投影面积 + B \quad (4\text{-}17)$$

式中　B——有带梁天棚时，梁两侧抹灰面积并入天棚面积内。

表4-28　N.1天棚抹灰（编码：011301）工程量计算规则

项目编码	项目名称	项　目　特　征	计量单位	工程量计算规则	工 作 内 容
011301001	天棚抹灰	1. 基层类型 2. 抹灰厚度、材料种类 3. 砂浆配合比	m^2	按设计图示尺寸以水平投影面积计算。不扣除间壁墙、垛、柱、附墙烟囱、检查口和管道所占的面积，带梁天棚的梁两侧抹灰面积并入天棚面积内，板式楼梯底面抹灰按斜面积计算，锯齿形楼梯底板抹灰按展开面积计算	1. 基层清理 2. 底层抹灰 3. 抹面层

（二）天棚吊顶工程量计算

天棚吊顶工程量计算规则列于表4-29中。工程量按设计图示尺寸以水平投影面积计算，计算式如下：

$$天棚吊顶工程量 S(m^2) = 图示水平投影面积 - K \quad (4\text{-}18)$$

式中　K——应扣除单个$0.3m^2$以外的孔洞、独立柱及与天棚相连的窗帘盒所占面积。

表4-29　N.2天棚吊顶（编码：011302）工程量计算规则

项目编码	项目名称	项　目　特　征	计量单位	工程量计算规则	工 作 内 容
011302001	吊顶天棚	1. 吊顶形式、吊杆规格、高度 2. 龙骨材料种类、规格、中距 3. 基层材料种类、规格 4. 面层材料品种、规格 5. 压条材料种类、规格 6. 嵌缝材料种类 7. 防护材料种类	m^2	按设计图示尺寸以水平投影面积计算。天棚面中的灯槽及跌级、锯齿形、吊挂式、藻井式天棚面积不展开计算。不扣除间壁墙、检查口、附墙烟囱、柱垛和管道所占面积，扣除单个$>0.3m^2$的孔洞、独立柱及与天棚相连的窗帘盒所占面积	1. 基层清理、吊杆安装 2. 龙骨安装 3. 基层板铺贴 4. 面层铺贴 5. 嵌缝 6. 刷防护材料
011302002	格栅吊顶	1. 龙骨材料种类、规格、中距 2. 基层材料种类、规格 3. 面层材料品种、规格 4. 防护材料种类		按设计图示尺寸以水平投影面积计算	1. 基层清理、吊杆安装 2. 安装龙骨 3. 基层板铺贴 4. 面层铺贴 5. 刷防护材料

续表

项目编码	项目名称	项目特征	计量单位	工程量计算规则	工作内容
011302003	吊筒吊顶	1. 吊筒形状、规格 2. 吊筒材料种类 3. 防护材料种类	m^2	按设计图示尺寸以水平投影面积计算	1. 基层清理 2. 吊筒制作安装 3. 刷防护材料
011302004	藤条造型悬挂吊顶	1. 骨架材料种类、规格 2. 面层材料品种、规格			1. 基层清理 2. 龙骨安装 3. 铺贴面层
011302005	织物软雕吊顶				
011302006	装饰网架吊顶	网架材料品种、规格			1. 基层清理 2. 网架制作安装

式（4-18）适用于（表4-29）N.2节中“天棚吊顶”项目，计算工程量时还应注意：

（1）不论天棚面是平面、跌级或其他形式，计算工程量时，面积均不展开计算；

（2）计算工程量时，间壁墙、检查口、附墙烟囱、柱垛和管道所占面积不予扣除。其中“柱垛”是指与墙体相连的柱而突出墙体的部分。

（三）其他形式吊顶工程量计算

这里的“其他形式吊顶”是（表4-29）N.2节中指的格栅吊顶、吊筒吊顶、藤条造型悬挂吊顶、织物软雕吊顶及网架（装饰）吊顶。

工程量按设计图示尺寸以水平投影面积（m^2）计算。

（四）天棚其他装饰工程量计算

天棚其他装饰项目包括“灯带”和“送风口、回风口”两个项目，工程量清单项目及计算规则列于表4-30中。

表4-30　N.4天棚其他装饰（编码：011304）工程量计算规则

项目编码	项目名称	项目特征	计量单位	工程量计算规则	工作内容
011304001	灯带（槽）	1. 灯带形式、尺寸 2. 格栅片材料品种、规格 3. 安装固定方式	m^2	按设计图示尺寸以框外围面积计算	安装、固定
011304002	送风口、回风口	1. 风口材料品种、规格 2. 安装固定方式 3. 防护材料种类	个	按设计图示数量计算	1. 安装、固定 2. 刷防护材料

灯带工程量按设计图示尺寸以框外围面积计算。

送、回风口工程量按设计图示以数量（个）计算。

（五）楼梯底面抹灰工程量计算

表4-28（N.1）中对楼梯底面抹灰的工程量计算规定如下：

1. 板式楼梯底面抹灰，其工程量按斜面积计算。
2. 锯齿形楼梯底面抹灰工程量按展开面积计算。

【例4-11】　若某宾馆有如图4-30所示标准客房20间，试计算顶棚工程量。顶棚构造按图中说明。

【解】 客房各部位工程量，应分别计算：

（1）房间顶棚工程量

根据计算规则，此标准客房吊顶属于附录 N.2 节天棚吊顶（011302001）项目，按图示面积计算，与天棚相连的窗帘盒（图 4-49）面积应扣除。故本例工程量为：

工程量：
$$S=(4-0.2-0.12)\times3.2\times20=235.52\text{m}^2$$

（2）过道顶棚工程量

过道天棚构造与房间类似，壁橱到顶部分不做顶棚，胶合板硝基清漆工程量按夹板面积计算。则木龙骨、三夹板、硝基漆工程量为：

$$(1.85-0.12)\times(1.1-0.12)\times20=33.91\text{m}^2$$

（3）卫生间天棚工程量

卫生间用木龙骨白塑料扣板吊顶，其工程量仍按面积计算，即：

$$(1.6-0.12)\times(1.85-0.12)\times20=51.21\text{m}^2$$

【例 4-12】 图 4-50 为某客厅不上人型轻钢龙骨石膏板吊顶，龙骨间距为 450mm × 450mm，计算工程量清单。

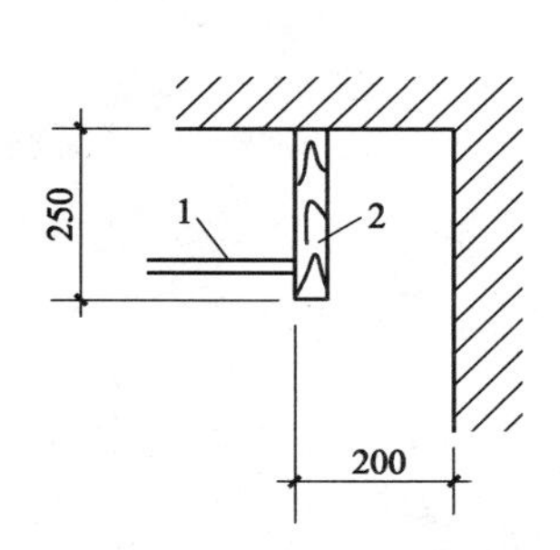

图 4-49 标准客房（图 4-30）窗帘盒断面
1—顶棚；2—窗帘盒

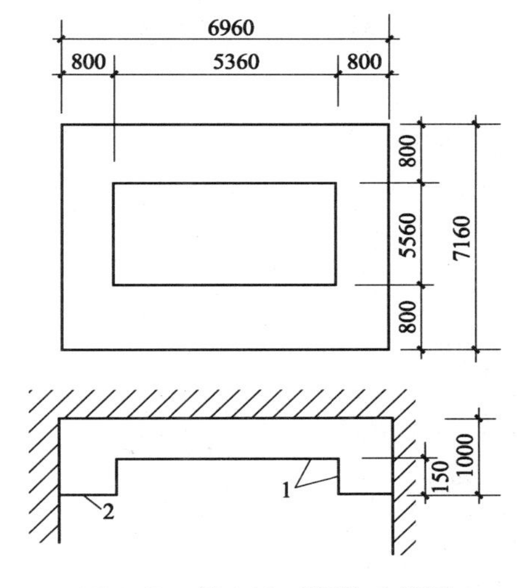

图 4-50 例 4-12 天棚构造简图
1—金属墙纸；2—织锦缎贴面

【解】 由图可见，该天棚属跌级天棚，工程量按 N.2 节项目（编码：011302001）计算，结果如表 4-31。清单见表 4-32。

表 4-31 不上人型轻钢龙骨工程量计算表

序号	清单项目编码	清单项目名称	计算式	工程量合计	计量单位
1	011302001001	轻钢龙骨吊顶天棚	S = 6.96 × 7.16	49.83	m^2

表 4-32　不上人型轻钢龙骨吊顶分项工程和单价措施项目清单与计价表

序号	项目编码	项目名称	项目特征描述	计量单位	工程量	金额（元）	
						综合单价	合价
1	011302001001	轻钢龙骨吊顶天棚	1. 吊顶形式、吊杆规格、高度：阶梯形跌级吊顶，高度500mm 2. 龙骨材料种类、规格、中距：U形不上人轻钢龙骨系列标准件，双层结构，中距450×450mm 3. 基层材料种类、规格：石膏板，450×450mm 4. 面层材料品种、规格：金属墙纸、织锦缎贴面规格现场选购 5. 压条材料种类、规格：成品金属压条	m^2	49.83		

第五章　房屋装饰工程量清单项目及工程量计算（二）

第一节　门窗工程量计算及示例

一、门窗工程量清单项目内容及有关说明

门窗工程分部共10节55个清单项目。包括木门，金属门，金属卷帘门，厂库房大门，特种门，其他门，木窗，金属窗，门窗套，窗帘盒，窗帘轨，窗台板等项目。现对有关事项作如下说明：

（一）各类门窗形式

1. 亮子、侧亮

亮子、侧亮：侧亮设于门窗的两侧，而不是设在上部；在上面的称为亮子或上亮。图5-1是有侧亮的双扇地弹门和有侧亮的单扇平开窗简图。

2. 顶窗

图5-2为有顶窗及有上亮的单扇平开窗结构形式示意图，图中示出两者的区别，顶窗常称为上悬窗。

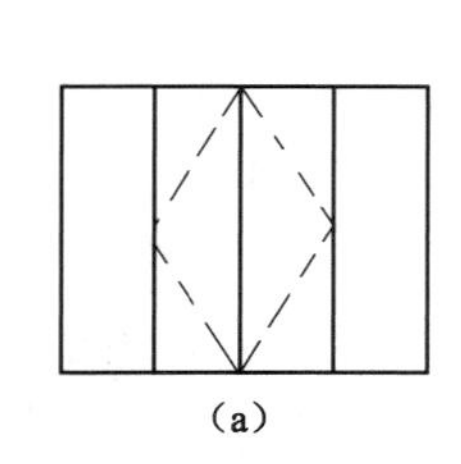
(a)

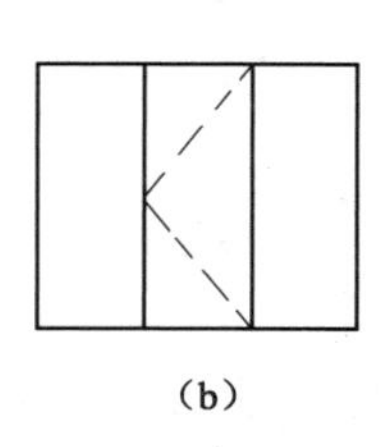
(b)

图5-1
（a）有侧亮的双扇地弹门；（b）有侧亮的单扇平开窗

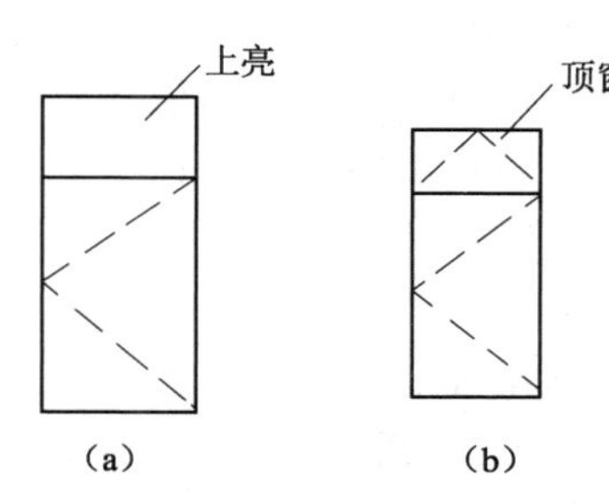

图5-2　上亮和顶窗

3. 固定窗

图5-3是几种常见固定窗的形式。

4. 连窗门

连窗门，指门的一侧与一樘窗户相连，常用于阳台门，亦称阳台连窗门，如图5-4所示。

5. 半玻璃门

半玻璃门（下称半玻门），一般是指玻璃面积占其门扇面积一半以内的门。半玻门的其余部分可以用木质板或纤维板作门芯板，并双面贴平。若为铝合金半玻门，下部则用银白色或古铜色铝合金扣板。

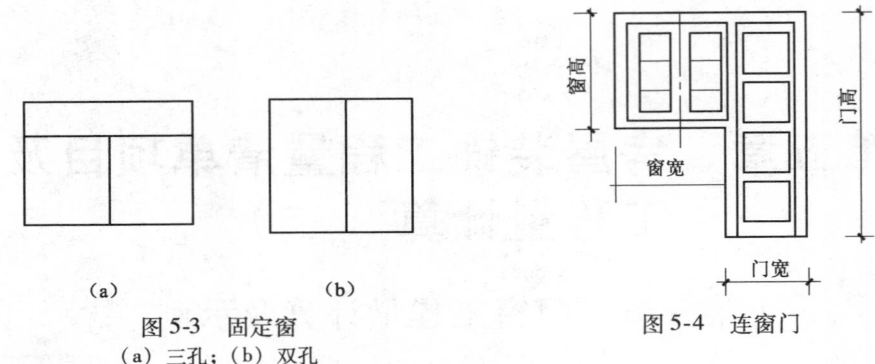

图 5-3 固定窗
(a) 三孔；(b) 双孔

图 5-4 连窗门

6. 全玻璃门

全玻璃门（下称全玻门）是指门扇芯玻璃面积超过其门扇面积一半时的门。若为木质全玻门，其门框比一般门的门框要宽厚，且应用硬杂木制成。铝合金全玻门，框扇均用铝型材制作。全玻门常用于办公楼、宾馆、公共建筑的大门。

7. 单层窗、双层窗、一玻一纱窗

单层窗是指窗扇上只安装一层玻璃的窗户；双层窗是指窗扇安装两层玻璃的窗户，分外窗和内窗；一玻一纱窗，是指窗框上安设两层窗扇，分外扇和内扇，一般情况外扇为玻璃窗，内扇为纱窗。定额列带纱塑钢窗和铝合金门窗纱扇制作安装项目。

（二）金属门窗

铝合金门按开启方式可分为地弹门、平开门、推拉门、电子感应门和卷帘门等几种主要类型，它们的代号用汉语拼音表示：DHLM（地弹簧铝合金门）；PLM（平开铝合金门）；TLM（推拉铝合金门）等。铝合金窗按开启方式分为平开窗、推拉窗、固定窗、防盗窗、百叶窗等，其代号为：PLC（平开窗）；TLC（推拉窗）；GLC（固定窗）。

铝合金门窗的构造组成包括:（1）门窗框扇料；（2）玻璃;（3）附件及密封材料等部分。门、窗框扇料采用中空铝合金方料型材，常用的外框型材规格有：38 系列；60 系列，壁厚 1.25 ~ 1.3mm；70 系列，壁厚 1.3mm；90 系列，壁厚 1.35 ~ 1.4mm；90 系列，壁厚 1.5mm 等，其中 60、70、90 等数字系指型材外框宽度，单位为 mm。常用方管规格有：76.2mm × 44.5mm × 1.5mm（或 2.0mm）；101.6mm × 44.5mm × 1.5mm（或 2.0mm）等。玻璃一般有浮法玻璃、茶色玻璃，厚度 5 ~ 12mm 不等。附件及密封材料包括闭门器、门弹簧、螺钉（丝）、滑轮组、连接件（如镀锌铁脚，也称地脚、膨胀螺栓等）、软填料、密封胶条和玻璃胶等 。铝合金门窗外框按规定不得插入墙体，外框与墙洞口应为弹性连接，定额所用弹性材料称软填料，如沥青玻璃棉毡、矿棉条等。

铝合金门窗所用铝合金型材是在铝中加入适量的铜、镁、锰、硅、锌等组成的铝基合金，为提高铝合金的性能，需进行表面处理，处理后的铝合金耐磨、耐腐蚀、耐气候性均好，色泽也美观大方。铝合金的表面处理方法有阳极氧化处理（表面呈银白色）和表面着色处理（表面呈古铜色、青铜色、黄铜色等）两种。

1. 铝合金地弹门

铝合金地弹门是弹簧门的一种，由于弹簧门装有弹簧，门扇开启后会自动关闭，因此，也称自由门。地弹门通常为平开式，一般分单向开启和双向开启两种形式，或者分为单向弹簧门和双向弹簧门两类。单向弹簧门用单面弹簧或门顶弹簧，多为单扇门；双向弹簧门通常都为双扇门，用双面弹簧、门底弹簧（分横式和直式）、地弹簧等。采用地弹簧的称地弹门。

铝合金地弹门是由铝合金型材制作成的门框、门扇、地弹簧（或闭门器）、玻璃及各种连接、密封附件等组成。地弹簧是闭门器的一种，又称地龙或门地龙，是安装于门扇下面（地、楼面以下）的一种自动闭门装置。

2. 旋转门（转门）

目前，均用金属旋转门，金属旋转门常称转门，有铝合金型材和型钢两类型材结构。金属旋转门的构造组成包括：（1）门扇旋转轴，例如采用不锈钢柱（$\phi76$）；（2）圆形转门顶；（3）底座及轴承座；（4）转门壁，可采用铝合金装饰板或圆弧形玻璃；（5）活动门扇，一般采用全玻璃，玻璃厚度达12mm。转门的基本结构形式如图5-5所示。

清单项目中的转门项目适用于电子感应自动门和人力推动转门。

3. 卷帘门

卷帘门适用于商店、仓库或其他较为高大洞口的门，其主要构造如图5-6所示，包括卷帘板、导轨及传动装置等。卷帘板的形式主要有叶片式和空格式两种，其中叶片式使用较多。叶片（也称闸片）式帘板用铝合金板、镀锌钢板或不锈钢板轧制而成。帘板的下部采用钢板或角钢，便于安装门锁，并可增加刚度。帘板的上部与卷筒连接，便于开启。开启卷帘门时，叶板沿门洞两侧的导轨上升，卷在卷筒内。

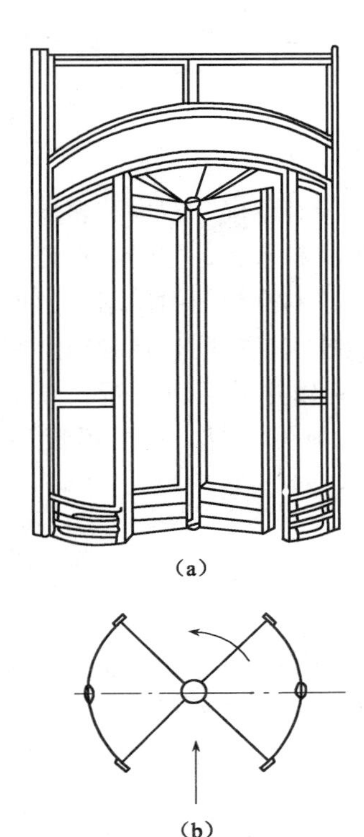

图5-5 旋转铝合金门示意图
（a）透视图；（b）平面示意图

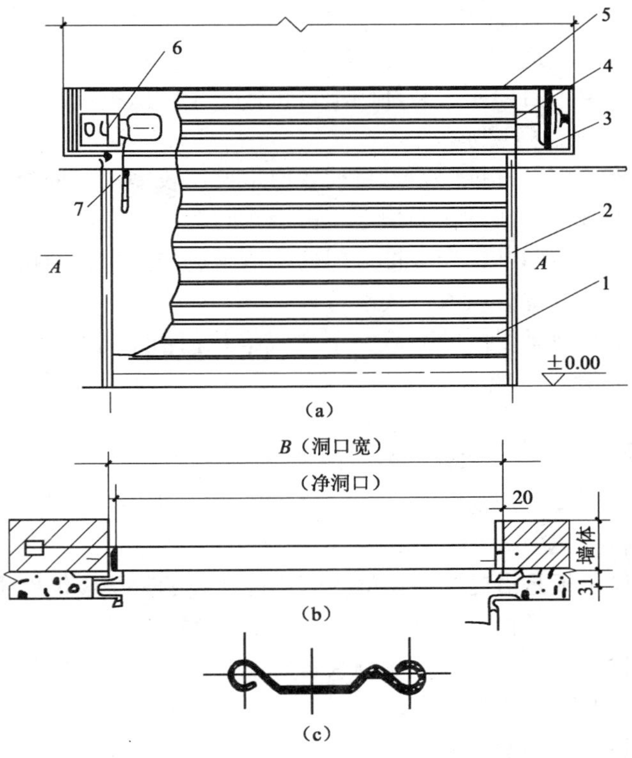

图5-6 铝合金卷帘门简图
（a）立面；（b）A—A剖面；（c）闸片
1—闸片；2—导轨部分；3—框架；4—卷轴部分；
5—外罩部分；6—电、手动系统；7—手动拉链

4. 铝合金平开窗

铝合金平开窗目前多为单扇和双扇，分带上亮和不带上亮，带顶窗和带侧亮等形式，框料型材多为38系列。平开窗由窗框（称外框）、窗扇（内框）、压条、拼角（又称铝角）等铝合金型材，以及玻璃、执手、拉把和密封材料等组成。

5. 铝合金推拉窗

铝合金推拉窗有双扇、三扇、四扇以及带亮和不带亮等6种形式。推拉窗的构成是：窗框由上滑道、下滑道和两侧的边封组成；窗扇由上横（又称上方）、下横（又称下方）、外边框（又称光企）、内边框（又称带钩边框或勾企）和密封边的密封毛条等组成；拼角连接件仍用铝角，玻璃装在上下横槽内，安装连接时在框与墙洞口之间加弹性软填料，安装后用密封胶条、密封油膏和玻璃胶等封缝。铝合金推拉窗所用型材有60系列、70系列和90系列等。

（三）木门窗

1. 镶板门

镶板门又称冒头门、框档门，是指由边梃、上冒头、中冒头、下冒头组成门扇骨架，内镶门芯板构成的门。门芯板通常用数块木板拼合而成，拼合时可用胶粘合或做成企口，定额列凸凹型实木镶板门，以及网格式实木镶板半玻、全玻门。

2. 装饰板木门

图5-7是目前较为流行的双扇切片板装饰门构造图，木骨架上夹板衬底，双面切片板面，实木收边。图5-8是单扇木骨架木板装饰门，双面做木装饰线，实木收边。

清单项目中实木装饰门项目也适用于竹压板装饰门。

3. 推拉门

推拉门又称扯门，是目前装修中使用较多的一种门。推拉门有单扇、双扇和多扇，可以藏在夹墙内，或贴在墙面上，占用空间较少。按构成推拉门的材料来分，主要有铝合金推拉门和木推拉门。铝合金推拉门的构造组成与铝合金推拉窗相同。木推拉门由门扇、门框、滑轮、导轨等部分组成。按滑行方式分上挂式和下滑式两种，上挂式推拉门挂在导轨上左右滑行，上导轨承受门的荷载；下滑式推拉门由下导轨承受门的荷载并沿下轨滑行，图5-9是双扇下滑式玻璃木推拉门构造，图中所示为一扇固定，另一扇可滑行，也可做成两扇都能滑行的。

4. 门窗套、门窗贴脸、门窗筒子板

门窗套、门窗贴脸、门窗筒子板的区别如图5-10所示，门窗套包括A面和B面两部分，筒子板指图中A面，贴脸指B面。

筒子板是沿门框或窗框内侧周围加设的一层装饰性木板，在筒子板与墙接缝处用贴脸钉贴盖缝，筒子板与贴脸的组合即为门、窗套，如图5-11所示。贴脸又称门头线或窗头线，是沿樘子周边加钉的木线脚（也称贴脸板），用于盖住樘子与涂刷层之间的缝隙，使之整齐美观。有时还再加一木线条封边。

（四）门窗五金配件

1. 木门五金：包括折页、插销、门碰珠、弓背拉手、搭扣、弹簧折页（自动门）、管子拉手（自由门、地弹门）、地弹簧（地弹门）、门轧头（自由门、地弹门）、铁角等。

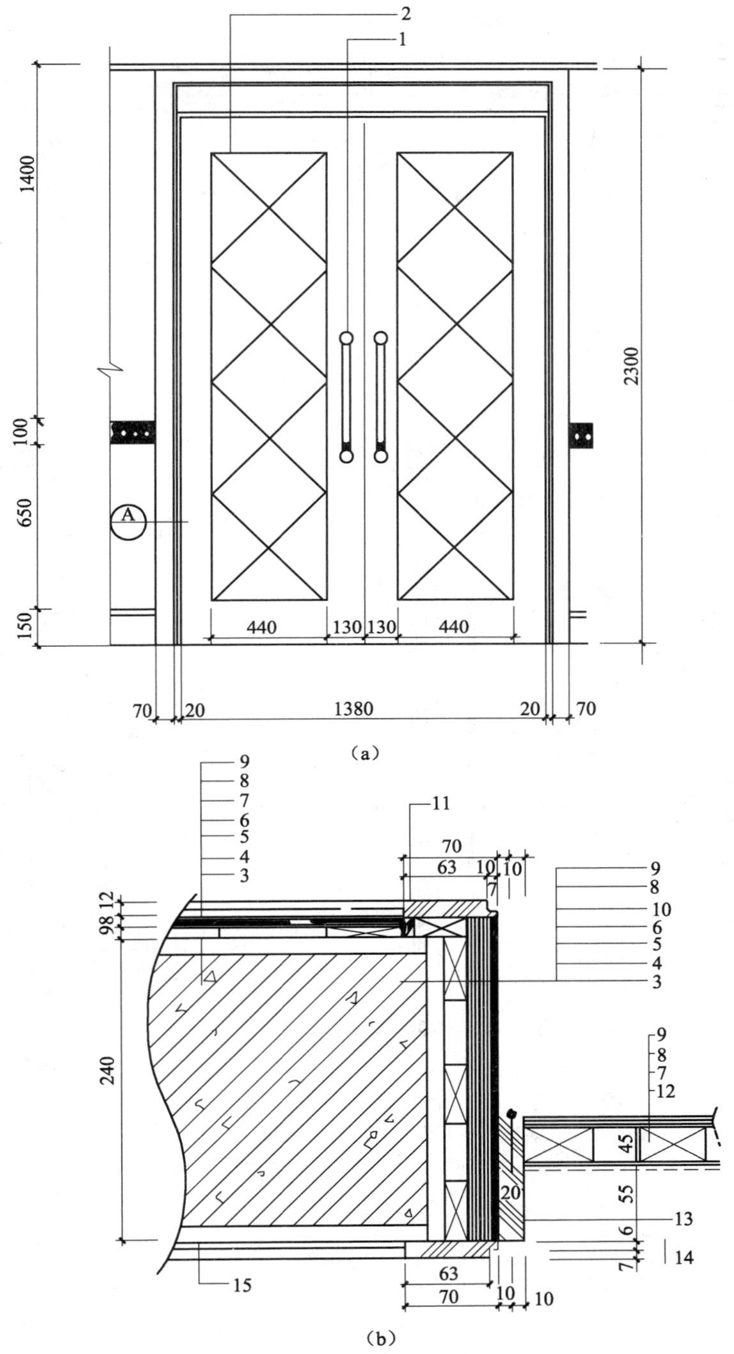

图 5-7　装饰板双开门

(a) 双开门立面图;(b)Ⓐ240 砖墙双开门剖面大样
1—成品门把手；2—5mm 厚凹槽涂深棕漆；3—240 砖墙；
4—水泥砂浆找平层；5—防潮涂料；6—木龙骨 9×50；
7—红榉木夹板厚 5mm；8—红榉木三夹板；9—表面清油；
10—木芯板；11—红榉木门贴脸 70×13 清油；12—木龙骨 37×60；
13—红榉木门口；14—走廊；15—墙面贴壁纸

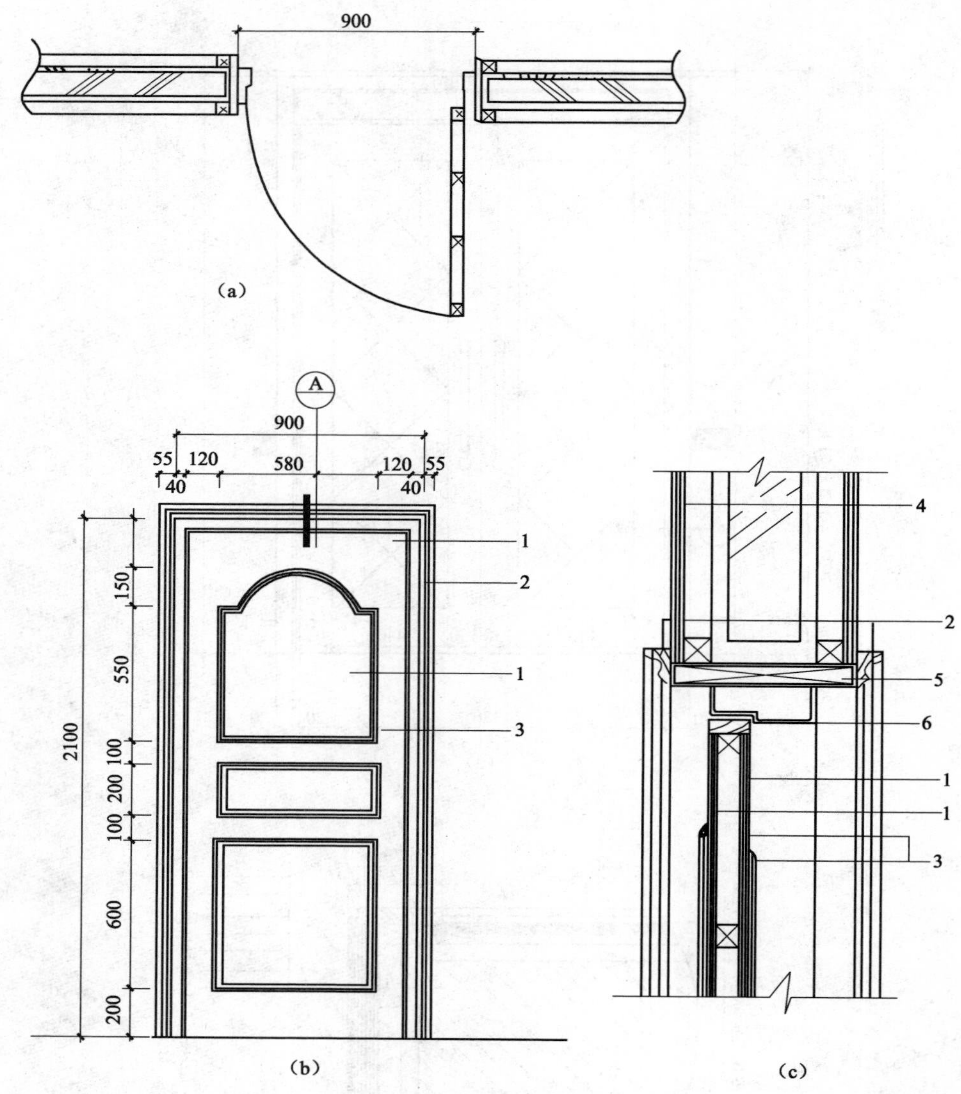

图 5-8　单扇木骨架木板面装饰门

（a）装饰门平面图；（b）装饰门立面；（c）Ⓐ大样

1—木板装饰；2—门框收口线；3—木线装饰；

4—墙纸；5—硬木；6—实木收边

2. 木窗五金：包括折页、插销、风钩、木螺丝、滑轮、滑轨（推拉窗）等。

3. 铝合金门五金：包括地弹簧、门锁、拉手、门插、门铰、螺丝等。

4. 金属窗五金：包括卡锁、滑轮、铰拉、执手、拉把、拉手、风撑、角码、牛角制等。

5. 金属门五金：包括L形执手插锁（双舌）、球形执手锁（单舌）、门轧头、地锁、防盗门扣、门眼（猫眼）、门碰珠、电子锁（磁卡锁）、闭门器、装饰拉手等。

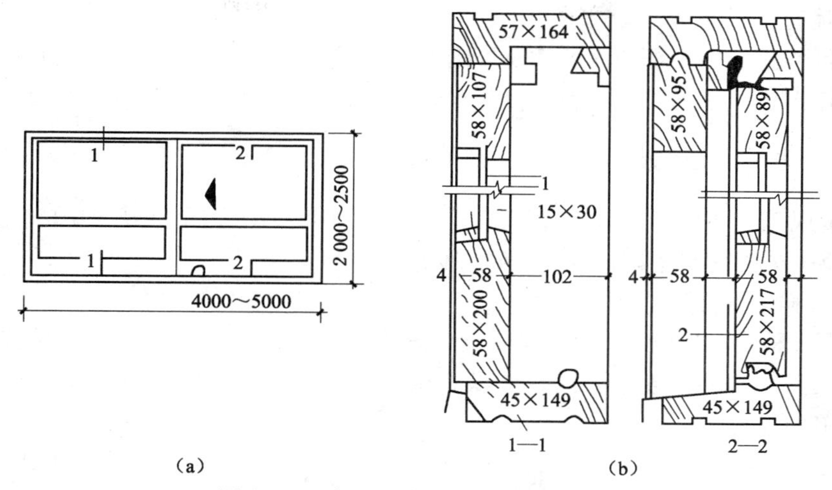

图 5-9　双扇下滑式玻璃木推拉门构造

(a) 立面;(b) 剖面

1—玻璃 5mm 厚; 2—滑轮

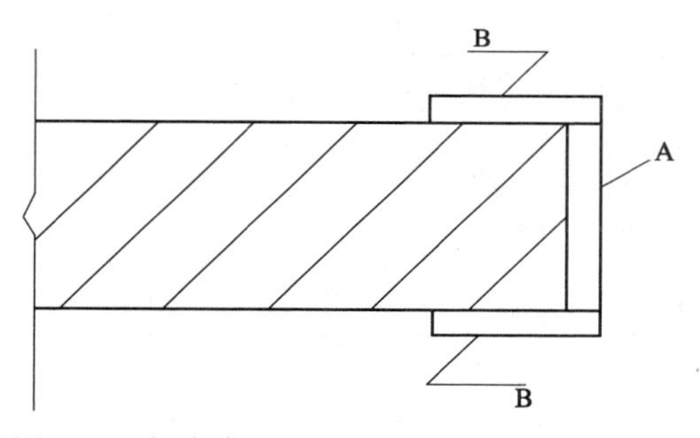

图 5-10　门窗套、筒子板、贴脸的区别

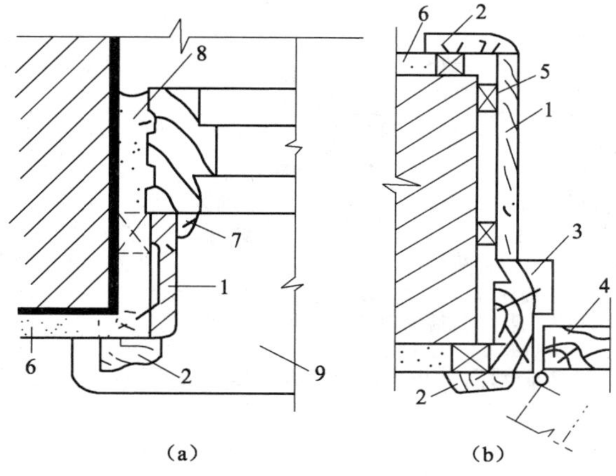

图 5-11　门、窗套构造大样

(a) 窗套;(b) 门套

1—筒子板; 2—贴脸板; 3—木门框; 4—木门扇;
5—木块或木条; 6—抹灰面; 7—盖缝条; 8—沥青麻丝;
9—窗台板

（五）其他有关说明

1. “项目特征”栏中框截面尺寸及外围展开面积是指边立梃截面尺寸或面积。

2. “工作内容”中的防护材料，分防火、防腐、防虫、防潮、防磨、耐老化等材料。

二、工程量计算及示例

“13 计量规范”中门窗工程量计算规则与传统方法有较大差别，规范中门窗工程量计算规则列于表 5-1 ~ 表 5-10 中，计算工程量按此执行。

1. 门窗工程量计算

各类门窗工程量均按设计图示数量或设计图示洞口尺寸以面积计算，计量单位为樘或 m^2。

如遇（框架结构的）连续长窗，仍以“樘”计算，但对连续长窗的扇数和洞口尺寸应在工程量清单中描述。

2. 门窗套、门窗贴脸、筒子板工程量，按设计图示尺寸以展开面积（m^2）计算。所谓“展开面积”即指按其铺钉面积计算。

3. 窗帘盒、窗台板、窗帘轨工程量，按设计图示尺寸以长度（m）计算。

窗帘盒、窗台板如为弧形时，其长度以中心线长计算。

表 5-1　H.1 木门（编码：010801）清单项目及工程量计算规则

项目编码	项目名称	项　目　特　征	计量单位	工程量计算规则	工作内容
010801001	木质门	1. 门代号及洞口尺寸 2. 镶嵌玻璃品种、厚度	1. 樘 2. m^2	1. 以樘计量，按设计图示数量计算 2. 以平方米计量，按设计图示洞口尺寸以面积计算	1. 门安装 2. 玻璃安装 3. 五金安装
010801002	木质门带套				
010801003	木质连窗门				
010801004	木质防火门				
010801005	木门框	1. 门代号及洞口尺寸 2. 框截面尺寸 3. 防护材料种类	1. 樘 2. m	1. 以樘计量，按设计图示数量计算 2. 以米计量，按设计图示框的中心线以延长米计算	1. 木门框制作、安装 2. 运输 3. 刷防护材料
010801006	门锁安装	1. 锁品种 2. 锁规格	个 （套）	按设计图示数量计算	安装

注：1　木质门应区分镶板木门、企口木板门、实木装饰门、胶合板门、夹板装饰门、木纱门、全玻门（带木质扇框）、木质半玻门（带木质扇框）等项目，分别编码列项。

2　木门五金应包括：折页、插销、门碰珠、弓背拉手、搭机、木螺丝、弹簧折页（自动门）、管子拉手（自由门、地弹门）、地弹簧（地弹门）、角铁、门轧头（地弹门、自由门）等。

3　木质门带套计量按洞口尺寸以面积计算，不包括门套的面积，但门套应计算在综合单价中。

4　以樘计量，项目特征必须描述洞口尺寸；以平方米计量，项目特征可不描述洞口尺寸。

5　单独制作安装木门框按木门框项目编码列项。

表 5-2　H.2 金属门（编码：010802）清单项目及工程量计算规则

项目编码	项目名称	项　目　特　征	计量单位	工程量计算规则	工作内容
010802001	金属（塑钢）门	1. 门代号及洞口尺寸 2. 门框或扇外围尺寸 3. 门框、扇材质 4. 玻璃品种、厚度	1. 樘 2. m^2	1. 以樘计量，按设计图示数量计算 2. 以平方米计量，按设计图示洞口尺寸以面积计算	1. 门安装 2. 五金安装 3. 玻璃安装

续表

项目编码	项目名称	项 目 特 征	计量单位	工程量计算规则	工作内容
010802002	彩板门	1. 门代号及洞口尺寸 2. 门框或扇外围尺寸	1. 樘 2. m^2	1. 以樘计量，按设计图示数量计算 2. 以平方米计量，按设计图示洞口尺寸以面积计算	1. 门安装 2. 五金安装 3. 玻璃安装
010802003	钢质防火门	1. 门代号及洞口尺寸 2. 门框或扇外围尺寸 3. 门框、扇材质			
010802004	防盗门				1. 门安装 2. 五金安装

注：1 金属门应区分金属平开门、金属推拉门、金属地弹门、全玻门（带金属扇框）、金属半玻门（带扇框）等项目，分别编码列项。

2 铝合金门五金包括：地弹簧、门锁、拉手、门插、门铰、螺丝等。

3 金属门五金包括L型执手插锁（双舌）、执手锁（单舌）、门轨头、地锁、防盗门机、门眼（猫眼）、门碰珠、电子锁（磁卡锁）、闭门器、装饰拉手等。

4 以樘计量，项目特征必须描述洞口尺寸，没有洞口尺寸必须描述门框或扇外围尺寸，以平方米计量，项目特征可不描述洞口尺寸及框、扇的外围尺寸。

5 以平方米计量，无设计图示洞口尺寸，按门框、扇外围以面积计算。

表5-3 H.3金属卷帘门（编码：010803）清单项目及工程量计算规则

项目编码	项目名称	项 目 特 征	计量单位	工程量计算规则	工作内容
010803001	金属卷帘（闸）门	1. 门代号及洞口尺寸 2. 门材质 3. 启动装置品种、规格	1. 樘 2. m^2	1. 以樘计量，按设计图示数量计算 2. 以平方米计量，按设计图示洞口尺寸以面积计算	1. 门运输、安装 2. 启动装置、活动小门、五金安装
010803002	防火卷帘（闸）门				

注：以樘计量，项目特征必须描述洞口尺寸；以平方米计量，项目特征可不描述洞口尺寸。

表5-4 H.4厂库房大门、特种门（编码：010804）清单项目及工程量计算规则

项目编码	项目名称	项 目 特 征	计量单位	工程量计算规则	工作内容
010804001	木板大门	1. 门代号及洞口尺寸 2. 门框或扇外围尺寸 3. 门框、扇材质 4. 五金种类、规格 5. 防护材料种类	1. 樘 2. m^2	1. 以樘计量，按设计图示数量计算 2. 以平方米计量，按设计图示洞口尺寸以面积计算	1. 门（骨架）制作、运输 2. 门、五金配件安装 3. 刷防护材料
010804002	钢木大门				
010804003	全钢板大门				
010804004	防护铁丝门			1. 以樘计量，按设计图示数量计算 2. 以平方米计量，按设计图示框或扇以面积计算	
010804005	金属格栅门	1. 门代号及洞口尺寸 2. 门框或扇外围尺寸 3. 门框、扇材质 4. 启动装置的品种、规格		1. 以樘计量，按设计图示数量计算 2. 以平方米计量，按设计图示洞口尺寸以面积计算	1. 门安装 2. 启动装置、五金配件安装
010804006	钢质花饰大门	1. 门代号及洞口尺寸 2. 门框或扇外围尺寸 3. 门框、扇材质		1. 以樘计量，按设计图示数量计算 2. 以平方米计量，按设计图示门框或扇以面积计算	1. 门安装 2. 五金配件安装

续表

项目编码	项目名称	项 目 特 征	计量单位	工程量计算规则	工作内容
010804007	特种门	1. 门代号及洞口尺寸 2. 门框或扇外围尺寸 3. 门框、扇材质	1. 樘 2. m^2	1. 以樘计量，按设计图示数量计算 2. 以平方米计量，按设计图示洞口尺寸以面积计算	1. 门安装 2. 五金配件安装

注：1 特种门应区分冷藏门、冷冻间门、保温门、变电室门、隔音门、防射线门、人防门、金库门等项目，分别编码列项。

2 以樘计量，项目特征必须描述洞口尺寸，没有洞口尺寸必须描述门框或扇外围尺寸；以平方米计量，项目特征可不描述洞口尺寸及框、扇的外围尺寸。

3 以平方米计量，无设计图示洞口尺寸，按门框、扇外围以面积计算。

表 5-5 H.5 其他门（编码：010805）清单项目及工程量计算规则

项目编码	项目名称	项 目 特 征	计量单位	工程量计算规则	工作内容
010805001	电子感应门	1. 门代号及洞口尺寸 2. 门框或扇外围尺寸 3. 门框、扇材质 4. 玻璃品种、厚度 5. 启动装置的品种、规格 6. 电子配件品种、规格	1. 樘 2. m^2	1. 以樘计量，按设计图示数量计算 2. 以平方米计量，按设计图示洞口尺寸以面积计算	1. 门安装 2. 启动装置、五金、电子配件安装
010805002	旋转门				
010805003	电子对讲门	1. 门代号及洞口尺寸 2. 门框或扇外围尺寸 3. 门材质 4. 玻璃品种、厚度 5. 启动装置的品种、规格 6. 电子配件品种、规格			
010805004	电动伸缩门				
010805005	全玻自由门	1. 门代号及洞口尺寸 2. 门框或扇外围尺寸 3. 框材质 4. 玻璃品种、厚度			1. 门安装 2. 五金安装
010805006	镜面不锈钢饰面门	1. 门代号及洞口尺寸 2. 门框或扇外围尺寸 3. 框、扇材质 4. 玻璃品种、厚度	1. 樘 2. m^2	1. 以樘计量，按设计图示数量计算 2. 以平方米计量，按设计图示洞口尺寸以面积计算	1. 门安装 2. 五金安装
010805007	复合材料门				

注：1 以樘计量，项目特征必须描述洞口尺寸，没有洞口尺寸必须描述门框或扇外围尺寸；以平方米计量，项目特征可不描述洞口尺寸及框、扇的外围尺寸。

2 以平方米计量，无设计图示洞口尺寸，按门框、扇外围以面积计算。

表 5-6 H.6 木窗（编码：010806）清单项目及工程量计算规则

项目编码	项目名称	项 目 特 征	计量单位	工程量计算规则	工作内容
010806001	木质窗	1. 窗代号及洞口尺寸 2. 玻璃品种、厚度	1. 樘 2. m^2	1. 以樘计量，按设计图示数量计算 2. 以平方米计量，按设计图示洞口尺寸以面积计算	1. 窗安装 2. 五金、玻璃安装
010806002	木飘（凸）窗				

续表

项目编码	项目名称	项 目 特 征	计量单位	工程量计算规则	工作内容
010806003	木橱窗	1. 窗代号 2. 框截面及外围展开面积 3. 玻璃品种、厚度 4. 防护材料种类	1. 樘 2. m^2	1. 以樘计量，按设计图示数量计算 2. 以平方米计量，按设计图示尺寸以框外围展开面积计算	1. 窗制作、运输、安装 2. 五金、玻璃安装 3. 刷防护材料
010806004	木纱窗	1. 窗代号及框的外围尺寸 2. 窗纱材料品种、规格		1. 以樘计量，按设计图示数量计算 2. 以平方米计量，按框的外围尺寸以面积计算	1. 窗安装 2. 五金安装

注：1 木质窗应区分木百叶窗、木组合窗、木天窗、木固定窗、木装饰空花窗等项目，分别编码列项。
2 以樘计量，项目特征必须描述洞口尺寸，没有洞口尺寸必须描述窗框外围尺寸；以平方米计量，项目特征可不描述洞口尺寸及框的外围尺寸。
3 以平方米计量，无设计图示洞口尺寸，按窗框外围以面积计算。
4 木橱窗、木飘（凸）窗以樘计量，项目特征必须描述框截面及外围展开面积。
5 木窗五金包括：折页、插销、风钩、木螺丝、滑轮滑轨（推拉窗）等。

表 5-7　H. 7 金属窗（编码：010807）清单项目及工程量计算规则

项目编码	项目名称	项 目 特 征	计量单位	工程量计算规则	工作内容
010807001	金属（塑钢、断桥）窗	1. 窗代号及洞口尺寸 2. 框、扇材质 3. 玻璃品种、厚度	1. 樘 2. m^2	1. 以樘计量，按设计图示数量计算 2. 以平方米计量，按设计图示洞口尺寸以面积计算	1. 窗安装 2. 五金、玻璃安装
010807002	金属防火窗				
010807003	金属百叶窗	1. 窗代号及洞口尺寸 2. 框、扇材质 3. 玻璃品种、厚度		1. 以樘计量，按设计图示数量计算 2. 以平方米计量，按设计图示洞口尺寸以面积计算	1. 窗安装 2. 五金、安装
010807004	金属纱窗	1. 窗代号及框的外围尺寸 2. 框材质 3. 窗纱材料品种、规格		1. 以樘计量，按设计图示数量计算 2. 以平方米计量，按框的外围尺寸以面积计算	1. 窗安装 2. 五金、安装
010807005	金属格栅窗	1. 窗代号及洞口尺寸 2. 框外围尺寸 3. 框、扇材质		1. 以樘计量，按设计图示数量计算 2. 以平方米计量，按设计图示洞口尺寸以面积计算	
010807006	金属（塑钢、断桥）橱窗	1. 窗代号 2. 框外围展开面积 3. 框、扇材质 4. 玻璃品种、厚度 5. 防护材料种类		1. 以樘计量，按设计图示数量计算 2. 以平方米计量，按设计图示尺寸以框外围展开面积计算	1. 窗制作、运输、安装 2. 五金、玻璃安装 3. 刷防护材料

续表

<table>
<tr><th>项目编码</th><th>项目名称</th><th>项 目 特 征</th><th>计量单位</th><th>工程量计算规则</th><th>工作内容</th></tr>
<tr><td>010807007</td><td>金属（塑钢、断桥）飘（凸）窗</td><td>1. 窗代号
2. 框外围展开面积
3. 框、扇材质
4. 玻璃品种、厚度</td><td rowspan="3">1. 樘
2. m^2</td><td>1. 以樘计量，按设计图示数量计算
2. 以平方米计量，按设计图示尺寸以框外围展开面积计算</td><td rowspan="3">1. 窗安装
2. 五金、玻璃安装</td></tr>
<tr><td>010807008</td><td>彩板窗</td><td rowspan="2">1. 窗代号及洞口尺寸
2. 框外围尺寸
3. 框、扇材质
4. 玻璃品种、厚度</td><td rowspan="2">1. 以樘计量，按设计图示数量计算
2. 以平方米计量，按设计图示洞口尺寸或框外围以面积计算</td></tr>
<tr><td>010807009</td><td>复合材料窗</td></tr>
</table>

注：1 金属窗应区分金属组合窗、防盗窗等项目，分别编码列项。
2 以樘计量，项目特征必须描述洞口尺寸，没有洞口尺寸必须描述窗框外围尺寸；以平方米计量，项目特征可不描述洞口尺寸及框的外围尺寸。
3 以平方米计量，无设计图示洞口尺寸，按窗框外围以面积计算。
4 金属橱窗、飘（凸）窗以樘计量，项目特征必须描述框外围展开面积。
5 金属窗五金包括：折页、螺丝、执手、卡锁、铰拉、风撑、滑轮、拉把、拉手、角码、牛角制等。

表 5-8 H. 8 门窗套（编码：010808）清单项目及工程量计算规则

<table>
<tr><th>项目编码</th><th>项目名称</th><th>项 目 特 征</th><th>计量单位</th><th>工程量计算规则</th><th>工作内容</th></tr>
<tr><td>010808001</td><td>木门窗套</td><td>1. 窗代号及洞口尺寸
2. 门窗套展开宽度
3. 基层材料种类
4. 面层材料品种、规格
5. 线条品种、规格
6. 防护材料种类</td><td rowspan="3">1. 樘
2. m^2
3. m</td><td rowspan="3">1. 以樘计量，按设计图示数量计算
2. 以平方米计量，按设计图示尺寸以展开面积计算
3. 以米计量，按设计图示中心以延长米计算</td><td rowspan="3">1. 清理基层
2. 立筋制作、安装
3. 基层板安装
4. 面层铺贴
5. 线条安装
6. 刷防护材料</td></tr>
<tr><td>010808002</td><td>木筒子板</td><td rowspan="2">1. 筒子板宽度
2. 基层材料种类
3. 面层材料品种、规格
4. 线条品种、规格
5. 防护材料种类</td></tr>
<tr><td>010808003</td><td>饰面夹板筒子板</td></tr>
<tr><td>010808004</td><td>金属门窗套</td><td>1. 窗代号及洞口尺寸
2. 门窗套展开宽度
3. 基层材料种类
4. 面层材料品种、规格
5. 防护材料种类</td><td rowspan="2">1. 樘
2. m^2
3. m</td><td rowspan="2">1. 以樘计量，按设计图示数量计算
2. 以平方米计量，按设计图示尺寸以展开面积计算
3. 以米计量，按设计图示中心以延长米计算</td><td>1. 清理基层
2. 立筋制作、安装
3. 基层板安装
4. 面层铺贴
5. 刷防护材料</td></tr>
<tr><td>010808005</td><td>石材门窗套</td><td>1. 窗代号及洞口尺寸
2. 门窗套展开宽度
3. 粘结层厚度、砂浆配合比
4. 面层材料品种、规格
5. 线条品种、规格</td><td>1. 清理基层
2. 立筋制作、安装
3. 基层抹灰
4. 面层铺贴
5. 线条安装</td></tr>
<tr><td>010808006</td><td>门窗木贴脸</td><td>1. 门窗代号及洞口尺寸
2. 贴脸板宽度
3. 防护材料种类</td><td>1. 樘
2. m</td><td>1. 以樘计量，按设计图示数量计算
2. 以米计量，按设计图示尺寸以延长米计算</td><td>安装</td></tr>
</table>

续表

项目编码	项目名称	项 目 特 征	计量单位	工程量计算规则	工作内容
010808007	成品木门窗套	1. 门窗代号及洞口尺寸 2. 门窗套展开宽度 3. 门窗套材料品种规格	1. 樘 2. m^2 3. m	1. 以樘计量，按设计图示数量计算 2. 以平方米计量，按设计图示尺寸以展开面积计算 3. 以米计量，按设计图示中心以延长米计算	1. 清理基层 2. 立筋制作、安装 3. 板安装

注：1 以樘计量，项目特征必须描述洞口尺寸、门窗套展开宽度。
2 以平方米计量，项目特征可不描述洞口尺寸、门窗套展开宽度。
3 以米计量，项目特征必须描述门窗套展开宽度、筒子板及贴脸宽度。
4 木门窗套适用于单独门窗套的制作、安装。

表 5-9 H.9 窗台板（编码：010809）清单项目及工程量计算规则

项目编码	项目名称	项 目 特 征	计量单位	工程量计算规则	工作内容
010809001	木窗台板	1. 基层材料种类 2. 窗台面板材质、规格、颜色 3. 防护材料种类	m^2	按设计图示尺寸以展开面积计算	1. 基层清理 2. 基层制作、安装 3. 窗台板制作、安装 4. 刷防护材料
010809002	铝塑窗台板				
010809003	金属窗台板				
010809004	石材窗台板	1. 粘结层厚度、砂浆配合比 2. 窗台板材质、规格、颜色			1. 基层清理 2. 抹找平层 3. 窗台板制作、安装

表 5-10 H.10 窗帘、窗帘盒、窗帘轨（编码：010810）工程量计算规则

项目编码	项目名称	项 目 特 征	计量单位	工程量计算规则	工作内容
010810001	窗帘	1. 窗帘材质 2. 窗帘高度、宽度 3. 窗帘层数 4. 带幔要求	1. m 2. m^2	1. 以米计量，按设计图示尺寸以成活后长度计算 2. 以平方米计量，按图示尺寸以成活后展开面积计算	1. 制作、运输 2. 安装
010810002	木窗帘盒	1. 窗帘盒材质、规格 2. 防护材料种类	m	按设计图示尺寸以长度计算	1. 制作、运输、安装 2. 刷防护材料
010810003	饰面夹板、塑料窗帘盒				
010810004	铝合金窗帘盒				
010810005	窗帘轨	1. 窗帘轨材质、规格 2. 轨的数量 3. 防护材料种类			

注：1 窗帘若是双层，项目特征必须描述每层材质。
2 窗帘以米计量，项目特征必须描述窗帘高度和宽度。

【例5-1】 设如图5-6所示卷闸门的宽为3500mm，安装于洞口高2900mm的车库门口，卷闸门上有一活动小门，小门尺寸为750mm×2075mm，提升装置为电动，计算该卷闸门的工程量。

【解】 如图5-6所示的铝合金卷闸门为金属卷闸门，按计算规则，其工程量为1樘，或按设计洞口尺寸，则工程量为$3.5\times2.9=10.15m^2$（注：小门材质与卷闸门同）。

【例5-2】 计算如图4-6所示中套住房实木镶板门制安及塑钢窗的工程量。设分户门FDM－1洞口尺寸800mm×2000mm，室内门M-2洞口尺寸800mm×2100mm，M-4洞口尺寸700mm×2100mm，塑钢窗洞口高度均为1600mm。

【解】 依据计算规则，应分别计算实木门和塑钢窗的工程量：

1. 实木门工程量：

（1）FDM-1　　1樘，或$0.8\times2.0=1.6m^2$

（2）M-2　　2樘，或$0.8\times2.1\times2=3.36m^2$

（3）M-4　　1樘，或$0.7\times2.1=1.47m^2$

2. 塑钢窗：　　C-9、C-12、C-15工程量各1樘。或其洞口面积分为：

C-9，$1.5\times1.6=2.4m^2$

C-12，$1.0\times1.6=1.6\ m^2$

C-15，$0.6\times1.6=0.96m^2$

【例5-3】 中套住宅阳台用铝合金连窗门（图4－6及图5-4），洞口尺寸为：门高2500mm，窗高1600mm，门宽900mm，门窗总宽2400mm。

试计算该住户铝合金连窗门制安工程量、铝合金型材及玻璃用量。

【解】 1. 连窗门按门列项，工程量以樘计算，则：

铝合金连窗门工程量1樘。或门的工程量$2.5\times0.9=2.25\ m^2$；或窗的工程量$(2.4-0.9)\times1.6=2.4\ m^2$。

2. 计算主材用量

（1）单扇铝合金全玻平开门带上亮，平板玻璃，由定额4-010：

铝合金型材用量（代码DB0250）：　$7.6752\times2.25=17.27kg$

平板玻璃6mm（代码AH0050）：　$0.9848\times2.25=2.22m^2$

（2）双扇平开铝合金窗，带上亮，按定额4-017：

铝合金型材用量（代码DB0250）：　$4.5710\times2.40=10.97kg$

平板玻璃5mm（代码AH0040）：　$0.9219\times2.40=2.21m^2$

（3）主材合计：

铝型材（代码DB0250）：　$17.27+10.97=28.24kg$

平板玻璃6mm（代码AH0050）：　$2.22m^2$

平板玻璃5mm（代码AH0040）：　$2.21m^2$

第二节　油漆、涂料、裱糊工程工程量计算及示例

一、油漆、涂料、裱糊工程清单项目内容及有关说明

本分部包括油漆、涂料、裱糊三个分项工程，共8节36个子目，包括门油漆，窗油漆，木扶手及其他板条线条油漆，木材面油漆，金属面油漆，抹灰面油漆，喷刷涂料，裱糊等项目。

（一）油漆、涂料施工简述

1. 油漆与涂料

油漆，是古代的叫法；涂料，是现代文明称呼，包含更多的科技成分，在现代科技和工业领域应用广泛。

油漆是一种能牢固覆盖在物体表面，起保护、装饰、标志和其他特殊用途的化学混合物涂料。所谓涂料是涂覆在被保护或被装饰的物体表面，并能与被涂物形成牢固附着的连续薄膜，通常是以树脂、或油、或乳液为主，添加或不添加颜料、填料，添加相应助剂，用有机溶剂或水配制而成的黏稠液体。

传统的油漆主要由天然油脂和天然树脂组成，而涂料原料中大量使用合成树脂及其乳液、无机硅酸盐和硅溶胶后，涂料成了包括油漆和涂料的一种建筑装饰涂饰材料。

2. 涂料施工基本工艺

涂料施工的基本工序：基层处理→打底子→刮腻子→磨光→涂刷涂料等。其基本做法如下：

（1）基层处理

木材面上的灰尘、污垢等在施工前应清理干净，木材表面的缝隙、毛刺、掀岔和脂囊修整后应用腻子补平，并用砂纸磨光，较大的脂囊应用木纹相同的木料粘胶镶嵌。节疤处应点漆片。

金属表面在施涂前应将灰尘、油渍、鳞皮、锈斑、毛刺等清除干净。

混凝土和抹灰面表面施涂前应将基层的缺棱掉角处，用1∶3水泥砂浆修补；表面的麻面及缝隙应用腻子填补齐平；基层表面上的灰尘、污垢、溅沫和砂浆残痕应清除干净。

（2）打底子

① 木材面：木材面涂刷混色油漆时，一般用自配的清油打底；若涂刷清漆，则应用油粉或水粉进行润粉，使表面平滑并有着色作用。

② 金属表面应刷防锈漆打底。

③ 抹灰或混凝土表面涂刷油性涂料时，一般可用清油打底。

（3）刮腻子、磨光

刮腻子的作用是使表面平整。腻子应按基层、底层涂料和面层涂料的性质配套使用，腻子应具有塑性和易涂性，干燥后应坚固。

刮腻子的次数依涂料质量等级的高低而定，一般以三道为限。先是局部刮腻子，然后再满刮腻子，头道要求平整，二、三道要求光洁。每刮一道腻子待其干燥后，都应用砂纸磨光

一遍。对于做混色涂料的木材面，头道腻子应在刷过清油后才能批嵌；做清漆的木材面，则应在润粉后才能批嵌；金属面应等防锈漆充分干燥后才能批嵌。

（4）施涂涂料

涂料可用刷涂、喷涂、滚涂、弹涂、抹涂等方法施工。

① 刷涂是用排笔、棕刷等工具蘸上涂料直接涂刷于装饰物表面上。涂刷应均匀、平滑一致；涂刷方向、距离长短应一致。刷涂一般不少于两道，应在前一道涂料表面干后再涂刷下一道，两道涂料的间隔时间，一般为2～4h。

② 喷涂是借助于喷涂机具将涂料以雾状（或粒状）喷出，均匀分散地沉积在装饰物表面上。喷涂施工中要求喷枪运行时，喷嘴中心线必须与墙面、顶棚面垂直，喷枪相对于墙、顶棚有规则地平行移动，运行速度应一致；涂层的接槎应留在分格缝处；门窗及不喷涂料的部位，应认真遮挡。喷涂操作一般应连续进行，一次成活，不得有漏喷、流淌现象。室内喷涂一般先喷涂顶棚，后喷涂墙面，两遍成活，间隔时间约2h。

③ 滚涂是利用长毛绒辊、泡沫塑料辊、橡胶辊等辊子蘸上少量涂料，在待涂物件表面施加轻微压力，上下垂直来回滚动而成。

④ 弹涂先在基层刷涂1～2道底涂层，干燥后进行弹涂。弹涂时，弹涂器的喷出口应垂直正对墙面，距离保持在300～500mm，按一定速度自上而下，由左至右弹涂。

⑤ 抹涂是先在基层刷涂或滚涂1～2道底层涂料，待其干燥后（常温下2h以上），用不锈钢抹子将涂料抹到已涂刷的底层涂料上，一般抹1～2遍（总厚度2～3mm），间隔1h后再用不锈钢抹子压平。

3. 常用建筑装饰油漆的种类与性能

主要建筑装饰油漆性能比较见表5-11。

表5-11　主要油漆性能比较

油漆种类	优点	缺点
油脂漆	①耐大气性较好；②适用于室内外打底罩面；③价廉；④涂刷性能好，渗透性好	①干燥较慢，膜软；②机械性能差；③水膨胀性大；④不能打磨抛光；⑤不耐碱
天然树脂漆	①干燥比油脂漆快；②短油度的漆膜坚硬，好打磨；③长油度的漆膜柔韧，耐大气性较好	①机械性能差；②短油度的耐大气性差；③长油度的漆不能打磨抛光
酚醛树脂漆	①漆膜坚硬；②耐水性良好；③纯酚醛的耐化学性良好；④有一定的绝缘性；⑤附着力好	①漆膜较脆；②颜色易变深；③耐大气性比醇酸漆差，易粉化；④不能制白色或浅色漆
醇酸漆	①光泽较亮；②耐候性优良；③施工性能好，可刷、可喷、可烘；④附着力较好	①漆膜较软；②耐水、耐碱性差；③干燥较挥发性漆慢；④不能打磨
硝基漆	①干燥迅速；②耐油；③漆膜坚硬，可打磨抛光	①易燃；②清漆不耐紫外光线；③不能在60℃以上温度使用；④固体分低
沥青漆	①耐潮、耐水性好；②价廉；③耐化学腐蚀性较好；④有一定的绝缘强度；⑤黑度好	①色黑，不能制白色及浅色漆；②对日光不稳定；③有渗色性；④自干漆，干燥不爽滑
过氯乙烯漆	①耐候性优良；②耐化学腐蚀性优良；③耐水、耐油、防燃烧性好；④三防性能较好	①附着力较差；②打磨抛光性较差；③不能在70℃以上温度使用；④固体分低
乙烯漆	①有一定的柔韧性；②色泽浅淡；③耐化学腐蚀性较好；④耐水性好	①耐溶剂性差；②固体分低；③高温时要碳化；④清漆不耐紫外光线

续表

油漆种类	优点	缺点
环氧漆	①附着力强；②耐碱、耐溶剂；③具有较好的绝缘性；④漆膜较韧	①室外暴晒易粉化；②保光性差；③色泽较深；④漆膜外观较差
聚氨酯漆	①耐磨性强，附着力好；②耐潮、耐水、耐热、耐溶剂性好；③耐化学和石油腐蚀；④具有良好的绝缘性	①漆膜易粉化、泛黄；②对酸、碱、盐、醇、水等物很敏感，故施工要求高；③有一定毒性
丙烯酸漆	①漆膜色浅，保色性良好；②耐候性优良；③有一定的耐化学腐蚀性；④耐热性较好	①耐溶剂性差；②固体分低

4. 常用涂料的主要品种、特点和适用范围

常用涂料的主要品种、特点和适用范围列于表5-12。

表5-12　常用涂料主要品种、特点及适用范围

涂料品种	主要成膜物质	性能特点及可施工性	适用范围
106内墙涂料	聚乙烯醇水玻璃	黏性好，干燥快，无毒、无臭，表面光洁。刷涂施工，可在潮湿基层施工；表干：1h，实干：24h，最低成膜温度：5℃	水泥砂浆、砖墙等内墙
803内墙涂料	聚乙烯醇缩甲醛胶	无毒、无味、干燥快，粘结力强，涂层光滑，涂刷方便	混凝土、纸筋石灰等内墙抹灰面
206内墙涂料	氯乙烯-偏氯乙烯共聚	无毒、无味、耐水、耐碱、耐化学性能好，涂刷性好，可在稍潮湿的基层上施工	内、外墙面
氯偏乳胶内墙涂料	氯乙烯、偏氯乙烯	耐碱、耐水冲洗，涂层平整、光滑。刷涂施工，表干：45min，最低成膜温度：10℃	内墙面
过氯乙烯内墙涂料	过氯乙烯树脂	防水、耐老化性较好，色彩丰富，表面光滑，稍有光泽，漆膜平整。宜刷涂施工，不宜用喷涂，表干：45min，实干：90min	内、外墙及地坪
苯乙烯-丙烯酸酯乳胶漆	苯乙烯、丙烯酸酯	耐候、耐污染，漆膜平整、光滑，耐洗刷性：1000次，干燥时间：30min，最低施工温度：10℃	内墙面
各色丙烯酸平光乳胶涂料	丙烯酸酯乳液	耐久、手感好，耐碱性：48h，耐洗刷性：500次。可喷、刷、滚涂施工，最低施工温度：5℃	内墙面
H80-1无机涂料	钾水玻璃	耐水、耐冻融、耐污、耐老化	内、外墙面
H80-3耐擦洗无机涂料	硅酸钠	耐碱、耐高温，耐水性：168h，耐擦洗：300次，耐刷洗性：1000次，耐污染性：300次。表干：1h，实干：12h，最低成膜温度：5℃	一般墙面
777型水性地面涂料	聚乙烯醇缩甲醛	无毒、不燃、涂层干燥快，表面光洁美观，不易起砂、裂缝。刷涂施工、简便，最低施工温度：6℃	地坪
好涂壁	人造纤维或天然纤维	无毒、无味、无污染，色泽柔和、手感舒适、富有弹性，吸声、透气、耐潮湿、耐结露，粘结强度大。施工简便，对基层要求不高，可一遍成活	室内墙、柱面及天棚面

续表

涂料品种	主要成膜物质	性能特点及可施工性	适用范围
多彩涂料		具有优良的耐久性、耐洗刷性、耐油性，一般污染可用肥皂水清洗。涂层光泽适宜，色泽丰富、质感好	室内墙、柱、天棚面
乳胶漆内墙涂料	高分子粘结剂、合成乳液	无刺激气味，可刷、滚涂施工，表干：2h，实干：6h，最低成膜温度：15℃	内墙

（二）油漆

1. 木材面油漆

木材面油漆可分为混色和清色两种类型：混色油漆（也称色漆、混水油漆），使用的主漆一般为调和漆、磁漆；清色油漆也称清水漆，使用的一般为各种类型的清漆、磨退。按装饰标准，一般可分为普通涂饰和高级涂饰两种。

(1) 木材面混色油漆

混色油漆属于传统的油漆工艺，按质量标准分为普通涂饰和高级涂饰，主要施工程序如下：基层处理→刷底子漆→满刮腻子→砂纸打磨→嵌补腻子→砂纸磨光→刷第一遍油漆→修补腻子→细砂纸磨光→刷第二遍油漆→水砂纸磨光→刷最后一遍油漆。

(2) 木材面清漆

清漆分为油脂清漆和树脂清漆两种。油脂清漆包括酚醛清漆和醇酸清漆两种。清漆的涂饰质量也分普通涂饰和高级涂饰。

酚醛清漆的做法一般为：清理基层→磨砂纸→抹腻子→刷底油、色油→刷酚醛清漆二遍；或按如下做法：清理基层→磨砂纸→润油粉→刮腻子→刷底油→刷色油→刷酚醛清漆二遍或三遍。

醇酸清漆的一般做法为：清理基层→磨砂纸→润油粉→刮腻子→刷色油→刷醇酸清漆四遍、磨退出亮。

(3) 木材面聚氨酯清漆

聚氨酯清漆是目前使用较为广泛的一种清漆，是优质的高级木材面用漆。聚氨酯漆的一般做法是：清理基层→磨砂纸→润油粉→刮腻子→刷聚氨酯漆二遍或三遍。

彩色聚氨酯漆（简称色聚氨酯漆）的做法为：刷底油→刮腻子→刷色聚氨酯漆二遍或三遍。

(4) 木材面硝基清漆磨退

硝基清漆属树脂清漆类，漆中的胶粘剂只含树脂，不含干性油。木材面硝基清漆磨退是一种高级涂饰工艺，做法为：清理基层→磨砂纸→润油粉→刮腻子→刷理硝基清漆、磨退出亮。

或按下列操作过程：清理基层→磨砂纸→润油粉二遍→刮腻子→刷理漆片→刷理硝基清漆→磨退出亮等。

(5) 木材面丙烯酸清漆

木材面丙烯酸清漆的做法与硝基清漆磨退类似，是一种高级涂饰，一般施工程序为：基层清理→磨砂纸→润油粉一遍→刮腻子→刷醇酸清漆一遍→刷丙烯酸清漆三遍→磨退出亮。

2. 金属面油漆

金属面油漆按油漆品种可分为醇酸磁漆、过氯乙烯磁漆、清漆、沥青漆、防锈漆、银粉漆、防火漆和其他油漆等。其做法一般包括底漆和面漆两部分，底漆一般用防锈漆，面漆通常刷磁漆或银粉漆两遍以上。

金属面油漆的主要工序为：除锈去污→清扫磨光→刷防锈漆→刮腻子→刷漆等。

3. 抹灰面油漆

抹灰面油漆按油漆品种可分为乳胶漆、过氯乙烯漆、真石漆等。适用于内墙、墙裙、柱、梁、天棚等各种抹灰面、木夹板面，以及混凝土花格、窗栏杆花饰、阳台、雨篷、隔板等小面积的装饰性油漆。

抹灰面油漆的主要工序归纳为：清扫基层→磨砂纸→刮腻子→找补腻子→刷漆成活等内容。

油漆遍数按涂刷要求而定，普通油漆：满刮腻子一遍→油漆二遍→中间找补腻子。中级油漆：满刮腻子二遍→油漆三遍成活。

乳胶漆是近年来最常用的一种抹灰面油漆，也称乳胶涂料，主要由成膜物质、颜料及填料、各种助剂几部分组成。其中：①成膜物质，也称乳胶、乳液、基料，由合成树脂（如聚醋酸乙烯乳液、丙烯酸乳液等）、乳化剂（常用烷基苯酚环氧乙炔缩合物）、保护胶（如酪类）、酸碱度调节剂（如氢氧化钠、碳酸氢钠等）、消泡剂（如松香醇、辛醇等）和增韧剂（如苯二甲酸二丁酯、磷酸三丁酯等）配制而成。②颜料及填料（常称颜填料），颜料浆也称色浆，是颜料、体质颜料和助剂经研磨而成的水分散体。由着色颜料（如钛白粉、立德粉）、体质颜料（如滑石粉）与分散剂等组成。③其他助剂（如防腐防霉剂、防锈剂、防冻剂、增白剂等）和水等经研磨处理而成。这种漆的特点是不用溶剂而以水为分散介质，在漆膜干燥后，不仅色泽均佳，而且耐久性和抗水性良好。适用于室内外抹灰面、混凝土面和木材表面涂刷。

常用的乳胶漆有：普通乳胶漆、苯丙外墙乳胶漆、聚醋酸乙烯乳胶漆、丙烯酸乳胶漆等。

过氯乙烯漆也是常用的一种抹灰面漆，它是以过氯乙烯树脂为主要成膜物质，加入适量其他树脂（如干性油改性醇酸树脂、顺丁烯二酸酐树脂等）和增韧剂（如邻苯二甲酸二丁酯、磷酸三甲苯酯、氯化石蜡等），溶于酯、酮、苯等组合溶液中调制而成。

过氯乙烯漆是由底漆、磁漆和清漆为一组配套使用的。底漆附着力好，清漆作面漆防腐性能强，磁漆作中间层，能使底漆与面漆很好的结合。抹灰面过氯乙烯漆的施工要点是：清扫基层、刮腻子、刷底漆、磁漆和面层清漆。

（三）喷塑

喷塑就是用喷塑涂料在物体表面制成一定形状的喷塑膜，以达到保护、装饰作用的一种涂饰施工工艺。喷塑涂料是以丙烯酸酯乳液和无机高分子材料为主要成膜物质的有骨料的新型建筑涂料。适用于内外墙、天棚、梁、柱等饰面，与木板、石膏板、砂浆及纸筋灰等表面均有良好的附着力。

喷塑涂层的结构为：按涂层的结构层次分为三部分，即底层、中层和面层；按使用材料分，可分为底料、喷点料和面料三个组成部分，并配套使用。

（1）底料：也称底油、底层巩固剂、底漆或底胶水，用作基层打底，可用喷枪喷涂，也可涂刷。它的作用是渗透到基层，增加基层的强度，同时又对基层表面进行封闭，并消除基层表面有损于涂层附着力的因素，增加骨架与基层之间的结合力，底油的成分为乙烯-丙烯酸酯共聚乳液。

（2）喷点料：即中（间）层涂料，又称骨料，是喷涂工艺特有的一层成型层，是喷塑涂层的主要构成部分。此层为大小颗粒混合的糊状厚涂料，用空压机喷枪或喷壶喷涂在底油之上，分为平面喷涂（即无凹凸点）和花点喷涂两种。花点喷涂又分大、中、小三种，即定额中的大压花、中压花，喷中点、幼点。大、中、小花点由喷壶的喷嘴直径控制，它与定额规定的对应关系如表5-13所示。喷点料10～15min后，用塑料辊筒滚压喷点，即可形成质感丰富、新颖美观的立体花纹图案。

表5-13　喷点面积与喷嘴直径间的关系

名　　称	喷点面积（cm^2）	喷嘴直径（mm）
大压花	喷点压平、点面积在1.2cm^2以上	8～10
中压花	喷点压平、点面积在1～1.2cm^2以内	6～7
中点、幼点	喷点面积在1cm^2以下	4～5

（3）面料：又称面油或面层高光面油、面漆，一般加有耐晒材料，使喷塑深层带有柔和色泽。面油有油性和水性两种。在喷点料后12～24h开始罩面，可喷涂，也可涂刷，一般要求喷涂不低于二道，即通常的一塑三油（一道底油、二道面油、一道喷点料）。

（四）涂料饰面

1. 内墙乳胶涂料

内墙乳胶涂料可刷涂、滚涂，其施工工艺流程为：基层处理→刮腻子补孔→磨平→满刮腻子→磨光→满刮第二遍腻子→磨光→涂刷乳胶→磨光→涂刷第二遍乳胶→清扫；施工时最低温度：5℃。

2. 多彩花纹内（外）墙涂料

多彩花纹内墙涂料属于水色油型涂料，饰面由底、中、面层涂料复合组成，是一种色泽优雅、立体感强的高档内墙涂料，可用于混凝土、抹灰面、石膏板面的内墙与顶棚。

三层涂料分别为：①底层涂料：溶剂型氯乙烯树脂溶液或丙烯酸酯乳液，常称封闭乳胶底涂料；②中层涂料：耐洗刷性好的乳液涂料；③面层涂料：根据设计要求选定。

多彩花纹内墙涂料的工艺流程为：基层处理→第一遍满刮腻子→磨平→第二遍满刮腻子→磨平→施涂封底涂料→施涂主层涂料→滚压→面层涂料喷涂→清扫。

3. 地面涂料

地面涂料是以高分子合成树脂等材料为基料，加入颜料、填料、溶剂等组成的一种地面涂饰材料。

常用的地面涂料主要有：苯乙烯地面涂料、HC-1地面涂料、过氯乙烯地面涂料、多功能聚氨酯弹性地面涂料、H80环氧地面涂料、777型水性地面涂料等，其基本工艺流程为：基层处理→涂底层涂料→打磨→涂二遍涂料→按设计要求次数涂刷涂料→画格→表面处理。

4. 803 涂料和106 涂料

（1）803 内墙涂料

803 内墙涂料又称聚乙烯醇涂料，它是以聚乙烯醇缩甲醛胶（即106 胶）为基料，经化学处理后，加入轻质碳酸钙、立德粉、钛白粉、着色颜料和适量助剂等，均匀混合研磨而成。803 涂料无毒、无味，干燥快、粘结力强、涂层光滑、涂刷方便，装饰效果好。

803 涂料可涂刷于混凝土、纸筋石灰等内墙抹灰面，适合于内墙面装饰。该涂料的施工工艺为：清扫基层表面，刮腻子，刷浆，喷涂等过程。

（2）106 内墙涂料

106 内墙涂料全称为聚乙烯醇水玻璃涂料，它是由聚乙烯醇水溶液、中性水玻璃、轻质碳酸钙、立德粉、钛白粉、滑石粉和少量的分散剂、乳化剂、消泡剂、颜料色浆等，经高速搅拌混匀，并研磨加工而成。

聚乙烯醇水玻璃涂料无毒、无味，粘结强度较高，涂膜干燥快，能在稍潮湿的墙面上施工。常用的品种有白色、淡黄、淡蓝、淡湖绿等。适用于住宅、商店、医院、学校等建筑物的内墙涂刷。106 涂料可以用刷涂、喷涂、滚涂等施工方法，一般的施工过程为：基层处理、刮腻子、刷浆、喷涂等。

5. 防霉涂料

防霉涂料有水性防霉内墙涂料和高效防霉内墙涂料之分，高效防霉涂料可对多种霉菌、酵母菌有较强的扼杀能力，涂料使用安全，无致癌物质。涂膜坚实、附着力强、耐潮湿、不老化脱落。适用于医院、制药、食品加工、仪器仪表制造行业的内墙和天棚面的涂饰。

防霉涂料施工方法简单，一般分为清扫墙面、刮腻子、刷涂料几步工序，但基层清除要严格，应去除墙面浮灰、霉菌，施工作业应采用涂刷法。

6. 彩砂喷涂、砂胶喷涂

（1）彩砂喷涂

彩砂喷涂又称彩色喷涂，是一种丙烯酸彩砂涂料，用空压机喷枪喷涂于基面上。彩砂涂料是以丙烯酸共聚乳液为胶粘剂，由高温烧结的彩色陶瓷粒或以天然带颜色的石屑作为骨料，外加添加剂等多种助剂配制而成。涂料的特点是：无毒、无溶剂污染、快干、不燃、耐强光、不褪色、耐污染等。利用骨料的不同组配和颜色，可使涂料色彩形成不同层次，取得类似天然石材的彩色质感。

彩砂涂料的品种有单色和复色两种。单色有：粉红、铁红、紫红咖啡、棕色、黄色、棕黄、绿色、黑色、蓝色等系列；复色是由单色组配，形成一种基色，并可附加其他颜色的斑点，质感更为丰富。

彩砂涂料主要用于各种板材及水泥砂浆抹面的外墙面装饰。

彩色喷涂的基本施工工艺为：清理基层、补小洞孔、刮腻子、遮盖不喷部位，喷涂、压平、清铲、清洗喷污的部位等操作过程。彩色喷涂要求基面平整（达到普通抹灰标准），若基面不平整，应填补小洞口，且需用防水胶水、水泥腻子找平后再喷涂。

（2）砂胶喷涂

砂胶喷涂是以粗骨料砂胶涂料喷涂于基面上形成的保护装饰涂层。砂胶涂料是以合成树脂乳液（一般为聚乙烯醇水溶液及少量氯乙烯偏二氯乙烯乳液）为胶粘剂，加入普通石英砂或彩色砂子等制成。具有无毒、无味、干燥快、抗老化、粘结力强等优点。一般用4～6mm 口径喷枪喷涂。

7. 滚花涂饰

滚花涂饰是使用刻有花纹图案的胶皮辊在刷好涂料的墙面上进行滚印图案的施工工艺。

主要操作工序包括：基层处理→ 批刮腻子→ 涂刷底层涂料→ 弹线→ 滚花→ 画线。

8. 假木纹涂饰

假木纹也称仿木纹、木丝，一般是仿硬质木材的木纹，如黄菠萝、水曲柳、榆木、核桃木等，多用于做墙裙等处。

仿木纹的施工做法为：清理基层→ 弹水平线→ 刷涂清漆→ 刮腻子→ 砂纸磨平→ 刮色腻子→ 砂纸磨光→ 涂饰调和漆→ 再涂饰调和漆→ 弹分格线→ 刷面层涂料→ 做木纹→ 用干刷轻扫→ 画分格线→刷罩面清漆。

9. 仿石纹涂饰

仿石纹涂饰是在装饰面上用涂料仿制出如大理石、花岗石等石纹图案，多用于做墙裙和室内柱面的装饰。

仿石纹涂饰的主要施工方法有刷涂法和喷涂法两种。

（1）刷涂法施工

该法主要适用于涂饰油性调和漆或醇酸调和漆（又称调和漆），一般用于小面积涂饰。其主要操作工序为：刷底漆→ 刮腻子→ 磨平→ 刷白调和漆→ 磨平→ 刷石纹→ 面层清漆罩光。

（2）喷涂法施工

喷涂施工方法一般适用于大面积涂饰。其主要工序包括：涂刷底层涂料→ 画分格线→ 挂丝绵→ 喷涂三色→ 取下丝绵→ 画分格线→ 刷清漆。

（五）裱糊饰面

裱糊墙纸包括在墙面、柱面、天棚面裱糊墙纸或墙布。裱糊装饰材料品种繁多，花色图案各异，色彩丰富，质感鲜明，美观耐用，具有良好的装饰效果，因而颇受欢迎。

建筑装饰墙纸，种类很多，分类方法尚不统一，常用的裱糊饰面材料有：装饰墙纸、金属墙纸和织锦缎等。

1. 裱糊饰面材料

（1）墙纸

墙纸又称壁纸，有纸质墙纸和塑料墙纸两大类。纸质型透气、吸声性能好；塑料型光滑、耐擦洗。一般有大、中、小三种规格。

大卷：幅宽 920 ~ 1200mm，长 50m，40 ~ 60m²/卷；

中卷：幅宽 760 ~ 900mm，长 25 ~ 50m，20 ~ 45m²/卷；

小卷：幅宽 530 ~ 600mm，长 10 ~ 12m，5 ~ 8m²/卷。

（2）织锦缎墙布

织锦缎墙布是用棉、毛、麻、丝等天然纤维或玻璃纤维制成各种粗、细纱或织物，经不同纺纱编织工艺和印色捻线加工，再与防水防潮纸粘贴复合而成。它具有耐老化、无静电、不反光、透气性能好等优点。其规格为：幅宽 500mm × 1000mm，长 10 ~ 40m。

2. 裱糊饰面的基本施工方法

裱糊饰面的施工操作过程如下：清扫基层→批补→刷底油→找补腻子→磨砂纸→配置贴

面材料→裁墙纸（布）→裱糊刷胶→贴装饰面等。

（1）基层表面处理

基层表面清扫要严格，做到干燥、坚实、平滑。局部麻点需先用腻子补平，再视情况满刮一遍腻子或满刮两遍腻子，而后用砂纸磨平。使墙面平整、光洁，无飞刺、麻点、砂粒和裂缝，阴、阳角处线条顺直。这一工序是保证裱糊质量的关键，否则，在光照下会出现阴阳面、变色、脱胶等质量缺陷。

裱糊墙纸前，宜在基层表面刷一道底油，以防止墙身吸水太快使粘结剂脱水而影响墙纸粘贴。

（2）弹线

为便于施工，应按设计要求，在墙、柱面基层上弹出标志线，即弹出墙纸裱糊的上口位置线和弹出垂直基准线，作为裱糊的准线。

（3）裁墙纸（布）

根据墙面弹线找规矩的实际尺寸，确定墙纸的实际长度，下料长度要预留尺寸，以便修剪，一般比实贴长度略长 30～50mm。然后按下料长度统筹规划裁割墙纸，并按裱糊顺序编号，以备逐张使用。若用贴墙布，则墙布的下料尺寸，应比实际尺寸大 100～150mm。

（4）闷水

塑料墙纸遇到水或胶液，开始则自由膨胀，约 5～10min 胀足，而后自行收缩。掌握和利用这个特性，是保证裱糊质量的重要环节。为此，须先将裁好的墙纸在水中浸泡约 5～10min，或在墙纸背面刷清水一道，静置，亦可将墙纸刷胶后叠起静置，使其充分胀开，上述过程俗称闷水或浸纸。玻璃纤维墙布、无纺墙布、锦缎和其他纤维织物墙布，一般由玻璃纤维、化学纤维和棉麻植物纤维的织物为基材，遇水不胀，故不必浸纸。

（5）涂刷胶粘剂

将浸泡后膨胀好的墙纸，按所编序号铺在工作台上，在其背面薄而均匀地刷上胶粘剂。宽度比墙纸宽约 30～50mm，且应自上而下涂刷。使用最多的裱糊胶粘剂有聚醋酸乙烯乳液和聚乙烯醇缩甲醛等，其重量配合比如表 5-14 所示。

表 5-14　裱糊塑料墙纸常用胶粘剂配合比

原材料配合比	聚乙烯醇缩甲醛胶	羧甲基纤维素（浓度 2.5%）	聚醋酸乙烯乳液	水
1	100	30		50
2	100		20	适量
3		100	30	

注意，在涂刷织锦缎胶粘剂时，由于锦缎质地柔软，不便涂刷，需先在锦缎背面裱衬一层宣纸，使其挺括而不变形，然后将粘结剂涂刷在宣纸上即成。也有织锦缎连裱宣纸的，这样施工时就不需再裱衬宣纸了。

（6）裱糊贴饰面

墙纸上墙粘贴的顺序是从上到下。先粘贴第一幅墙纸，将涂刷过胶粘剂的墙纸胶面对胶面折叠，用手握墙纸上端两角，对准上口位置线，展开折叠部分，沿垂直基准线贴于基层上，然后由中间向外用刷子铺平，如此操作，再铺贴下一张墙纸。

墙纸裱贴是要将一幅一幅的墙纸（布）拼成一个整体，并有对花和不对花之分。墙纸裱糊拼缝的方法一般有四种：对接拼缝、搭接拼缝、衔接拼缝和重叠裁切拼缝。图案对花一般有横向排列图案、斜向排列图案和不对花排列图案三种情况。按规定方法拼缝、对花，就能取得满意的装饰效果。

（7）修整

裱糊完后，应及时检查，展开贴面上的皱褶、死褶。一般方法是用干净的湿毛巾轻轻揩擦纸面，使墙纸湿润，再用手将墙纸展平，用压滚或胶皮刮板擀压平整。对于接缝不直，花纹图案拼对不齐的，应撕掉重贴。

（六）常用油漆、涂料配合比

现将油漆、涂料工程中常用油漆、涂料及腻子的配合比分列如下，供使用时参考。

1. 油漆、腻子配合比

（1）石膏油腻子

刮石膏油腻子（用于门窗），1（熟桐油）：1（石膏粉）：水适量

刮石膏油腻子（用于地板），1（熟桐油）：1.5（石膏粉）：水适量

抹找石膏油腻子，1（熟桐油）：2（石膏粉）：水适量

（2）润油粉，60（大白粉）：20（松节油）：8（调和漆）：7（清油）：5（熟桐油）

（3）润水粉，90（大白粉）：7（色粉）：3（骨胶）

（4）漆片腻子，1（漆片）：4（酒精）：2.5（石膏粉）：（色粉，占石膏粉5%）

（5）木材面底油，15（熟桐油）：15（清油）：70（溶解油）

（6）色漆，60%（浅色）：20%（中色）：20%（深色）

（7）油色，10%（色调和漆）：10%（清漆）：10%（清油）：70%（溶剂油）

（8）磨退

醇酸清漆磨退，分别加醇酸稀释剂15%～20%。

刷理漆片，17.25（漆片）：82.75（酒精）

刷理硝基清漆，1（硝基清漆）：1～4（硝基漆稀释剂）

（9）酚醛清漆，90（酚醛漆）：10（油漆溶剂油）

（10）醇酸磁漆，90（磁漆）：10（醇酸稀释剂）

（11）聚氨酯漆，90（酯漆）：10（二甲苯）

（12）过氯乙烯五遍成活

底漆，77（过氯乙烯底漆）：23（过氯乙烯稀释剂）

磁漆，80（过氯乙烯磁漆）：20（过氯乙烯稀释剂）

清漆，80（过氯乙烯清漆）：20（过氯乙烯稀释剂）

2. 金属面油漆配合比

（1）调和漆，95（调和漆）：5（油漆稀释剂）

（2）醇酸磁漆，95（磁漆）：5（醇酸漆稀释剂）

（3）过氯乙烯五遍成活：

底漆，77（过氯乙烯底漆）：23（过氯乙烯稀释剂）

磁漆，80（过氯乙烯磁漆）：20（过氯乙烯稀释剂）

清漆，80（过氯乙烯清漆）：20（过氯乙烯稀释剂）

（4）沥青漆，45（石油沥青）∶50（油漆溶剂油）∶5（清油）
（5）红丹防锈漆，95（红丹防锈漆）∶5（油漆溶剂油）
（6）磷化底漆，90（磷化底漆）∶7.5（乙醇）∶2.5（丁醇）
（7）锌黄底漆，90（锌黄底漆）∶10（醇酸漆稀释剂）

3. 抹灰面油漆配合比

（1）抹灰腻子，88（大白粉）∶2（羧甲基纤维素）∶10（聚醋酸乙烯乳液）
（2）批胶腻子，88（滑石粉）∶2（羧甲基纤维素）∶10（聚醋酸乙烯乳液）
（3）抹找石膏油腻子，1（熟桐油）∶1.5（石膏粉）
（4）底油，20（熟桐油）∶20（清油）∶60（油漆溶剂油）
（5）调和漆，100%
（6）无光调和漆，90（调和漆）∶10（油漆溶剂油）
（7）无光调和漆面漆，95（调和漆）∶5（油漆溶剂油）

4. 其他油漆材料

（1）油漆溶剂油（稀释剂），洗刷子、擦手等用的辅助溶剂油，油基漆取总用量的5%，其他漆类取总用量的10%。
（2）酒精（抗冻剂），取石膏腻子中石膏粉用量的2%。
（3）催干剂，按油漆总用量的1.7%计取，石膏油腻子使用的熟桐油同样加1.7%。
（4）漆片酒精，木疤及沥青等污迹处理点、节使用。
（5）浮石粉，摩擦膜及补棕眼用。
（6）蜡，砂蜡及上光蜡，分别加煤油10%。
（7）石蜡，加溶剂油3%（找蜡腻子用）。
（8）地板蜡，加煤油10%。
（9）磷化底漆除油剂：洗衣粉。

5. 水质涂料配合比

（1）白水泥浆，80（白水泥）∶17（801胶）∶3（色粉）
（2）石灰油浆

$$清油使用量 = 块石灰使用量 \times （1 + 损耗率） \times 30\% （清油比）$$

$$色粉使用量 = \frac{块石灰使用量}{1 - 5\%（色粉比）} - 块石灰使用量$$

（注：清油加入量占块石灰总用量的30%；色粉加入量占块石灰总用量的5%。）

（3）石灰浆应加入工业食盐，加入量应为块石灰用量1%～3%：

$$食盐用量 = \frac{块石灰使用量}{1 - （1 - 3\%）食盐用量} - 块石灰使用量$$

（4）大白浆加入羧甲基纤维素2.1%，色粉3.34%
（5）红土子浆，85（红土子）∶15（血料）
（6）水泥浆，77（水泥）∶8（块石灰）∶15（血料）
（7）可赛银浆，78（可赛银）∶20（大白粉）∶2（羧甲基纤维素）

(8) 内用乳胶漆，80（乳胶漆）:20（水）

(9) 外用乳胶漆，100%乳胶漆

(七) 清单项目有关说明

1. “项目特征”中“门类型”：通常分镶板门、木板门、胶合板门、装饰（实木）门、木纱门、木质防火门、连窗门，平开门、推拉门，单扇门、双扇门，带纱门、全玻自由门（带木扇框）、半玻自由门、半百叶门、全百叶门，单层木门、双层（一玻一纱）木门、双层（单裁口）木门，以及带亮子、不带亮子，有门框、无门框和单独门框等。

2. “窗类型”：分平开窗、推拉窗、提拉窗、固定窗、空花格、百叶窗，以及单扇窗、双扇窗、多扇窗，单层窗、双层（一玻一纱）窗、双层框扇（单裁口）木窗、双层框三层（二玻一纱）木窗、单层组合窗、双层组合窗，以及带亮子、不带亮子等。

3. “项目特征”中“腻子种类”：石膏油腻子（熟桐油、石膏粉、适量水）、胶腻子（钛白粉、色粉、羧甲基纤维素）、漆片腻子（漆片、酒精、石膏粉、适量色粉）、油腻子（矾石粉、桐油、脂肪酸、松香）等［腻子配合比，可参见本节一、（六）中有关部分］。

4. “项目特征”中“刮腻子遍数”：分刮腻子遍数（道数），满刮腻子或找补腻子等。

5. 木扶手，应区别带托板与不带托板分别编码列项。

6. 连窗门油漆，可按门油漆项目编码列项。

7. 墙纸和织锦缎的裱糊，应按要求分对花和不对花。

二、油漆、涂料、裱糊工程量计算及示例

(一) 门窗油漆工程量计算

各类门、窗油漆工程量，均按设计图示数量或设计图示单面洞口面积计算，单位以樘或 m^2 计。

门、窗油漆工程量清单项目及计算规则分别列于表5-15和表5-16中，计算时按表内规则执行。

表5-15 P.1门油漆（编码：011401）工程量清单项目及计算规则

项目编码	项目名称	项目特征	计量单位	工程量计算规则	工作内容
011401001	木门油漆	1. 门类型 2. 门代号及洞口尺寸 3. 腻子种类 4. 刮腻子遍数 5. 防护材料种类 6. 油漆品种、刷漆遍数	1. 樘 2. m^2	1. 以樘计量，按设计图示数量计量 2. 以平方米计量，按设计图示洞口尺寸以面积计算	1. 基层清理 2. 刮腻子 3. 刷防护材料、油漆
011401002	金属门油漆				1. 除锈、基层清理 2. 刮腻子 3. 刷防护材料、油漆

注：1 木门油漆应区分木大门、单层木门、双层（一玻一纱）木门、双层（单裁口）木门、全玻自由门、半玻自由门、装饰门及有框门或无框门等项目，分别编码列项。

2 金属门油漆应区分平开门、推拉门、钢制防火门等项目，分别编码列项。

3 以平方米计量，项目特征可不必描述洞口尺寸。

表 5-16 P.2 窗油漆（编码：011402）工程量清单项目及计算规则

项目编码	项目名称	项 目 特 征	计量单位	工程量计算规则	工作内容
011402001	木窗油漆	1. 窗类型 2. 窗代号及洞口尺寸 3. 腻子种类 4. 刮腻子遍数 5. 防护材料种类 6. 油漆品种、刷漆遍数	1. 樘 2. m^2	1. 以樘计量，按设计图示数量计量 2. 以平方米计量，按设计图示洞口尺寸以面积计算	1. 基层清理 2. 刮腻子 3. 刷防护材料、油漆
011402002	金属窗油漆				1. 除锈、基层清理 2. 刮腻子 3. 刷防护材料、油漆

注：1 木窗油漆应区分单层木窗、双层（一玻一纱）木窗、双层框扇（单裁口）木窗、双层框三层（二玻一纱）木窗、单层组合窗、双层组合窗、木百叶窗、木推拉窗等项目，分别编码列项。
2 金属窗油漆应区分平开窗、推拉窗、固定窗、组合窗、金属隔栅窗等项目，分别编码列项。
3 以平方米计量，项目特征可不必描述洞口尺寸。

（二）木扶手及其他板条、线条油漆工程量计算

木扶手及其他板条线条油漆工程量，按设计图示尺寸以长度（m）计算。

应注意的是：（1）楼梯木扶手工程量，按中心线斜长（m）计算，弯头长度计算在扶手长度内。（2）博风板工程量按中心线斜长（m）计算。有大刀头的，每个大刀头增加长度。

博风板又称拨风板、顺风板，它是山墙的封檐板，博风板两端（檐口部位）的刀形头，称大刀头、或称勾头板。

（三）木材面油漆工程量计算

木材面油漆工程量按设计图示尺寸以面积（m^2）计算。其中：

（1）木板、纤维板、胶合板油漆工程量，若单面油漆按单面面积计算；双面油漆按双面面积计算。

（2）木护墙、木墙裙油漆，工程量按垂直投影面积计算。

（3）窗台板、筒子板、盖板、门窗套、踢脚线油漆，工程量按水平面积或垂直投影面积计算。其中，门窗套的贴脸板和筒子板垂直投影面积合并计算。

（4）清水板条天棚、檐口油漆，木方格吊顶天棚油漆，工程量均以水平投影面积计算，不扣除空洞面积。

（5）暖气罩油漆工程量，垂直面按垂直投影面积计算，突出墙面的水平面按水平投影面积计算，不扣除空洞面积。

木材质物件油漆的工程量清单项目及各分项工程量计算规则综合在表 5-17 内。

木材质物料油漆的工程量可以 m^2 或 m 计量，各分项的计算规则如表 5-17 所示。

表 5-17 木材面、木扶手及其他板条线条油漆工程量计算规定

序号	项目名称及编码	工程量计算规则
1	011403001 木扶手油漆，002 窗帘盒油漆，003 封檐板、顺水板油漆，004 挂衣板、黑板框油漆，005 挂镜线、窗帘棍、单独木线油漆	按设计图示尺寸以长度（m）计算

续表

序号	项目名称及编码	工程量计算规则
2	011404001 木护墙、木墙裙油漆，002 窗台板、筒子板、盖板、门窗套、踢脚线油漆，003 清水板条天棚、檐口油漆，004 木方格吊顶天棚油漆，005 吸音板墙面、天棚面油漆，006 暖气罩油漆，007 其他木材面油漆	按设计图示尺寸以面积（m^2）计算
3	011404008 木间壁、木隔断油漆，009 玻璃间壁露明墙筋油漆，010 木栅栏、木栏杆（带扶手）油漆，	按设计图示尺寸以单面外围面积（m^2）计算
4	011404011 衣柜、壁柜油漆，012 梁柱饰面油漆，013 零星木装修油漆	按设计图示尺寸以油漆部分展开面积（m^2）计算
5	011404014 木地板油漆，015 木地板烫硬蜡面	按设计图示尺寸以面积（m^2）计算，并入空洞、空圈、暖气包槽、壁龛的开口部分面积

应注意的是：（1）楼梯木扶手工程量，按中心线斜长（m）计算，弯头长度计算在扶手长度内。
（2）博风板工程量按中心线斜长（m）计算。有大刀头的，每个大刀头增加长度 0.5m。

（四）金属面油漆工程量计算

金属面油漆工程量按设计图示尺寸以质量（t）计算。

工程量清单项目及工程量计算规则如表 5-18 所示。

表 5-18　P.5 金属面油漆（编码：011405）**工程量计算规则**

项目编码	项目名称	项目特征	计量单位	工程量计算规则	工作内容
011405001	金属面油漆	1. 构件名称 2. 腻子种类 3. 刮腻子要求 4. 防护材料种类 5. 油漆品种、刷漆遍数	1. t 2. m^2	1. 按设计图示尺寸以质量计算 2. 按设计展开面积计算	1. 基层清理 2. 刮腻子 3. 刷防护材料、油漆

（五）抹灰面油漆工程量计算

抹灰面油漆工程量清单项目及计算规则如表 5-19 所示。工程量计算分抹灰面和抹灰线条：

1. 抹灰面油漆工程量，按设计图示尺寸以面积（m^2）计算。
2. 抹灰线条油漆工程量，按设计图示尺寸以长度（m）计算。
3. 满刮腻子工程量，按设计图示尺寸面积（m^2）计算。

表 5-19　P.6 抹灰面油漆（编码：011406）**工程量计算规则**

项目编码	项目名称	项目特征	计量单位	工程量计算规则	工作内容
011406001	抹灰面油漆	1. 基层类型 2. 腻子种类 3. 刮腻子遍数 4. 防护材料种类 5. 油漆品种、刷漆遍数 6. 部位	m^2	按设计图示尺寸以面积计算	1. 基层清理 2. 刮腻子 3. 刷防护材料、油漆

续表

项目编码	项目名称	项 目 特 征	计量单位	工程量计算规则	工作内容
011406002	抹灰线条油漆	1. 线条宽度、道数 2. 腻子种类 3. 刮腻子遍数 4. 防护材料种类 5. 油漆品种、刷漆遍数	m	按设计图示尺寸以长度计算	1. 基层清理 2. 刮腻子 3. 刷防护材料、油漆
011406003	满刮腻子	1. 基层类型 2. 腻子种类 3. 刮腻子遍数	m^2	按设计图示尺寸以面积计算	1. 基层清理 2. 刮腻子

（六）喷刷涂料工程量计算

喷刷涂料工程量清单项目共列 6 个分项，工程量计算规则如表 5-20 所示。

表 5-20 P. 7 喷刷涂料（编码：011407）**工程量计算规则**

项目编码	项目名称	项 目 特 征	计量单位	工程量计算规则	工作内容
011407001	墙面喷刷涂料	1. 基层类型 2. 喷刷涂料部位 3. 腻子种类 4. 刮腻子要求 5. 涂料品种、喷刷遍数	m^2	按设计图示尺寸以面积计算	1. 基层清理 2. 刮腻子 3. 刷、喷涂料
011407002	天棚喷刷涂料				
011407003	空花格、栏杆刷涂料	1. 腻子种类 2. 刮腻子遍数 3. 涂料品种、刷喷遍数		按设计图示尺寸以单面外围面积计算	
011407004	线条刷涂料	1. 基层清理 2. 线条宽度 3. 刮腻子遍数 4. 刷防护材料、油漆	m	按设计图示尺寸以长度计算	
011407005	金属构件刷防火涂料	1. 喷刷防火涂料构件名称 2. 防火等级要求 3. 涂料品种、喷刷遍数	1. m^2 2. t	1. 以吨计量，按设计图示尺寸以质量计算 2. 以平方米计量，按设计展开面积计算	1. 基层清理 2. 刷防护材料、油漆
011407006	木材构件喷刷防火涂料		m^2	以平方米计量，按设计图示尺寸以面积计算	1. 基层清理 2. 刷防火材料

注：喷刷墙面涂料部位要注明内墙或外墙。

（七）裱糊工程量计算

裱糊工程量按设计图示尺寸，以面积（m^2）计算，见表 5-21。

表 5-21　P.8 裱糊（编码：011408）工程量计算规则

项目编码	项目名称	项　目　特　征	计量单位	工程量计算规则	工作内容
011408001	墙纸裱糊	1. 基层类型 2. 裱糊部位 3. 腻子种类 4. 刮腻子要求 5. 粘结材料种类 6. 防护材料种类 7. 面层材料品种、规格、颜色	m^2	按设计图示尺寸以面积计算	1. 基层清理 2. 刮腻子 3. 面层铺粘 4. 刷防护材料
011408002	织锦缎裱糊				

（八）油漆、涂料、裱糊工程量计算示例

【例 5-4】　计算如图 4-6 所示中套住房硬木窗涂刷酚醛清漆二遍的工程量。设窗洞口高均为 1600mm。

【解】　本住宅为单层玻璃硬木窗，其油漆工程量应按表 5-15 规定，以"樘"或 m^2 计算，结果如下：

C-9　1 樘，或按面积计算 $1.5\times1.6=2.4m^2$

C-12　1 樘，或按面积计算 $1.0\times1.6=1.6m^2$

C-15　1 樘，或按面积计算 $0.6\times1.6=0.96m^2$

【例 5-5】　图 4-30 单间客房的过道、房间墙面贴装饰墙纸，硬木踢脚线（150mm × 20mm）硝基清漆，计算其工程量及主要材料用量。

【解】

（1）过道、房间贴装饰墙纸，工程量按设计面积计算，其中过道壁橱到顶，不贴墙纸。

$$(1.85+1.1\times2)\times(2.2-0.15)+(4-0.12+3.2)\times2\times(2.0-0.15)-$$

$$0.9\times(2.0-0.15)\times3-0.8\times(2.0-0.15)-1.8\times1.1$$

$$=26.04m^2\text{（其中门窗框料断面取 }75mm\times100mm\text{）}$$

（2）踢脚线按垂直投影面积，即踢脚线的（长×宽）计算工程量：踢脚线长为：

$$(1.85+1.1\times2)+(4-0.12+3.2)\times2-0.9\times3-0.8+0.24\times2=15.19m$$

踢脚线工程量：　　$15.19\times0.15=2.28m^2$

（3）计算装饰墙纸用量：

按对花考虑，由定额 5-288 有

$$1.1579\times26.04=30.15m^2$$

（4）计算硬木踢脚板硝基清漆用量：

若硝基清漆的做法按润油粉、刮腻子、硝基清漆、磨退出亮。由定额 5-076，

硝基清漆用量（代码 HA0230）：　　$0.5921\times2.28=1.35kg$

硝基稀释剂（代码 HA1930）：　　$1.385\times2.28=3.16kg$

【例 5-6】　若上例中过道、房间贴装饰墙纸改为刷乳胶漆。设计规定乳胶漆的做法为：

抹灰墙面批二遍腻子、磨砂纸、刷乳胶漆三遍。试计算刷乳胶漆工程量及油漆用量。

【解】 按计算规则，抹灰面乳胶漆工程按面积计算，则其工程量与贴墙纸面积相同，即为24.78m²。

按做法要求，应套定额5-196，则油漆用量为：

（1）乳胶漆（HA0830）：　　　$0.4326 \times 26.04 = 11.26$kg

（2）聚酯酸乙烯乳胶（JA2150）：　　　$0.060 \times 26.04 = 1.56$kg

（3）羧甲基纤维素（JA3040）：　　　$0.0120 \times 26.04 = 0.31$kg

第三节　其他装饰工程工程量计算及示例

一、其他装饰工程清单项目内容及有关说明

（一）清单项目内容

其他工程包括8节62个项目，它们是：柜类、货架、暖气罩、浴厕配件、压条、装饰线、扶手、栏杆、栏板、雨篷、旗杆、招牌、灯箱、美术字等。有关内容作如下介绍。

1. 柜类、货架

清单“柜类、货架”项目共列20个子目，其中包括：柜台、货架、收银台、展台、试衣间、酒吧台酒吧吊柜、吧台背柜、壁柜、矮柜、衣柜、书柜、酒柜、厨房低柜、厨房吊柜、厨房壁柜等。

2. 暖气罩

暖气罩是在房间放置暖气片的地方，用以遮挡暖气片或暖气管道的装饰物，一般做法是在外墙内侧留槽，槽的外面做隔离罩，此隔离罩常用金属网片或夹板制作。当外墙无法留槽时，就只好做明罩。因此，暖气罩的安装方式可分为挂板式、明式和平墙式。

挂板式，如图5-12（a）所示，是将暖气罩（即遮挡面板）用连接件挂在预留的挂钩上或挂在暖气片上的一种方式。

明式，如图5-12（b）所示，是指暖气罩凸出墙面，罩在暖气片上。它由顶平板、正立面板和两侧面板组成。

平墙式，是指暖气片设置在外墙内侧的槽（常称壁龛）内，暖气罩设在暖气片正面，表面基本上与墙平齐，不占用室内空间，又很美观。这种暖气罩也称暗槽暖气罩。如图5-12（c）所示。

3. 洗漱台

洗漱台是卫生间内用于支承台式洗脸盆，放置洗漱卫生用品，同时装饰卫生间的台面。洗漱台一般用纹理、颜色均具有较强装饰性的花岗石、大理石或人造板材，经磨边、开孔制作而成。台面的厚度一般为20mm，宽度约500～600mm，长度视卫生间大小而定，另设侧板。台面下设置支承构件，通常用角铁架子、木架子、半砖墙，或搁在卫生间两边的墙上。

洗漱台项目适用于石材、玻璃等材料。洗漱台面常要磨成缓变的角度，称磨边、削角。台板磨边可为45°斜边、半圆边或指甲圆。

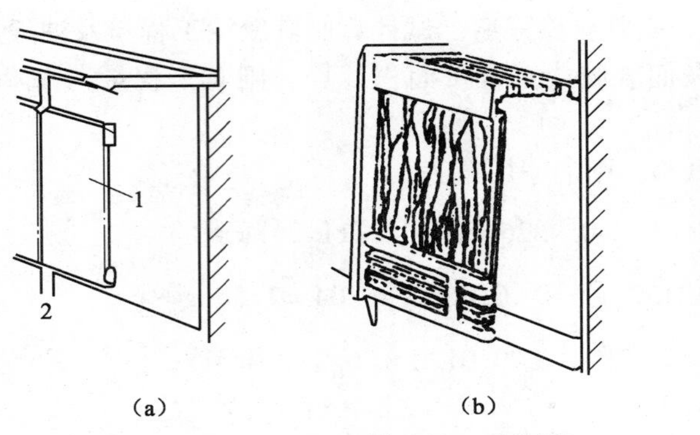

图 5-12　暖气罩

(a) 挂板式；(b) 明式；(c) 平墙式

1—暖气罩挂板；2—暖气管

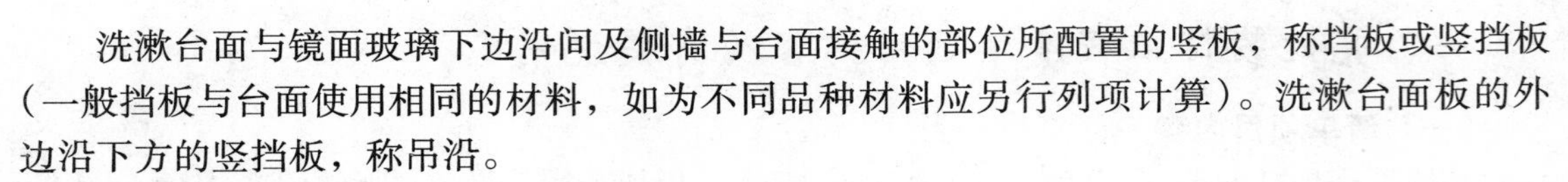

洗漱台面与镜面玻璃下边沿间及侧墙与台面接触的部位所配置的竖板，称挡板或竖挡板（一般挡板与台面使用相同的材料，如为不同品种材料应另行列项计算）。洗漱台面板的外边沿下方的竖挡板，称吊沿。

4. 镜面玻璃

镜面玻璃可分为车边防雾镜面玻璃和普通镜面玻璃。玻璃安装有带框和不带框之分，带框时，一般要用木封边条、铝合金封边条或不锈钢封边条。当镜面玻璃的尺寸不很大时，可在其四角钻孔，用不锈钢玻璃钉直接固定在墙上（图 5-13）。当镜面玻璃尺寸较大（$1m^2$ 以上）或墙面平整度较差时，通常要加木龙骨木夹板基层，使基面平整，固定方式采用嵌压式，如图 5-14 所示。

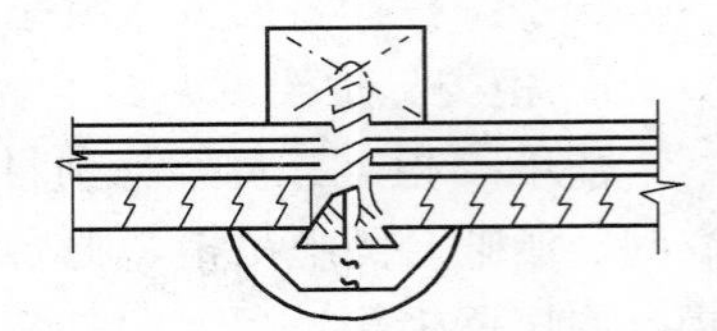

图 5-13　装饰螺钉固定镜面玻璃

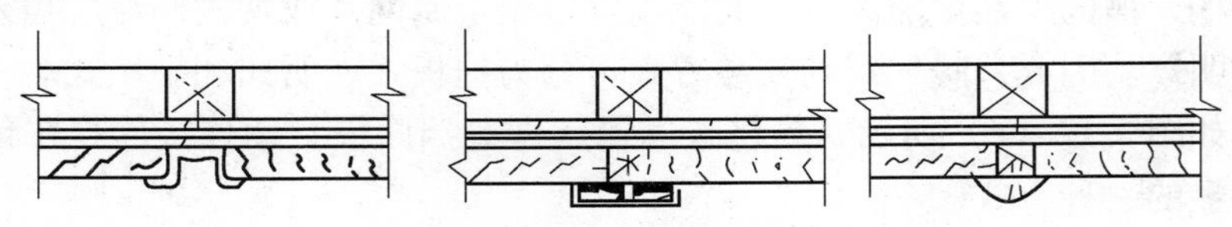

图 5-14　嵌压式固定镜面玻璃

5. 压条、装饰线条

压条和装饰线条是用于各种交接面、分界面、层次面、封边封口线等的压顶线和装饰条，起封口、封边、压边、造型和连接的作用。目前，压条和装饰条的种类也很多，按材质分，主要有木线条、铝合金线条、铜线条、不锈钢线条和塑料线条、石膏线条等。按用途分，有天花角线、天花线、压边线、挂镜线、封边角线、造型线、槽线等。为适应装饰市场的需要，木装饰线、石膏装饰线定额均以成品安装为准；石材装饰线条也均以成品安装为准。

（1）木装饰条：木质装饰线条的规格常用的有：19mm×6mm，13mm×6mm，25mm×25mm，50mm×20mm，44mm×51mm，80mm×20mm，41mm×85mm，100mm×12mm，25mm×101mm，150mm×15mm，200mm×15mm，250mm×20mm 等数种。

（2）金属装饰条：有铝合金线条、铜线条和不锈钢线条等。常见金属装饰条规格：金属压条 10mm×2.5mm、金属槽线 50.8mm×12.7mm×1.2mm、金属角线 30mm×30mm×

1.5mm、铜嵌条15mm×2mm和镜面不锈钢装饰条。

（3）塑料线条：塑料装饰线条是用硬质聚氯乙烯塑料制成，具有耐磨、耐腐蚀、绝缘性好，且一次成型后不需再经处理。常见的线条有聚氨酯（PU）硬泡饰线，PPC高分子材料饰线和PP型塑料雕花线条等。

（4）石膏装饰线：石膏装饰线是以半水石膏为主要原料，掺加适量增强纤维、胶粘剂、促凝剂、缓凝剂，经料浆配制，浇注成型，烘干而制成的线条。它具有质量轻、易于锯拼安装、浮雕装饰性强的优点。规格有：石膏装饰条50mm×10mm，石膏顶角线80mm×30mm、120mm×30mm等。

6. 扶手、栏杆、栏板

扶手、栏杆、栏板分项是指装饰工程中用于楼梯、走廊、回廊、阳台、平台，以及其他装饰部位的栏杆、栏板和扶手。典型的栏杆、栏板、扶手造型如图5-15所示。栏杆、栏板、扶手种类包括铝合金栏杆玻璃栏板、不锈钢管栏杆、不锈钢管栏杆钢化玻璃栏板、不锈钢管栏杆有机玻璃栏板、铜管栏杆钢化玻璃栏板、大理石栏板、铁花栏杆、木栏杆；各种金属（不锈钢、铜、铝质）扶手、硬木扶手、塑料扶手、大理石扶手，以及各种材质靠墙扶手等。

扶手的常用规格为：铝合金扁管扶手100mm×44mm×1.8mm；不锈钢管扶手用ϕ60mm和ϕ75mm的不锈钢管；硬木扶手分100mm×60mm、150mm×60mm、60mm×60mm；钢管扶手分圆管和方管，规格分别为ϕ50mm和100mm×60mm；铜管扶手分ϕ60mm和ϕ75mm两种。

7. 招牌、灯箱

招牌分为平面招牌、箱体招牌、竖式标箱、灯箱，在此基础上又分为一般招牌和矩形招牌以及复杂招牌和异形招牌。平面招牌是指安装在门前墙面上的一种招牌；箱体招牌、竖式标箱是指六面体固定在墙面上的招牌；沿雨篷、檐口、阳台走向的立式招牌，按平面招牌考虑。

一般招牌和矩形招牌是指正立面平整无凸面；复杂招牌和异形招牌是指正立面有凹凸造型的一种招牌。

招牌、灯箱制作安装分为木结构灯箱和钢结构灯箱。

8. 美术字

美术字的制作、运输、安装，不分字体（不论字体形式如何，即使是外文或拼音字，也应以中文意译的单字或单词进行计量，而不以字符来计量）。清单按字的材质列4个分项，即泡沫塑料字、有机玻璃字、木质字和金属字。

美术字按大小规格分类，规格以字的外接矩形长、宽和字的厚度表示。常见字的长、宽尺寸有四个档次，即：

长×宽 = 400mm×400mm，控制范围在0.2m^2以内；

长×宽 = 600mm×600mm或600mm×800mm，控制范围在0.5m^2以内；

长×宽 = 900mm×1000mm，控制范围在1.0m^2以内；

长×宽 = 1000mm×1250mm，控制范围在1.0m^2以外。

“项目特征”中的基层类型，指美术字的依托体材料，如（大理）石面、混凝土面、砖墙面、钢支架和其他面。

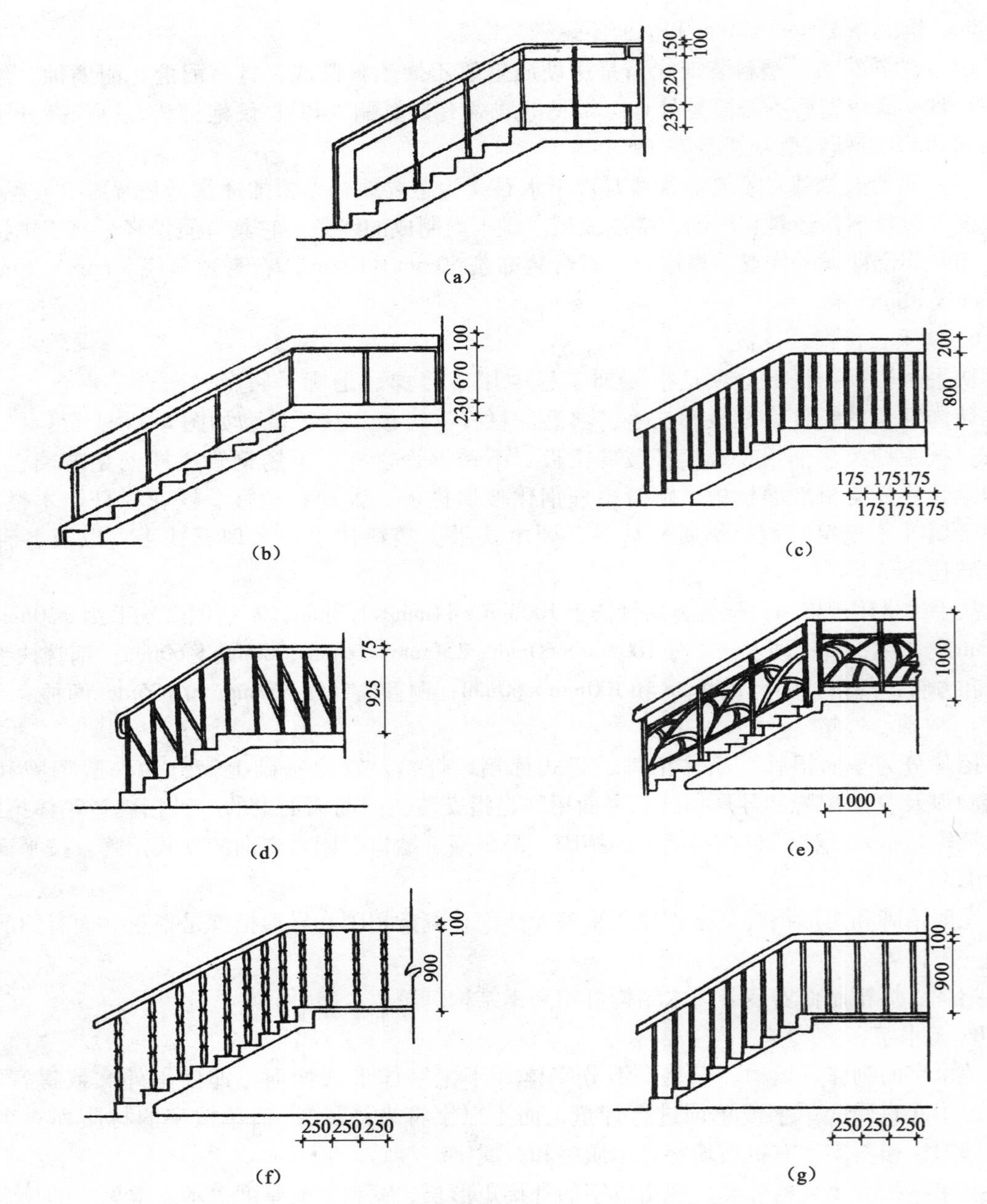

图 5-15　栏板、栏杆、扶手构造示意图

（a）金属栏杆、半玻栏板；（b）金属栏杆、全玻栏板；
（c）金属栏杆，直线形（竖条式）；（d）金属栏杆，直线形（其他）；
（e）铁花栏杆，钢材、型钢；（f）车花木栏杆；（g）不车花木栏杆

（二）清单项目的其他说明

1. “项目特征”中台柜规格：是以能分离的成品单体长、宽、高来表示。例如，一个组合书柜分上下两部分，下部为独立的矮柜，上部为敞开式的书柜，可以上、下两部分标注尺寸。

2. “项目特征”中镜面玻璃和灯箱等的“基层材料”：是指玻璃背面的衬垫材料，如胶

合板、油毡等。

3. “项目特征”中装饰线条、美术字等的“基层类型”：指装饰线、美术字依托体材料，如砖墙、木墙、石墙、混凝土墙、抹灰墙、钢支架等。

4. 美术字项目中的固定方式：指以粘贴、焊接，以及铁钉、螺栓、铆钉固定等方式。

5. 旗杆高度指旗杆台座上表面至杆顶的高度尺寸（包括球珠）。

6. 厨房壁柜、吊柜的区分：嵌入墙内的为壁柜，以支架固定在墙上的为吊柜。

7. 金属旗杆的砖砌或混凝土台座，可按相关附录章节（如附录 D，E）另行编码列项。

二、工程量计算及示例

其他装饰工程（附录 Q）工程量计算规则综合列于表 5-22 中。计算工程量时按表中规定执行。应说明的是：

1. “附录 Q. 1”中台柜工程量以“个”计算，“个”是指能分离的同规格的单体个数。如有同规格 1500mm × 400mm × 1200mm 的柜台 5 个单体，另有一个规格为 1500mm × 400mm × 1150mm 的单体柜台，该柜台的底部安装 4 个胶轮，以便营业员由此活动柜台出入。这 6 个柜台应分开列为 1500mm × 400mm × 1200mm 规格的柜台 5 个，规格为 1500mm × 400mm × 1150mm 的柜台 1 个。

台柜项目的“个”，应按设计图纸或说明，包括台柜架、台面材料（石材、金属型材、实木料等）、侧面材料（镜面玻璃、玻璃、装饰板材等）、内隔板材料、连接件、配件等。

2. “附录 Q. 5”中“洗漱台”的工程量按台面外接矩形面积计算。这是由于洗漱台在放置洗面盆的部位必须开洞，根据洗漱台摆放的位置，有些还需选形、切角等，因此洗漱台的工程量按外接矩形计算。

表 5-22　其他装饰工程清单项目及工程量计算规则

节号	分部项目及编号	分项名称	计量单位	工程量计算规则
Q. 1	柜类、货架（011501）	001 柜台，2 酒柜，3 衣柜，4 存包柜，5 鞋柜，6 书柜，7 厨房壁柜，8 木壁柜，9 厨房低柜，10 厨房吊柜，11 矮柜，12 吧台背柜，13 酒吧吊柜，14 酒吧台，15 展台，16 收银台，17 试衣间，18 货架，19 书架，20 服务台	1. 个 2. m 3. m^3	1. 按设计图示数量计算 2. 按设计图示尺寸延长米计算 3. 按设计图示尺寸以体积计算
Q. 2	压条、装饰线（011502）	001 金属装饰线，2 木质装饰线，3 石材装饰线，4 石膏装饰线，5 镜面玻璃线，6 铝塑装饰线，7 塑料装饰线，8 GRC 装饰线条	m	按设计图示尺寸以长度计算
Q. 3	扶手、栏杆、栏板装饰（011503）	001 金属扶手、栏杆、栏板，2 硬木扶手、栏杆、栏板，3 塑料扶手、栏杆、栏板，4 GRC 栏杆、扶手，5 金属靠墙扶手，6 硬木靠墙扶手，7 塑料靠墙扶手，8 玻璃栏板	m	按设计图示以扶手中心线长度（包括弯头长度）计算
Q. 4	暖气罩（011504）	001 饰面板暖气罩，2 塑料板暖气罩，3 金属暖气罩	m^2	按设计图示尺寸以垂直投影面积（不展开）计算

续表

节号	分部项目及编号	分项名称	计量单位	工程量计算规则
Q. 5	浴厕配件（011505）	001 洗漱台	1. m^2 2. 个	1. 按设计图示尺寸以台面外接矩形面积计算。不扣除孔洞、挖弯、削角所占面积，挡板、吊沿板面积并入台面面积内 2. 按设计图示数量计算
		2 晒衣架，3 帘子杆，4 浴缸拉手，5 卫生间扶手	个	按设计图示数量计算
		6 毛巾杆（架）	套	
		7 毛巾环	副	
		8 卫生纸盒，9 肥皂盒，11 镜箱	个	
		10 镜面玻璃	m^2	按设计图示尺寸以边框外围面积计算
Q. 6	雨篷、旗杆（011506）	001 雨篷吊挂饰面，3 玻璃雨篷	m^2	按设计图示尺寸以水平投影面积计算
		2 金属旗杆	根	按设计图示数量计算
Q. 7	招牌、灯箱（011507）	001 平面、箱式招牌	m^2	按设计图示尺寸以正立面边框外围面积计算。复杂形的凸凹造型部分不增加面积
		2 竖式标箱，3 灯箱，4 信报箱	个	按设计图示数量计算
Q. 8	美术字（011508）	001 泡沫塑料字，2 有机玻璃字，3 木质字，4 金属字，5 吸塑字		

【例 5-7】 设如图 4-30 所示单间客房卫生间内大理石洗漱台、同种材料挡板、吊沿，设车边镜面玻璃及毛巾架等配件。尺寸如下：大理石台板 1400mm × 500mm × 20mm，挡板宽度 120mm，吊沿 180mm，开单孔；台板磨半圆边；玻璃镜 1400（宽）mm × 1120（高）mm，不带框；毛巾架为不锈钢架，1 只/ 间。试计算 10 个同样的标准客房卫生间上述配件的工程量及洗漱台工料机消耗量。

【解】

1. 工程量计算见表 5-23；
2. 工程量清单见表 5-24；
3. 按 × × 省房屋装饰消耗量定额（2006），洗漱台工料机消耗量见表 5-25。

表 5-23 客房浴厕配件工程量计算表

序号	清单项目编码	清单项目名称	计算式	工程量合计	计量单位
1	011505001001	大理石洗漱台	S = [1.4 × 0.5 + (1.40 + 0.50 × 2) × 0.12 挡板 + 1.40 × 0.18 吊沿] × 10 = 1.24 × 10	12.4	m^2
2	011505006001	不锈钢毛巾架		10	套
3	011505010001	镜面玻璃	S = 1.40 × 1.12 × 10 = 1.568 × 10	15.68	m^2

表 5-24　客房浴厕配件分项工程和单价措施项目清单与计价表

序号	项目编码	项目名称	项目特征描述	计量单位	工程量	金额（元）	
						综合单价	合价
1	011505001001	大理石洗漱台	1. 材料品种、规格、颜色：大理石，白色带纹 2. 支架品种、规格：角钢 40×3	m^2	12.4		
2	011505006001	不锈钢毛巾架	1. 材料品种、规格、颜色：不锈钢毛巾架	套	10		
3	011505010001	镜面玻璃	1. 镜面玻璃品种、规格：镀银镜面车边玻璃 2. 框材质：不带框 3. 基层材料种类：胶合板 3mm	m^2	15.68		

表 5-25　客房浴厕洗漱台工料机消耗量计算表

定额编号	B6-48
定额项目	大理石洗漱台，$1m^2$ 以外
单位	$10m^2$

材料类别	材料编号	材料名称	数量	工程量	消耗量	单位
人工费	jz0002	综合工日	23.23	1.24	28.81	工日
材料费	210300D038	油漆溶剂油	0.07		0.09	kg
	210200D016	防锈漆	0.69		0.86	kg
	010201D044	角钢 40×3	225.11		279.14	kg
	pb325	水泥砂浆 1：2.5	0.43		0.53	m^3
	200101D007	电焊条	6.07		7.53	kg
	171000D003	钢板网	10.50		13.02	m^2
	jz1190	膨胀螺栓 M8×80	81.60		101.18	套
	060202D023	大理石板（综合）	17.03		21.12	m^2
	040207D003	毛板	0.16		0.20	m^2
机械费	jx09003	交流弧焊机 容量 42kVA 小	1.38		1.71	台班
	jx13109	电锤 520W	1.20		1.49	台班

第四节　拆除工程工程量计算

一、清单项目简介

“13 计量规范” 附录 R “拆除工程” 是房屋建筑计量规范中新增内容，适用于房屋工程的维修、加固、二次装修前的拆除，不适用于房屋的整体拆除和其他拆除。

拆除工程划分为15节共37个项目。分别为砖砌体拆除，混凝土及钢筋混凝土构件拆除，木构件拆除，抹灰层拆除，块料面层拆除，龙骨及饰面拆除，屋面拆除，铲除油漆涂料裱糊面，栏杆栏板、轻质隔断隔墙拆除，门窗拆除，金属构件拆除，管道及卫生洁具拆除，灯具、玻璃拆除，其他构件拆除，开孔（打洞）等。详细项目划分及编码如表5-26所示。

现就清单项目做如下简要说明

1. 项目特征栏中，在R.1节的“砌体名称”是指砖砌墙、柱、水池等；在R.3节的“构件名称”是指拆除构件应按木梁、木柱、木楼梯、木屋架、承重木楼板等分别列项，在“构件名称”中描述。

2. 项目特征栏中，对”附着物”的描述，在不同分项含义有所差异：在R.1节“砌体表面的附着物种类”指抹灰层、块料层、龙骨及装饰面层等。在R.2节“混凝土及钢筋混凝土构件表面的附着物种类”指抹灰层、块料层、龙骨及装饰面层等。在R.3节“木构件表面的附着物种类”指抹灰层、块料层、龙骨及装饰面层等。

3. 对于只拆面层的项目，在项目特征中，不必描述基层（或龙骨）类型（或种类）；对于基层（或龙骨）和面层同时拆除的项目，在项目特征中，必须描述（基层或龙骨）类型（或种类）。

4. 关于项目特征栏中“拆除的基层类型”：在R.5节“拆除的基层类型”是指砂浆层、防水层、干挂或挂贴所采用的钢骨架层等。在R.6节是指龙骨及饰面拆除时的基层，基层类型仍指砂浆层、防水层等。

5. 关于“拆除部位名称”的描述：R.8节“铲除油漆涂料裱糊面”项目中是指铲除墙面、柱面、天棚、门窗等。在R.13节“灯具、玻璃拆除”中拆除部位是指门窗玻璃、隔断玻璃、墙玻璃、家具玻璃等。在打孔（打洞）分项中，“部位”是指墙面或楼板等。

6. 特殊的描述，“门窗拆除”节的“室内高度”：是指室内楼地面至门窗的上边框间的高度。

二、拆除项目工程量计算

拆除项目工程量计算规则已归纳汇总在表5-26中，供读者参阅使用。

表5-26　拆除工程项目划分、工程量计算规则

节号	项目名称及编码	计量单位	工程量计算规则
R.1	011601001 砖砌体拆除	m^3，m	按拆除的体积计算；按拆除的延长米计算
R.2	011602001 混凝土构件拆除，002 钢筋混凝土构件拆除	m^3，m^2，m	按拆除构件的混凝土体积计算；按拆除部位的面积、延长米计算
R.3	011603001 木构件拆除	m^3，m^2，m	按拆除构件的体积计算；按拆除面积、延长米计算
R.4	011604001 平面抹灰层拆除，002 立面抹灰层拆除，003 天棚抹灰面拆除	m^2	按拆除部位的面积计算
R.5	011605001 平面块料拆除，002 立面块料拆除	m^2	按拆除面积计算

续表

节号	项目名称及编码	计量单位	工程量计算规则
R.6	011606001 楼地面龙骨及饰面拆除，002 墙柱面龙骨及饰面拆除，003 天棚面龙骨及饰面拆除	m^2	按拆除面积计算
R.7	011607001 刚性层拆除，002 防水层拆除	m^2	按铲除部位的面积计算
R.8	011608001 铲除油漆面，002 铲除涂料面，003 铲除裱糊面	m^2，m	按铲除部位的面积、延长米计算
R.9	011609001 栏杆、栏板拆除	m^2，m	按拆除部位的面积、延长米计算
	002 隔断隔墙拆除	m^2	按拆除部位的面积计算
R.10	011610001 木门窗拆除，002 金属门窗拆除	m^2	按拆除面积计算
		樘	按拆除樘数计算
R.11	011611001 钢梁拆除，002 钢柱拆除，004 钢支撑、钢墙架拆除，005 其他金属构件拆除	t，m	按拆除延长米计算
	003 钢网架拆除	t	按拆除构件的质量计
R.12	011612001 管道拆除	m	按拆除管道的延长米计算
	002 卫生洁具拆除	个 套	按拆除数量计
R.13	011613001 灯具拆除		
	002 玻璃拆除	m^2	按拆除面积计算
R.14	011614001 暖气罩拆除，002 柜体拆除，003 窗台板拆除，004 筒子板拆除，	个，块	按拆除数量计算
		m	按拆除延长米计算
	005 窗帘盒拆除，006 窗帘轨拆除		
R.15	011615001 开孔（打洞）	个	按数量计算

计算拆除工程量时，选用计量单位应遵守如下规定：

（1）“砖砌体拆除”项目中，以米计量的，如砖地沟、砖明沟等必须描述拆除部位的截面尺寸；以立方米计量，截面尺寸则不必描述。

（2）“混凝土及钢筋混凝土拆除”项目和“木构件拆除”项目中，以立方米作为计量单位时，可不描述构件的规格尺寸；以平方米作为计量单位时，则应描述构件的厚度；以米作为计量单位时，则必须描述构件的规格尺寸。

（3）“铲除油漆涂料裱糊面”时，按米计量的，必须描述铲除部位的截面尺寸；以平方米计量时，则不用描述铲除部位的截面尺寸。

另外要说明的一点是，拆除工程量与建造工程量的计算具有较大的一致性，但也有相当差异。计算规则中加了些说明、限定，还多了些选项。例如，混凝土及钢筋混凝土构件拆除的工程量计算规则中，用“拆除的体积”、“拆除部位”来显示，工程量的计量单位有三种选择（m^3，m^2，m），这既是多了选择的灵活性，也是差异所在；栏杆、栏板拆除有两个选择（m^2，m），增加了 m^2 为计量单位。

第六章　房屋装饰工程投标报价

第一节　房屋装饰工程招标投标

一、房屋装饰工程招标投标概述

（一）建设工程招投标的基本概念

1. 建设工程招投标的概念

建设工程招标是指招标人在发包建设项目之前，公开招标或邀请投标人，根据招标人的意图和要求提出报价，择日当场开标，以便从中择优选定得标人的一种经济活动。

建设工程投标是工程招标的对称概念，指具有合法资格和能力的投标人根据招标条件，经过初步研究和估算，在指定期限内填写标书，提出报价，并等候开标，决定能否中标的经济活动。

招投标实质上是一种市场竞争行为。建设工程招投标是以工程设计或施工，或以工程所需的物资、设备、建筑材料等为对象，在招标人和若干个投标人之间进行的，它是商品经济发展到一定阶段的产物。在市场经济的条件下，它是一种最普遍、最常见的择优方式。招标人通过招标活动来选择条件优越者，使其力争用最优的技术、最低的价格和最短的周期完成工程项目任务。投标人也通过这种方式选择项目和招标人，以使自己获得更丰厚的利润。

2. 建设工程招投标的分类

建设工程招投标可分为建设项目总承包招投标、工程勘察设计招投标、工程施工招投标和设备材料招投标等。

工程施工招投标则是针对工程施工阶段的全部工作开展的招投标，根据工程施工范围的大小及专业不同，可分为全部工程招标、单项工程招标和专业工程招标等。

（二）建设工程招投标的范围与方式

1. 建设工程招投标的范围

2000 年 1 月 1 日，我国《招标投标法》正式施行，招投标进入一个新的发展阶段。新《招标投标法》规定，凡在我国境内进行下列工程建设项目：包括项目的勘察、设计、施工、监理以及与工程建设有关的重要设备、材料等的采购，必须进行招标：

（1）大型基础设施、公用事业等关系社会公共利益、公共安全的项目；

（2）全部或者部分使用国有资金投资或国家融资的项目；

（3）使用国际组织或外国政府贷款、援助资金的项目。

2000 年 4 月 4 日国务院批准、2000 年 5 月 1 日国家发展计划委员会发布了《工程建设项目招标范围和规模标准规定》，规定了上述项目的具体范围和规模标准。

强制招标的建设项目的规模标准的含义是：对于上述建设项目，如果规模达不到一定程度，仍然不是必须招标的项目，必须是规模达到一定程度的上述建设项目才是必须进行招标的项目。对于上述各类工程建设项目，包括项目的勘察、设计、施工、监理以及与工程建设有关的重要设备、材料等的采购，达到下列标准之一的，必须进行招标：

（1）施工单项合同估算价在200万元人民币以上的；

（2）重要设备、材料等货物的采购，单项合同估算价在100万元人民币以上；

（3）勘察、设计、监理等服务的采购，单项合同估算价在50万元人民币以上的；

（4）单项合同估算价低于第（1）、（2）、（3）项规定的标准，但项目总投资额在3000万元人民币以上的。

2. 建设工程招投标的方式

建设工程的招标方式包括公开招标、邀请招标。

公开招标，是指招标人以招标公告的方式邀请不特定的法人或其他组织投标。它是一种由招标人按照法定程序，在公开出版物发布或者以其他公开方式发布招标公告，所有符合条件的承包商都可以平等参加投标竞争，从中择优选择中标者的中标的招标方式。由于这种招标方式对竞争没有限制，因此，又被称为无限竞争性招标。公开招标最基本的含义是：

（1）招标人以招标公告的方式邀请投标；

（2）可以参加投标的法人或者其他组织是不特定的。从招标的本质来讲，这种招标方式是最符合招标宗旨的，因此，应当尽量采用公开招标方式进行招标。

邀请招标，是指招标人以投标邀请书的方式邀请特定的法人或者其他组织投标。邀请招标是由接到投标邀请书的法人或者其他组织才能参加投标的一种招标方式，其他潜在的投标人则被排除在投标竞争之外，因此，也被称为有限竞争性招标。邀请招标必须向三个以上的潜在投标人发出邀请，并且被邀请的法人或者其他组织必须具备以下条件：

（1）具备承担招标项目的能力，如施工招标，被邀请的施工企业必须具备与招标项目相应的施工资质等级；

（2）资信良好。

在公开招标之外规定邀请招标方式的原因在于，公开招标虽然最符合招标宗旨，但也存在着一些缺陷。但是，公开招标的缺点是次要的，其优点则是主要的，因此，邀请招标只有在招标项目符合一定条件时才可以采用。一般情况下，以下项目可以考虑采用邀请招标：第一，技术要求较高、专业性较强的招标项目。对于这类项目而言，由于能够承担招标任务的单位较少，且由于专业性较强，招标人对潜在的投标人都较为了解，新进入本领域的单位也很难较快具有较高的技术水平，因此，这类项目可以考虑采用邀请招标。第二，合同金额较小的招标项目。由于公开招标的成本较高，如果招标项目的合同金额较小，则不宜采用。第三，工期要求较为紧迫的招标项目。公开招标工期较长，这也决定了工期要求较为紧迫的招标项目不宜采用。

由于邀请招标是特殊情况下才能采用的招标方式，因此《招标投标法》规定，国务院发展计划部门确定的国家重点项目和省、自治区、直辖市人民政府确定的地方重点项目不适宜公开招标的，经国务院或者省、自治区、直辖市人民政府批准，才可以进行邀请招标。

（三）房屋装饰工程招标投标的一般规定

1. 对房屋装饰工程招标方式的规定与要求

根据中华人民共和国《房屋装饰管理规定》，下列大中型房屋装饰工程应当采取公开招标或邀请招标的方式发包：

（1）政府投资的工程；

（2）行政、事业单位投资的工程；

（3）国有企业投资的工程；

（4）国有企业控股的企业投资的工程。

上述规定范围内不宜公开招标或邀请招标的军事设施工程、保密设施工程、特殊专业等工程，可以采取直接发包等方式。其他房屋装饰工程的发包方式，由建设单位或房屋所有权人、房屋使用人自行确定。

2. 对房屋装饰工程承发包双方的规定与要求

凡从事建筑房屋装饰的企业，必须经建设行政主管部门进行资质审查，并取得资质证书。建设单位不得将房屋装饰工程发包给无资质证书或不具备相应资质条件的企业。

房屋装饰工程与主体建筑工程共同发包时，由具备相应资质条件的建筑施工企业承包。独立发包的大中型建设项目的房屋装饰或工艺要求高、工程量大的房屋装饰工程，由具备相应资质条件的建筑房屋装饰企业承包。

发包方不得损害承包方的利益，强迫承包方购入合同约定之外的房屋装饰材料和设备。

二、房屋装饰工程招标投标程序

房屋装饰工程招标投标程序主要包括招标活动的准备工作、招标公告与投标邀请书、资格预审、编制和发售招标文件等主要内容，具体包括下述几个环节：

（一）房屋装饰工程招标活动的准备工作

房屋装饰工程招标前，招标人应当办理有关的审批手续、确定招标方式等准备工作。按照《工程建设项目施工招标投标办法》的规定，依法必须招标的工程建设项目，应当具备下列条件：

（1）招标人已经依法成立。

（2）初步设计及概算应当履行审批手续的，已经批准。

（3）招标范围、招标方式和招标组织形式等应当履行核准手续的，已经核准。

（4）有相应资金或资金来源已经落实。

（5）有招标所需的设计图纸及技术资料。

（二）招标文件、资格预审文件编制与送审

公开招标采用资格预审时，只有资格预审合格的施工单位才可以参加投标；不采用资格预审的公开招标应进行资格后审，即在开标后进行资格审查。

采用资格预审的招标单位需参照标准范本编写资格预审文件和招标文件，而不进行资格预审的公开招标只需编写招标文件。资格预审文件和招标文件须报招标管理机构审查，审查同意后可刊登资格预审通告、招标通告。

（三）刊登资审通告、招标通告

实行资格预审的招标工程，招标人应当在招标公告或者投标邀请书中载明资格预审的条件和获取资格预审文件的办法。

依法必须进行施工公开招标的工程项目，应当在国家或者地方指定的报刊、信息网络或者其他媒介上发布招标公告，并同时在中国工程建设和建筑业信息网上发布招标公告。

招标人采用邀请招标方式的，应当向3个以上符合资质条件的施工企业发出投标邀请书。

（四）资格预审

《招标投标法》规定，招标人可以根据招标项目本身的要求，在招标公告或者投标邀请书中，要求潜在投标人提供有关资质证明文件和业绩情况，并对潜在投标人进行资格审查；国家对投标人的资格条件有规定的，依照其规定。招标人不得以不合理的条件限制或者排斥潜在投标人，不得对潜在投标人实行歧视待遇。

招标单位对报名参加投标的单位进行资格预审，并将审查结果通知各申请投标单位。

（五）向合格的投标单位分发招标文件及设计图纸、技术资料

招标文件一经发出，招标单位不得擅自变更内容或增加附加条件；确需变更和补充的，报招标投标管理部门批准后，在投标截止日期15天前通知所有投标单位。

（六）踏勘现场

招标人根据招标项目的具体情况，可以组织投标人踏勘项目现场，向其介绍工程场地和相关环境的有关情况。招标人不得单独或者分别组织任何一个投标人进行现场踏勘。

（七）投标预备会

投标单位在领取招标文件、图纸和有关技术资料及勘察现场提出的疑问问题，招标单位可通过以下方式进行解答：

（1）收到投标单位提出的疑问问题后，应以书面形式解答，并将解答同时送达所有获得招标文件的投标单位。

（2）收到提出的疑问问题后，通过投标预备会进行解答，并以会议记录形式同时送达所有获得投标文件的投标单位。

（3）为了使投标单位在编写投标文件时，充分考虑招标单位对招标文件的修改或补充内容，以及投标预备会会议记录内容，招标单位可根据情况延长投标截止日期。

通常情况下，招标单位以投标预备会的形式解答相关问题，投标预备会可安排在发出招标文件7日后28日内进行，内容一般为：

（1）对招标文件和现场情况做介绍或解释，并解答投标单位对招标文件和勘察现场中所提出的疑问问题，包括书面提出的和口头提出的询问；

（2）对施工图纸进行交底和必要的解释；

（3）投标预备会结束后，由招标单位整理会议记录和解答内容，招标管理机构核准同意后，以书面形式发送到所有获得招标文件的投标单位。该澄清内容为招标文件的组成部分。

（八）投标文件的编制与递交

投标单位应依据招标文件和工程技术规范要求，根据编制的施工方案或施工组织设计，计算投标报价和编制投标文件。

投标文件须有投标单位和法定代表人或法定代表人委托的代理人的印鉴。投标单位应在规定的日期内将投标文件密封送达招标单位或其指定地点。如果发现投标文件有误，需在投标截止日期前用正式函件更正，否则以原投标文件为准。

（九）建立评标组织，制定评标办法

1. 组建评标委员会

评标委员会由招标人依法组建，负责评标活动，向招标人推荐中标候选人或者根据招标人的授权直接确定中标人。

评标委员会不得与任何投标人或者与招标结果有利害关系的人进行私下接触，不得收受投标人、中介人、其他利害关系人的财物或者其他好处。

2. 评标的准备与初步评审

评标委员会应当根据招标文件规定的评标标准和方法，对投标文件进行系统的评审和比较。招标文件中没有规定的标准和方法不得作为评标的依据。

在评标过程中，评标委员会发现投标人的报价明显低于其他投标报价或者设有标底时明显低于标底，使得其投标报价低于其个别成本的，应当要求该投标人作出书面说明并提供相关证明资料。投标人不能合理说明或者不能提供相关证明材料的，由评标委员会认定该投标人以低于成本价竞标，其投标应作废标处理。

3. 推荐中标候选人与定标

评标委员会在评标过程中发现的问题，应及时作出处理或者向招标人提出处理建议，并作书面记录。

评标委员会完成评标后，应当向招标人提出书面评标报告，并抄送有关行政监督部门。评标委员会推荐的中标候选人应当限定在一至三人，并标明排列顺序。

在确定中标人之前，招标人不得与投标人就投标价格、投标方案等实质性内容进行谈判。

（十）合同签订

中标确定后，招标人应当向中标人发出中标通知书，同时通知未中标人，并与中标人在30个工作日之内签订合同。

招标人应当与中标人按照招标文件和中标人的投标文件订立书面合同。招标人与中标人不得再另行订立背离合同实质性内容的其他协议。

招标人与中标人签订合同后5个工作日内，应当向中标人和未中标的投标人退还投标保证金。

三、招标文件与投标文件

（一）招标文件的内容

（1）投标须知前附表和投标须知。

（2）合同条件。

（3）合同协议条款。

（4）合同格式。

（5）技术规范。

（6）图纸。

（7）投标文件参考格式。

（8）投标书及投标附录；工程量清单与报价表；辅助资料表；资格审查表（资格预审的不采用）。

（二）招标文件部分内容的编写

（1）评标原则与评标办法（按当地的有关规定执行）。

（2）投标价格。一般结构不太复杂或工期在12月以内的工程，可采用固定价格，同时考虑一定的风险系数；结构复杂或大型工程或工期在12个月以上的应采用调整价格，调整的方法及范围应在招标文件中明确。

（3）投标价格的计算依据。工程计价类别；执行的定额标准及取费标准；工程量清单；执行的人工、材料、机械设备政策性调整文件等；材料设备计价方法及采购、运输、保管责任等。

（4）质量和工期要求。合格和优良，并实行优质优价；工期比工期定额缩短20%以上的，应计取赶工措施费。这两方面均应在招标文件中明确。

（5）奖罚的规定。工期拖延或工期提前的处理应在招标文件中明确。

（6）投标准备时间。招标人应当确定投标人编制投标文件所需要的合理时间，依法必须进行招标的项目，自招标文件开始发出之日起至投标人提交投标文件截止之日止，最短不得少于20日。

（7）投标保证金。投标保证金的总额不超过投标总价的2%，但最高不得超过80万元人民币，可以采用现金、支票、银行汇票或银行出具的银行保函，其有效期应超过投标有限期的30天。

（8）履约保函。履约保证可以采用银行保函（5%）或履约担保书（10%）。

（9）投标有效期。投标有效期是指自投标截止日起至公布中标之日为止的一段时间，有效期的长短根据工程大小、繁简而定。按照国际惯例，一般为90～120天，我国规定为10～30天。

投标有效期一般是不能延长的，但在某些特殊情况下，招标者要求延长投标有效期也是可以的，但必须征得投标者的同意。投标者拒绝延长投标有效期的，招标者不能因此而没收其投标保证金；同意延长投标有效期的投标者，不应要求在此期间修改标书，而且投标者必须同时相应延长其投标保证金的有效期。

（10）材料或设备采购供应。材料或设备采购、运输、保管的责任应在招标文件中明确，还应列明建设单位供应的材料的名称或型号、数量、供货日期和交货地点，以及所提供的材料或设备的计划和结算退款的方法。

（11）工程量清单。

（12）合同条款。

（三）投标文件的编制与递交

1. 投标文件的编制

投标文件应完全按照招标文件的各项要求编制，主要包括以下内容：

（1）投标书，投标书附录；（2）投标保证金；（3）法定代表人资格证明；（4）授权委托书；（5）具有标价的工程量清单与报价表；（6）辅助资料表；（7）资格审查表；（8）对招标文件中的合同协议条款内容的确认和响应；（9）按招标文件规定提交的其他资料。

2. 投标文件的递交和接收

《招标投标法》规定，投标人应当在招标文件要求提交投标文件截止前，将投标文件送达投标地点。招标人收到投标文件后，应当签收保存，不得开启。投标人少于三个的，招标人应当依照本法重新招标。在招标文件要求提交投标文件的截止时间后送达的投标文件，招标人应当拒收。投标人在招标文件要求提交投标文件的截止时间前，可以补充、修改或者撤回已提交的投标文件，并书面通知招标人。补充、修改的内容为投标文件的组成部分。

按招标投标法，在投标截止时间前，招标单位在接受投标文件中应注意核对投标文件是否按招标文件的规定进行密封和标志。在开标前，应妥善保管好投标文件、修改和撤回通知等投标资料；由招标单位管理的投标文件需经招标管理机构密封或送招标管理机构统一保管。

第二节　房屋装饰工程投标报价

房屋装饰工程投标报价不同于装饰工程预算，投标报价由投标人依据招标文件中的工程量清单和有关要求，结合施工现场情况，自行制定的施工方案或施工组织设计，按照企业定额或参照建设行政主管部门发布的《全国统一房屋装饰工程消耗量定额》以及工程造价管理机构发布的市场价格信息，并考虑风险因素自主报价。

一、投标报价的依据

房屋装饰工程投标报价是房屋装饰工程投标工作的重要环节，对企业能否中标及中标后的盈利情况起决定性作用。要得到合理的、富有竞争力的报价，建筑房屋装饰施工企业必须收集大量的有关资料。房屋装饰工程投标报价的主要依据有：

（一）招标文件及有关情况

（1）拟建房屋装饰工程现场情况。如需要房屋装饰的具体部位、现场交通条件、可提供的能源动力情况。

（2）被房屋装饰物的技术条件。如建（构）筑物的承载能力，附近地区对安全、卫生有无特殊要求等。

（3）房屋装饰工程部分的土建施工图纸及房屋装饰工程的设计图纸及房屋装饰等级、装饰要求等说明。

（4）房屋装饰工程工期、质量要求及房屋装饰项目清单。

（二）价格及费用的各项规定

（1）现行房屋装饰工程消耗量定额及其他相关定额；

（2）房屋装饰工程各项取费标准；

（3）材料、设备的市场价格信息；

（4）本企业积累的经验资料及相应分项工程报价等。

（三）施工方案及有关技术资料

（1）标准图集及有关厂家的技术资料；

（2）主要施工项目的做法、要求及施工机具型号；

（3）施工项目的先后顺序及进度计划安排；

（4）其他影响报价的技术、组织措施。如是否夜间施工等。

二、投标报价的计算与确定

（一）熟悉招标文件

报价人员应认真熟悉和掌握招标文件的内容和精神，认真研究房屋装饰工程的内容、特点、范围、工程量、工期、质量、责任及合同条款。

（二）调查施工现场、确定施工方案

调查房屋装饰工程施工现场，了解现场施工条件，当地劳动力资源及材料资源，调查各种材料、设备价格，包括国内或进口的各种房屋装饰材料的价格及质量，真正做到对工程实际情况和目前市场行情了如指掌。通过详细的现场调查资料，对施工方案进行技术经济比较，选择最优施工方案。

（三）审核工程量

工程量审核，视建设单位是否允许对工程量清单内所列工程量的误差进行调整来决定审核办法。如果允许调整，就要详细审核工程量清单所列各工程项目的工程量，对有较大误差的，通过招标答疑会提出调整意见，取得建设单位同意后进行调整；不允许调整工程量的，无须对工程量进行详细的审核，只对主要项目或工程量大的项目进行审核，发现这些项目有较大误差时，可利用调整这些项目单价的方法解决。

工程量清单中各分项工程量并不十分准确，设计深度不够则更可能有较大误差。工程量清单中的工程量仅作为投标报价的基础，并不作为工程结算的依据，工程结算是以实际完成的图纸工程量为依据。复核工程量的意义在于：工程量的多少，是选择施工方法、安排人力和机械、准备材料必须考虑的因素，也自然影响分项工程的单价。工程量不太准确、偏差太大，就会影响估价的准确性。若采用固定总价合同，对施工单位的影响就更大。

复核不可能也不必要全部重新计算一遍，可采用重点核对的方法进行。项目是否齐全，有无漏项或重复；工程量是否正确；工程做法及用料是否与图纸相符等。

核对可采用重点抽查的办法进行。即选择工程量较大，造价较高的项目抽查若干项，按图详细计算。一般项目则只粗略估算其是否基本合理就可以了。

重点核对工程量是否正确，可采用“工程量概念指标”，从大数上估算其合理性。所谓“工程量概念指标”是各分项工程量在各类建筑中的一般指标系数。

如确实发现工程量清单中某些错误或漏项，一般不能任意更改或补充，这样会使建设单位在评标时失去统一性和可比性。但可以在标函中加以说明，留待中标后签订合同时再加以纠正，或如为非固定总价合同，可留待工程结算时作为调整承包价格处理。

（四）报价计算

由投标人依据招标文件中的工程量清单和有关要求，结合施工现场情况，自行制定的施工方案或施工组织设计，按照企业定额或参照建设行政主管部门发布的现行消耗量定额以及工程造价管理机构发布的市场价格信息，并考虑风险因素自主报价。

在当前实际工作中，通常有两种方法来确定房屋装饰工程的报价：

第一种方法：工料单价法。根据已经审定的工程量，按照现行房屋装饰工程定额的单价，逐项计算每个清单项目的合价，填入工程量清单内，计算出全部工程直接费；再根据施工单位自定的各项费率及法定税金率，依次计算出间接费、利润和税金，得出工程总报价。实际工作中，更多的是按施工图预算方法计算出预算总造价，再根据投标决策，优惠一定幅度的费用，作出总报价。

第二种方法：综合单价法。工程量清单计价的工程总造价，由分部分项工程费、措施项目费和其他项目费组成。工程清单项目费是指为完成施工设计图纸所要求的且在工程量清单列出的各分部分项工程量所需的费用。措施项目费是指工程量清单中，工程量清单分项工程费以外，为完成该工程项目施工必须采取的措施所需的费用。其他项目费用是指除分部分项工程费、措施项目费外发生在工程项目中的费用，如计日工、暂定金额和指定金额等。

分部分项工程费、措施项目费和其他项目费采用综合单价法计价，综合单价由完成规定计量单位工程量清单项目所需的人工费、材料费、机械使用费、管理费、利润、规费、税金等费用组成，综合单价应考虑风险因素。除招标文件或合同约定外，结算不得调整。

（五）报价决策

在投标报价实践中，预算造价不一定就是最终报价，企业还要考虑实际和竞争形势，确定投标策略和报价技巧，由企业决策者作出报价决策。投标报价的策略一般有以下几种：

1. 免担风险、增大报价

对于房屋装饰情况复杂、技术难度大，采用新材料、新工艺等没有把握的工程项目，可采取增大报价以减少风险，但此法的中标机会可能较小。

2. 考虑优惠条件和改进设计的影响

投标单位往往在投标竞争激烈的情况下，对建设单位提出种种优惠条件。例如：负责对甲方供应材料的规格调换、延迟付款、提前交工、免费提供一定量的维修材料等优惠条件。

在投标报价时，如果发现该工程中某些设计不合理并可改进，或可利用某项新技术以降低造价时，除了按正规的报价以外，还可另附修改设计的比较方案，提出有效措施以降低造价和缩短工期。这种方式，往往会得到建设单位的赏识而大大提高中标机会。

3. 活口报价

在工程报价中留下一些活口，表面上看报价很低，但在投标报价中附加多项附注或说明，留在施工过程中处理（如工程变更、现场签证、工程量增加），其结果不是低价，而是高价。

4. 薄利保本报价

由于招标条件优越，有类似工程施工经验，而且在企业任务不饱满的情况下，为了争取中标，可采取薄利保本报价的策略，以较低的报价水平报价。

5. 组织投标报价班子

投标单位要组织一个强有力的投标报价班子，由经理或总经济师直接领导。这个班子平时负责广泛收集、统计整理、分析研究与报价有关的定额数据、材料采购与运输价格、各工程结算、各建设项目情报、其他施工单位投标报价等资料和各建设单位招标的信息等。

确定企业经营和投标报价的原则。对于某些专业性强、难度大、技术条件高、工种要求苛刻、工期紧，估计一般施工单位不敢轻易承揽的工程，而本企业这方面又拥有特殊的技术力量和设备的项目，往往可以略为提高利润率；如果为在某一地区打开局面，往往又可考虑低利润报价的策略。

第三节　房屋装饰工程投标报价示例

前面几节我们已对房屋装饰工程的招投标程序、招投标文件、投标报价的确定等作了较为详细的阐述，本节将通过对实际工作中一典型的房屋装饰工程清单报价实例进行介绍，便于读者进一步理解、掌握、编写房屋装饰工程量清单，并能熟练地按照清单计价模式来进行房屋装饰工程的投标报价。（本案例的施工图见附录二）。

封-3　　投标总价封面

×××楼房屋装饰＿＿＿＿工程

投 标 总 价

投　标　人：×××

（单位盖章）

2013年9月15日

封-3

扉-3　　　　投标总价扉页

投 标 总 价

招　标　人：______________________________

工 程 名 称：______________________________

投 标 总 价（小写）：______________________________

（大写）：______________________________

投　标　人：______________________________

（单位盖章）

法定代表人
或其授权人：______________________________

（签字或盖章）

编　制　人：______________________________

（造价人员签字盖专用章）

编 制 时 间：　　年　月　日

扉-3

表-04 单位工程投标报价汇总

工程名称：×××楼房屋装饰工程　　　　标段：　　　　第 页 共 页

序　　号	汇　总　内　容	金额（元）	其中：暂估价（元）
1	分部分项工程	136281.70	
1.1	B.1 楼地面工程	54225.23	
1.2	B.2 墙柱面工程	27437.46	
1.3	B.3 天棚工程	11638.49	
1.4	B.4 门窗工程	42409.8	
1.5	B.5 油漆工程	570.75	
2	措施项目	12000	
2.1	其中：安全文明施工费	10000	
3	其他项目	13950	
3.1	其中：暂列金额	10000	
3.2	其中：专业工程暂估价	2000	
3.3	其中：计日工	950	
3.4	其中：总承包服务费	1000	
4	规费	10000	
5	税金	5873.10	
投标报价合计 =1+2+3+4+5		178104.8	

表-08 分部分项工程和单价措施项目清单与计价表

工程名称：×××楼房屋装饰工程　　　　标段：　　　　第 页 共 页

序号	项目编码	项目名称	项目特征描述	计量单位	工程量	金额（元）		
						综合单价	合价	其中：暂估价
			L 楼地面工程					
1	011101001001	水箱盖面抹水泥砂浆	1：2 水泥砂浆，厚 20mm	m^2	11.720	8.62	101.03	
2	011102001001	一层营业厅大理石地面	混凝土垫层 C10 砾 40，厚 1.08m，0.80m×0.80m 大理石面层	m^2	79.990	203.75	16297.96	
3	011102003001	地砖地面	混凝土垫层 C10 砾 40，厚 0.1m，0.40m×0.40m 地砖面层	m^2	46.030	64.85	2985.05	
4	011102003002	卫生间防滑地砖地面	混凝土垫层 C10 砾 40，厚 0.08m，C20 砾 10 混凝土找坡 0.5%，1：2 水泥砂浆找平	m^2	7.440	146.01	1086.31	
5	011102003003	地砖楼面	结合层：25mm 厚，1：4 干硬性混凝土 0.40m×0.40m 地面砖	m^2	247.06	48.60	12007.12	

续表

序号	项目编码	项目名称	项目特征描述	计量单位	工程量	金额（元）		
						综合单价	合价	其中：暂估价
			L 楼地面工程					
6	011102003004	卫生间防滑地砖楼面	C20 砾 10 混凝土找坡 0.5%，1∶2 水泥砂浆找平	m^2	14.810	133.32	1974.47	
7	011105002001	石材踢脚线	高 150mm，15mm 厚 1∶3 水泥砂浆，10mm 厚大理石板	m^2	4.990	227.55	1135.47	
8	011105003001	块料踢脚线	高 150mm，17mm 厚 2∶1∶8 水泥、石灰砂浆，3～4mm 厚 1∶1 水泥砂浆并加防水胶	m^2	35.520	54.75	1944.72	
9	011106002001	块料楼梯面层	20mm 厚 1∶3 水泥砂浆，0.4×0.4×0.01 面砖	m^2	17.930	102.48	1837.47	
10	011503001001	金属扶手带栏杆、栏板	不锈钢栏杆 ϕ25mm，不锈钢扶手 ϕ70mm	m	18.37	449.85	8263.74	
11	011107001001	石材台阶面	1∶3∶6 石灰、砂、碎石垫层 20mm 厚，C15 砾 40 混凝土垫层，10mm 厚花岗石面层	m^2	21.60	305.18	6591.89	
			分部小计				54225.23	
			M 墙柱面工程					
12	011201001001	墙面一般抹灰	混合砂浆 15mm 厚，888 涂料三遍	m^2	879.26	12.82	11272.11	
13	011201001002	外墙抹混合砂浆及外墙漆	1∶2 水泥砂浆 20mm 厚	m^2	522.52	21.35	11155.80	
14	011201001003	女儿墙内侧抹水泥砂浆	1∶2 水泥砂浆 20mm 厚	m^2	65.40	8.69	568.33	
15	011201001004	女儿墙压顶抹水泥砂浆	1∶2 水泥砂浆 20mm 厚	m^2	10.24	21.34	218.52	
16	011201001005	出入孔内侧四周抹水泥砂浆	1∶2 水泥砂浆 20mm 厚	m^2	0.72	20.83	15.00	
17	011201001006	雨篷装饰	上部、四周抹 1∶2 水泥砂浆，涂外墙漆，底部抹混合砂浆，888 涂料三遍	m^2	19.35	79.94	1546.84	
18	011203001007	水箱外抹灰砂浆立面	1∶2 水泥砂浆 20mm 厚	m^2	12.89	9.53	122.84	
19	011204003001	瓷板墙裙	砖墙面层，17mm 厚 1∶3 水泥砂浆	m^2	63.90	36.32	2320.85	

续表

序号	项目编码	项目名称	项目特征描述	计量单位	工程量	金额（元）		
						综合单价	合价	其中：暂估价
20	011204203001	污水池块料零星项目	混凝土面层，17mm厚1:3水泥砂浆，3～4mm厚1:1水泥砂浆加20%107胶	m^2	5.14	42.25	217.17	
分部小计							27437.46	
N　天棚工程								
21	011301001001	天棚抹灰（现浇板底）	7mm厚1:1:4水泥、石灰砂浆，5mm厚1:0.5:3水泥砂浆，888涂料三遍	m^2	123.41	13.30	1641.35	
22	011301001002	天棚抹灰（预制板底）	7mm厚1:1:4水泥、石灰砂浆，5mm厚1:0.5:3水泥砂浆，888涂料三遍	m^2	129.33	14.57	1884.34	
23	011301001003	天棚抹灰（楼梯板底）	7mm厚1:1:4水泥、石灰砂浆，5mm厚1:0.5:3水泥砂浆，888涂料三遍	m^2	20.29	13.30	269.86	
24	011302002001	格栅吊顶	不上人型U形轻钢龙骨600×600间距，600×600石膏板面层	m^2	158.06	49.62	7842.94	
分部小计							11638.49	
H　门窗工程								
25	010702005001	上人孔木盖板	杉木板0.02m厚，上钉镀锌铁皮1.5mm厚	樘	2	125.09	250.18	
26	010801001001	胶合板门M-2	杉木框上钉5mm胶合板，面层3mm厚榉木板，聚氨酯5遍，门碰、执手锁11个	樘	11	427.50	4702.50	
27	010802001001	铝合金地弹门M-1	铝合金框70系列，四扇四开，白玻璃6mm厚	樘	1	2303.32	2303.32	
28	010802001002	塑钢门M-3	塑钢门框，不带亮，平开，白玻璃5mm厚	樘	8	310.20	2481.60	
29	010802004001	防盗门M-4	两面1.5mm厚铁板，上涂深灰聚氨酯面漆	樘	1	1199.92	1199.92	
30	010803001001	网状铝合金卷闸门M-5	网状钢丝ϕ10mm，电动装置一套	樘	1	10780.82	10780.82	
31	010807001001	铝合金推拉窗C-2	铝合金1.2mm厚，90系列5mm厚白玻璃	樘	7	699.34	4895.38	
32	010807001002	铝合金推拉窗C-5	铝合金1.2mm厚，90系列5mm厚白玻璃	樘	3	591.49	1774.47	

续表

序号	项目编码	项目名称	项 目 特 征 描 述	计量单位	工程量	金 额（元）		
						综合单价	合 价	其中：暂估价
			B.4 门窗工程					
33	010807001003	铝合金推拉窗 C-4	铝合金 1.2mm 厚，90 系列 5mm 厚白玻璃	樘	2	1247.46	2494.92	
34	010807001004	铝合金推拉窗	铝合金 1.2mm 厚，50 系列 5mm 厚白玻璃	樘	4	1299.46	5197.84	
35	010807001005	铝合金平开窗 C-5	铝合金 1.2mm 厚，90 系列 5mm 厚白玻璃	樘	6	273.50	1641.00	
36	010807001006	铝合金固定窗 C-1	四周无铝合金框，用 SPS 胶嵌固在窗四周铝合金板内，12 厚白玻璃	樘	2	1208.34	2416.68	
37	010807001007	金属防盗窗 C-2	不锈钢圆管 $\phi18$@100，四周扁管 20mm×20mm	樘	2	173.08	346.16	
38	010807001008	金属防盗窗 C-3	不锈钢圆管 $\phi18$@100，四周扁管 20mm×20mm	樘	2	57.70	115.40	
39	010808001001	榉木门窗套	20×20@200 杉木枋上钉 5mm 厚胶合板，面层 3mm 厚榉木板	m^2	30.12	60.08	1809.61	
			分部小计				42409.8	
			P 油漆工程					
40	011404002001	外墙门窗套刷外墙漆	水泥砂浆面上刷外墙漆	m^2	41.60	13.72	570.75	
			分部小计				570.75	
			本页小计					
			合 计				136281.70	

表-11 总价措施项目清单与计价表

工程名称：×××楼房屋装饰工程　　标段：　　第 页 共 页

序 号	项 目 名 称	计算基础	费率（%）	金额（元）	调整费率（%）	调整后金额（元）	备注
1	安全文明施工费			10000			
2	各专业工程的措施项目			2000			
（1）	室内空气污染测试			2000			
合 计				12000			

表-12　其他项目清单与计价汇总表

工程名称：×××楼房屋装饰工程　　　　标段：　　　　第　页　共　页

序　号	项　目　名　称	计量单位	金额（元）	备　注
1	暂列金额	项	10000.00	明细详见表-12-1
2	暂估价		2000.00	
2.1	材料（工程设备）暂估价/结算价			
2.2	专业工程暂估价/结算价	项	2000.00	明细详见表-12-3
3	计日工		950.00	明细详见表-12-4
4	总承包服务费		1000.00	明细详见表-12-5
5	索赔与现场签证			明细详见表-12-6
合 计			13950.00	

表-12-1　暂列金额明细表

工程名称：×××楼房屋装饰工程　　　　标段：　　　　第　页　共　页

序　号	项　目　名　称	计量单位	暂定金额（元）	备　注
1	工程量清单中工程量偏差和设计变更	项	5000	
2	政策性调整和材料价格风险	项	4000	
3	其他	项	1000	
合 计			10000	

表-12-3　专业工程暂估价及结算价表

工程名称：×××楼房屋装饰工程　　　　标段：　　　　第　页　共　页

序　号	工　程　名　称	工　作　内　容	暂估金额（元）	结算金额（元）	差额±（元）	备　注
1	铝合金窗	购置、安装		20000.00		
合 计				20000.00		

表-12-4　计日工表

工程名称：×××楼房屋装饰工程　　　　标段：　　　　第　页　共　页

编　号	项 目 名 称	单　位	暂定数量	实际数量	综合单价（元）	合　价	
						暂定	实际
一	人工						
1	抹灰工	工日	20		30.00	600.00	
2	油漆工	工日	10		35.00	350.00	
人 工 小 计						950.00	
二	材料						
材 料 小 计							
三	施工机械						

续表

编　号	项 目 名 称	单　位	暂定数量	实际数量	综合单价（元）	合　价	
						暂定	实际
施工机械小计							
四	企业管理费和利润						
总　　计	950.00						

表-12-5　总承包服务费计价表

工程名称：×××楼房屋装饰工程　　　　标段：　　　　第　页　共　页

序　号	项目名称	项目价值（元）	服　务　内　容	计算基础	费率（%）	金额（元）
1	发包人发包专业工程	2000	1. 按专业工程承包人的要求提供施工工作面并对施工现场进行统一管理，对竣工资料进行统一整理汇总。 2. 为专业工程承包人提供垂直运输机械和焊接电源接入点，并承担垂直运输费和电费。 3. 为铝合金窗安装后进行补缝和找平并承担相应费用			1000
合　　计						1000

表-13　规费、税金项目计价表

工程名称：×××楼房屋装饰工程　　　　标段：　　　　第　页　共　页

序　　号	项　目　名　称	计 算 基 础	计算基数	计算费率（%）	金 额（元）
1	规费	定额人工费			10000.00
1.1	社会保险费	定额人工费			9000.00
(1)	养老保险费	定额人工费			3000.00
(2)	失业保险费	定额人工费			2000.00
(3)	医疗保险费	定额人工费			2500.00
(4)	工伤保险费	定额人工费			800.00
(5)	生育保险费	定额人工费			700.00
1.2	住房公积金	定额人工费			1000.00
1.3	工程排污费	按工程所在地环境保护部门收取标准，按实计入			
2	税金	分部分项工程费＋措施项目费＋其他项目费＋规费－按规定不计税的工程设备额		3.41	5873.10
合　　计					15873.10

编制人（造价人员）：　　　　复核人（造价工程师）：

表-09　综合单价分析表

工程名称：×××楼房屋装饰工程　　　　标段：　　　　第　页　共　页

项目编码	020102002002	项目名称	卫生间地砖地面	计量单位	m^2	工程量	

清单综合单价组成明细											
定额编号	定额项目名称	定额单位	数量	单价				合价			
				人工费	材料费	机械费	管理费和利润	人工费	材料费	机械费	管理费和利润
	混凝土垫层 C10 砾 40	$10m^3$	0.059	269.50	1096.41	92.99	170.86	15.90	64.69	5.49	10.08
	20mm 细石混凝土找平层	$100m^2$	0.074	172.44	478.64	101.70	83.35	12.76	35.42	7.53	6.17
	15mm 砂浆找平层	$100m^2$	0.073	140.58	334.38	57.90	59.2	10.26	24.41	4.23	4.32
	聚氨酯二遍	$100m^2$	0.095	146.52	4804.69	36.21	543.62	13.92	456.45	3.44	51.64
	地砖面层	$100m^2$	0.074	628.54	3638.32	103.36	489.21	46.51	269.24	7.65	36.20
人工单价		小计						99.35	850.20	28.33	108.42
38 元/工日		未计价材料费									
清单项目综合单价								146.01			
材料费明细	主要材料名称、规格、型号					单位	数量	单价（元）	合价（元）	暂估单价（元）	暂估合价（元）
	聚氨酯漆					kg	3.834	16	61.35		
	地面砖 300×300					块	11.7	3	35.1		
	其他材料费								17.82		
	材料费小计								114.27		

（以下略）

第七章　国际通行计价模式简介

第一节　英国工程计价依据和模式

英国传统的工程计价模式，一般情况下都在招标时附带由业主工料测量师编制工程量清单，其工程量按照SMM规定进行编制、汇总构成工程量清单，承包商的工料测量师参照工程量清单进行成本要素分析，根据其以前的经验，并收集市场信息资料、分发咨询单、回收相应厂商及分包商的报价，对每一分项工程都填入单价，以及单价与工程量相乘后的合价，其中包括人工、材料、机械设备、分包工程、临时工程、管理费和利润。所有分项工程合价之和，加上开办费、基本费用项目（这里指投标费、保证金、保险、税金等）和指定分包工程费，构成工程总造价，一般也就是承包商的投标报价。在施工期间，结算工程是按实际完成工程量计量，并按承包商报价计费。增加的工程或者重新报价，或者按类似的现行单价重新估价。

一、英国工程量计算规则的主要内容

英国于1922年出版了第一版的工程量标准计算规则（SMM），几次修订出版，1988年7月1日正式使用SMM7，并在英联邦国家中被广泛使用。

（一）工程量的计算原则

1. 工程量应以安装就位后的净值为准，且每一笔数字至少应量至接近于10mm的零数，此原则不应用于项目说明中的尺寸。

2. 除有其他规定外，以面积计算的项目，小于$1m^2$的空洞不予扣除。

3. 最小扣除的空洞系指该计量面积的边缘之内的空洞为限；对位于被计量面积边缘上的这些空洞，不论其尺寸大小，均须扣除。

4. 对小型建筑物或构筑物可另行单独规定计算规则。

（二）英国工程量计算规则

英国工程量计算规则将工程量的计算划分成23个部分。

1. 开办费及总则

主要包括一些开办费中的费用项目和一些基本规则。费用项目划分成业主的要求和承包商的要求。

业主的要求包括：投标/分包/供应的费用，文件管理、项目管理费用，质量标准、控制的费用，现场保安费用，特殊限制、施工方法的限制、施工程序的限制、时间要求的限制费用，设备、临时设施、配件的费用，已完工程的操作、维护费用。

承包商的要求包括：现场管理及雇员的费用，现场住宿，现场设备、设施，机械设备，临时工程。同时还对业主指定的分包商、供货商，国家机关如煤气、自来水公司等工作规定，计日工工作规则等做了说明。

2. 完整的建筑工程

3. 拆除、改建和翻建工程

内容包括：拆除结构物，区域改建，支撑，修复，改造混凝土、砖、砌块、石头，对已建墙的化学处理，对金属工程的修复、更改，对木制工程的修复、更改等。

4. 地面工作

主要包括基础工程的计算规则。主要内容有：地质调查，地基处理，现场排水，土石方开挖和回填土，钻孔灌注桩，预制混凝土桩，钢板桩，地下连续墙，基础加固等。

5. 现浇混凝土和大型预制混凝土构件

内容包括：混凝土工程，集中搅拌泵送混凝土，混凝土模板，钢筋工程，混凝土设计接缝，预应力钢筋，大型预制混凝土构件等。

6. 砖石工程

主要包括砖石工程的计算规则。主要内容有：砖石墙身，砖石墙身附件，预制混凝土窗台、过梁、压顶等。

7. 结构、主体金属工程及木制工程

包括金属结构框架，铝合金框架，独立金属结构，预制木制构件等。

8. 幕墙、屋面工程

内容包括：玻璃幕墙，结构连接件，水泥板幕墙，预制混凝土板幕墙，泥瓦、混凝土屋面等。

9. 防水工程

内容包括：沥青防水层、沥青屋面、隔热层、粉饰液体防水面层、沥青卷材屋面等。

10. 衬板、护墙板和干筑隔墙板工程

内容包括：石膏板干衬板，硬板地面，护墙板、衬砌、挡面板工程，木窄条地面、衬砌，可拆隔墙，石膏板固定型隔墙板、内墙及衬砌，骨架板材小室隔墙板，混凝土、水磨石隔墙，悬挂式天花板，架高活动地板等。

11. 门窗及楼梯工程

内容包括：木制窗扇、天窗，木制门、钢制门、卷帘门，木制楼梯、扶手，钢制楼梯、扶手，一般玻璃、铅条玻璃等。

12. 饰面工程

内容包括：水泥、混凝土、花岗石面层，大理石面块，地毯、墙纸、油漆、抹灰等。

13. 家具、设备工程

内容包括：一般器具、家具和设备，厨房设备，卫生洁具等。

14. 建筑杂项

内容包括：各种绝缘隔声材料，门窗贴脸，踢脚线，五金零件，设备的沟槽、地坑，设备预留孔、支撑和盖子等。

15. 人行道、绿化、围墙及现场装置工程

内容包括：石块、混凝土、砖砌人行道，三合土，水泥道路基础，围墙，各种道路，机械设备等。

16. 处理系统

内容包括：雨水管，天沟，地下排水管道，污水处理系统，泵，中央真空处理，夯具、

浸渍机，焚化设备等。

17. 管道工程

内容包括：冷热水供应，浇灌水，喷泉，游泳池压缩空气，医疗、实验用气，真空、消防管道，喷淋系统等。

18. 机械供热、冷却及制冷工程

内容包括：油锅炉，煤锅炉，热泵，蒸汽，加热制冷机械等。

19. 通风与空调工程

内容包括：厕所、厨房、停车场通风系统，烟控，低速空调，通风管道，盘管风机，终端热泵空调，独立式空调机，窗、墙悬挂式空调机气屏等。

20. 电气动力、照明系统

内容包括：发电设备，高压供电、配电、公共设施供应，低压电供应、公共设施供应，低压配电，一般照明、低压电，附加低压电供应，直流电供应，应急灯，路灯，电气地下供热，一般照明、动力（小规模）等。

21. 通讯、保安及控制系统

内容包括：电讯，公共地址、扩音系统，无线电、电视、中央通讯电视，幻灯，广告展示，钟表，数据传输，接口控制，安全探测与报警，火灾探测和报警，接地保护避雷系统，电磁屏蔽，中央控制等。

22. 运输系统

内容包括：电梯、自动扶梯、井架和塔吊，机械传输，风动传输等。

23. 机电服务安装

内容包括：管线，泵，水箱，热交换器，存储油罐、加热器，清洁及化学处理，空气管线及附属设施，空气控制机，风扇，空气过滤，消音器，终端绝缘，机械安装调试，减震装置，机械控制，电线管和电缆槽，高低压电缆和电线，母线槽，电缆支撑，高压电开关设备，低压电开关设备和配电箱，接触器与点火装置，灯具，电气附属设施，接地系统，电气调试，杂项等。

二、工程量清单

工程量清单的主要作用是为竞标提供一个平等的报价基础。它提供了精确的工程量和质量要求，让每一个参与投标的承包商各自报价。工程量清单通常被认为是合同文本的一部分。一般合同条款、图纸及技术规范应与工程量清单同时由发包方提供，清单中的任何错误都允许在今后修改。因而在报价时承包商不必对工程量进行复核，这样可以减少投标的准备时间。

（一）工程量清单的作用

1. 工程量清单为承包商提供估价的依据

工程量清单系统地提供了完成工程的所有工程量，人工、材料、机械以及对工程项目的说明。在工程量清单的开办费部分说明了工程所用的合同形式，以及其他影响报价的因素。在分部工程概要中，描述了所用材料的质量和施工质量要求。工程量部分按不同部分集中了所有的工程量。在清单的最后有一个汇总，总承包商投标后分部工程的总值在这里汇总，得出最后的工程造价。

2. 工程量清单为单价调整和变更的依据

通常根据合同条款，工程量清单中提供的分项工程的工程量都可用作单价计算变更的依据，如施工过程中（建筑师）工程师变更了设计，使工程量和质量要求与工程量清单产生了差异，工料测量师可在承包商中标单价的基础上进行调整。

3. 工程量清单为业主期中付款的基础

工程量清单为业主的期中付款提供了便利。已经完工部分的工程造价可以从工程量清单中引用编入期中付款中。

工程量清单也是竣工决算的基础，决算是在中标的工程量清单基础上，根据工程实施过程中的变更、期中付款等计算出的工程总价。

4. 工程量清单为承包商进行项目管理提供依据

对于承包商而言，工程量清单除了具有估价的作用还有以下作用：

（1）编制材料采购计划；

（2）安排资源计划；

（3）在施工过程中进行成本控制；

（4）数据收集。

（二）工程量清单的内容构成

工程量清单一般由下述5部分构成：

1. 开办费

该部分的目的是使参加投标的承包商对工程概况有一个概括的了解，内容包括参加工程的各方、工程地点、工程范围、可能使用的合同形式及其他。在SMM7中还列出了开办费包括的项目，工料测量师根据工程特点选择费用项目，组成开办费，开办费中还应包括临时设施费用。

2. 分部工程概要

在每一个分部工程或每一个工种项目开始前，有一个分部工程概要，包括对人工、材料的要求和质量检查的具体内容。

3. 工程量部分

工程量部分在工程量清单中占的比重最大，它把整个工程的分项工程工程量都集中在一起。分部工程的分类有以下几种：

（1）按功能分类。分项工程按功能分类组成不同的分部工程，无论何种形式的建筑，把其具有相同功能的部分组成在一起。这样的分类使工程量清单和图纸可以很快对照起来，但也可能使某些项目重复计算，这对单价计算不方便。

（2）按施工顺序分类。按施工顺序分类的工程量清单是由英国建筑研究委员会开发的，其方法是按实际施工的方式来编制。其缺点是编制时间和费用太多。

（3）按工种分类。采用按工种分类方法，一个工程可以由不同的人同时计算，每人都有一套图纸和施工计划。其优点为：可以大大地减少核对人员；工程量计算人员在一个工种上，对该工种较为熟悉，不必被其他工种内容打扰，一旦某个分部工程计算完毕，可以立即打印，这样可以节省文件编辑时间。

4. 暂定金额和主要成本

（1）暂定金额

根据SMM7的规定，工程量清单应完整、精确地描述工程项目的质量和数量。如果设计尚未全部完成，不能精确地描述某些分部工程，应给出项目名称，以暂定金额编入工程量清单。在SMM7中有两种形式的暂定金额：可限定的和不可限定的。可限定的暂定金额是指项目工作的性质和数量都是可以确定的，但现在还不能精确地计算工程量，承包商报价时必须考虑项目管理费。不可限定的暂定金额是指工作的内容范围不明确，承包商报价时不仅包括成本，还有合理的管理费和利润。

（2）不可预见费

有时在一些难以预测的工程中，如地质情况较为复杂的工程，不可预见费可以作为暂定金额编入工程量清单中，也可以单独列入工程量清单中。在SMM中没有提及这笔费用，但在实际工程运作当中却经常使用。

（3）主要成本

在工程中如业主指定分包商或指定供货商提供材料时，他们的投标中标价以主要成本的形式编入工程量清单中。如分包商为政府机构如国家电力局、煤气公司等，该工程款应以暂定金额表示。由于分包工程款内容范围与工程使用的合同形式有关，所以SMM7未对其范围做规定。

5. 汇总

为了便于投标者整理报价的内容，比较简单的方法是在工程量清单的每一页的最后做一个累加，然后在每一分部的最后做一个汇总。在工程量清单的最后把前面各个分部的名称和金额都集中在一起，得到项目投标价。

（三）工程量清单的编制方法

英国工程量清单的编制方法一般有三种：传统式；改进式，也称为直接清单编制法；剪辑和整理式，也称为纸条分类法。

1. 传统式工程量清单的编制方法

传统的工程量清单编制方法包括下述几个步骤：

（1）工程量计算

英国工程量计算按照SMM7的计算原理和规则进行。SMM7将建筑工程划分为地下结构工程、钢结构工程、混凝土工程、门窗工程、楼梯工程、屋面工程、粉刷工程等分部工程，就每个部分分别列明具体的计算方法和程序。工程量清单根据图纸编制，清单的每一项中都对要实施的工程写出简要文字说明，并注上相应的工程量。

（2）算术计算

此过程是一个把计算纸上的延长米、平方米、立方米工程量计算结果计算出来。实际工程中有专门的工程量计算员来完成，在算术计算前，应先核对所有的初步计算，如有任何错误应及时通知工程量计算员。在算术计算后再另行安排人员核对，以确保计算结果的准确性。

（3）抄录工作

这部分工作包括把计算纸上的工程量计算结果和项目描述抄录到专门的纸上。各个项目按照一定顺序以工种操作顺序或其他方式合并整理。在同一分部中，先抄立方米项目，再抄平方米和延长米项目；从下部的工程项目到上部的项目；水平方向在先，斜面和垂直的在后等。抄录完毕后由另外的工作人员核对。一个分部结束应换新的抄录纸重新开始。

（4）项目工程量的增加或减少

这是计算抄录纸上每个项目最终工程量的过程。由于工程量计算的整体性，一个项目可能在不同的时间和分部中计算，比如墙身工程中计算墙身未扣去门窗洞口，而在计算门窗工程时才扣去该部分工程量。因此，需把工程量中有增加、减少的所有项目计算出来，得到项目的最终工程量。无论计算时采用何种方法，其结果应是相同的或近似的。

（5）编制工程清单

先起草工程量清单，把计算结果、项目描述按清单的要求抄在清单纸上。在检查了所有的编号、工程量、项目描述并确认无误后，交给资深的工料测量师来编辑，使之成为最后的清单形式。在编辑时应考虑每个标题、句子、分部工程概要、项目描述等的形式和用词，使清单更为清晰易懂。

（6）打印装订

资深工料测量师修改编辑完毕后，由打字员打印完成，并装上封面成册。

2. 改进式工程量清单编制方法

改进的工程量清单编制方法部分摈弃了传统的编制方法，也称为直接编制清单法。该方法一般与排水工程、细木工程等可以自成一体工程，或可以组成整个分部的工程。项目尽量按实际情况计算净工程量，并集合在一起。如果工程量计算人员和编制人员能够紧密结合，这种方法可以用于小型和中型的工程。

工程量计算时尽可能地把相似的分项工程集中在一个分部中，这样可以简化类似项目的工程量收集。在每个分部结束时就可以增加、减少工程量的工作。不像传统的编制方法要在所有工程量都计算完毕后才能得到精确的分项工程工程量。但是采用改进式的编制方法必须做一些准备工作，如准备有关门窗、粉刷工程量的表格，这样计算时可以很快从表格中找到洞口的尺寸，而不需要不断查找图纸。

编写项目描述时应留有足够的空间，以便项目收集时可以做工程量增加、减少的调整。起草清单时，项目按照顺序依次编号直接写在计算纸上。

本方法最大的特点是在需要所有图纸都齐全后，工程量计算才可以开始，而且采用集体计算的方法可能会漏项。但是它很适合于开工后要重新计算工程量的工作，如分包商的工作。

3. 剪辑和整理式工程量清单编制方法

这是一个完全排除传统编制方法的体系，也称纸条分类法。在原理上，它和传统方法很相似，即工程量计算以整体方式进行；它与清单的顺序不同，所有项目在计算完毕后再整理分类。传统方式中是通过把项目按正确的顺序摘录在特别规定的纸上。而剪辑和整理的项目放在一起归于一类装订在一起，加上一定修改，就可以直接打印成清单。

剪辑和整理法要比传统方式经济，这是大家已公认的。其主要的优点是不需要重复写描述和工程量，工程量计算一结束即可以打印成清单。但增加了计算的工程量。

三、成本要素分析

（一）费用项目构成

承包商的总成本一般是由以下各种成本要素构成：人工及其相关费用，机械设备、材料、货物及其一切相关费用，临时工程、开办费、管理费，对于其报价还应计入承包商的利润，以上总计为承包商的预算价格。通常在编制项目成本预算时，工料测量师应首先为这些成本要素确定一个能够统括一切的总费率，并用这一费率为工程量清单开列的每个计量项目分别计算单价。

总成本由下列内容构成：

（1）总承包商的人工费；

（2）总承包商分摊到分项工程和开办费中的施工机械费；

（3）总承包商的材料费；

（4）总承包商下属的分包商的总费用；

（5）指定分包商的总费用；

（6）指定供应商的总费用；

（7）暂定金额计日工；

（8）不可预见费；

（9）监督本公司分包商和指定分包商的费用金额；

（10）材料和分包合同中的折扣金额。

工程量清单上的直接工程费中的每项单价都分解为人工、施工机械、材料和分包商费用。

（1）人工费

① 人工单价

人工成本通常是劳工工资及法定雇佣成本两部分组成。在英国，当计算每个劳工的总人工费率时，除了全国建筑业联合会规定每周最少39小时的基本工资之外，还要计算由以下因素所引起的各种附加成本：

a.《国家劳动法》津贴；

b. 工时保证，例如，遇到雨天等恶劣天气，劳工工资仍应照付不误；

c. 规定的最低限度的红利或奖金；

d. 非生产性超时工作加班费；

e. 超产奖金；

f. 病假工资；

g. 培训及商检局税捐；

h. 国家保险费；

i. 退休、养老基金；

j. 解雇、解职或遣散费。

② 总小时费率及净小时费率

上列基本工资及附加成本含在一起的总费用即通称“总小时费率”，如用于计算工程量清单所列各计量项目的单价，则称为“总价”。还有一种费率叫“净小时费率”，在计算项目单价时，只考虑基本工资（不含任何附加成本）。

（2）机械设备费

由于建筑工程大都以使用机械设备为主，因而计算工程成本时，正确计列设备成本十分重要。一个比较现实而可行的方法是，首先确定工程施工所需机械设备，然后确定此设备在施工现场的使用寿命。

另外，选用的设备类型及其计划用途也会影响设备成本在预算中的分摊或分配情况。

至于各种机械设备总的小时成本，通常都可以向设备租赁公司和建筑公司内部的设备主管部门查询，或者查阅公开发行的设备租赁标准（一览表），或者也可按照预算编制的基本原则通过核算拟定原则（见表7-1）。

表7-1　小时单价构成计算实例（货币单位：英镑）

建设：有某项施工设备的资本成本为15000英镑，其估计工作寿命为5年，每年运行1800小时；折旧值2500英镑；借贷资本年利率为12.5%

资本成本	15000
年利息12.5%	9375
年维修费10%	7500
年保险费300英镑	1500
五年总价	33375
最低折旧值/5年租赁率/年均租赁率	2500/30875/6175
每小时租赁费	3.43

（3）材料成本

按规定，任一工程项目的材料单价应大致包括以下内容：

① 购买费，即供应厂商的报价在扣除商业或厂家销售折扣后，由承包商实际支付的价格；

② 运杂费，如支付的材料价格不含运输费，承包商须从厂商供应处提货，就得计入运输成本；

③ 装卸费，销售协议中不含装卸费，则承包商须另外承担装卸费；

④ 仓储费；

⑤ 搬运费；

⑥ 加工费；

⑦ 空返费，如果施工现场距离供应厂商的货站很远，运输车辆的空返费同样也可能很高；

⑧ 损耗费。

总之，对每种材料，只需将上述各项的综合成本除以工程施工所需的材料总量，即可得出各材料的单位成本。

（4）分包费

工料测量师在估价时应编制出需要分包出去的项目和工程量清单，与材料的情况相同，在一项工程投标前就向几家分包商进行询价，在收到分包商的报价后，必须对报价进行比较分析，进而选定分包商。中选的分包商的单价将要加到估价中去，同时要考虑分包商进行监督管理和提供其他服务的费用。加到总承包商下属的分包商或业主指定分包商的利润，可以在估价阶段加入，也可以留在投标会议之后一并总加。估算材料和分包商费用的差别是，在大多数情况下材料费同施工机械和人工费一起形成分项工程的成本单价，而分包商报的单价在许多情况下加上监督费之后单独开列。

作为初步研究的一部分，要分包出去的工程应该由工料测量师事先确定。在决定哪些工程要分包时，需考虑的因素主要有该工程的专业性及合同规模大小。大多数承包商根据行业划分，确定他们通常要分包出去的工程类型。大多数公司都会保存一份适合各种类型工程的认可分包商名单，当作工料测量师比较分包商报价时的参考手册。

总承包商选择分包商主要考虑下列因素：

① 总承包商管理分包商的费用

比较和选择分包商时，估算对分包商进行管理的费用在估价工作中占有优先考虑的地位。在各分包商的报价中隐含的要求、总承包商对其管理的程序和范围并不总是一致的，因此仅仅比较报价是不够的。

② 材料

材料费用的重要性表现在该项目占建筑业费用组成一半以上。许多工料测量师都在公司内部建立了材料消耗量的标准和定额。但是，这些标准很大程度上都是根据他们在本公司工人或本公司工人占很大比重的工程上得来的经验制定的。使用分包商的劳动力有可能使材料损耗率上升，因为分包商的劳动力有尽快完成工程的急切心情。因此，材料损耗率的变化很可能严重影响估价的准确性。通过加强对材料的控制可能避免这种现象，或者在某些情况下将采购材料的责任交给分包商，同时双方对材料使用的数量商定一个限额。

③ 生产率

就工料测量师而言，最困难的任务之一是估算人员和施工机械的生产率；大量使用分包商使这项任务的重要性降低了，但并没有完全解除，公司仍然雇佣自己的估算人员。工料测量师在这方面负担的减轻已被另外的一些困难的增加而抵消。这另外一些困难是如何对分包商不可靠、未完成工程或打扰了工程顺序安排而造成的后果进行定量的评价。承包商实际上可能并不在该具体分包合同上蒙受财务损失，但是要面对进度中断的后果。在估价阶段估计可能发生的中断对整个工程的影响更为困难。在现今竞争的时代，工料测量师往往依靠自己的审查步骤来评价分包商的表现，而不是公开直接地考虑潜在的中断。

④ 管理人员的控制和效率

管理人员对现场的控制和工作效率一直是影响估价阶段的重要因素。以前，某些承包商习惯于将主要精力用于控制本公司人员，现在必须学会组织和控制多个分包商的活动，包括到达现场、离开现场以及相互之间的联系和配合。现在承包商的项目经理和现场管理人员的作用已经有了很大改变，他们不仅要从本公司人员身上挖掘出更大的潜力来提高生产率，还要设法保证分包商以良好的施工工艺按计划施工，并同现场其他活动互相配合。

（5）管理费

建筑成本的每一要素（人工、机械设备及材料）一般都与现场的具体施工项目直接有关。任何不属于某个具体施工项目的成本要素，为叙述方便起见，可一概称之为工程管理费。一般有现场管理费、公司总部办公管理费。

① 现场管理费，现场管理费一般是指为工程施工提供必要的现场管理及设备开支的各种费用。该项费用或建筑成本只有在工程付诸实施时才会发生，因而称为直接成本，其内容包括维持一定数量的现场监督人员、办公室、临时道路、安全防护、炊事设施及电力供应等成本。工料测量师在编制这部分成本时，应综合考虑到工程预定的合同期限和设备的供应、安装、维护及其清理费用等开支。

② 公司总部办公管理费，这部分成本亦可称为开办费或筹建费，其内容包括开展经营

业务所需的全部费用，与现场管理费相似，它也并不直接与任何单个施工项目有关，而且也不局限于某个具体工程项目。只要承包商是在从事经营活动，不管其是否接到合同，这项成本就始终存在。该项办公管理费包括的项目如表 7-2 所示。

表 7-2　公司总部管理费主要组成

承包商管理费	数量（英镑）
资本利息	8500
银行贷款利息	5000
办公室租金	6250
各种税率	2000
与工程承包合同无直接关系的员工薪水	70000
办公室电话、取暖、照明费	1800
各种手续费	4000
文具费、邮资及杂项开支	3500
公司养老金	10000
办公室保险费	1500
办公设备及其他未作价的小型设备折旧费	2000
各级经理的费用及开支	10000
与具体工程合同无直接关系的运输费，包括设备运行费	8000
一般费用	1450
公司一年经营成本	134000

承包商应划拨的管理费比例：
公司年营业额假定为 177500 英镑，管理费所占比例应为：
（134000/1775000）×100% =7.55%

注：表中反映的并非管理费全部内容，而只是择要列出一些经常性项目。

建筑公司的办公管理费，其开支大小主要取决于以下因素：

a. 年营业额。年营业额是指承包商在一定的时期按计划规定预期要达到的业务产值。年营业额由承包商管理层决定，年营业额一经确定，即应从其预期提供的回报中拨出一定比例的金额作为公司开办费成本。该项成本要素一般以百分率表示，并在预算中以下述方式之一计取：对于净费率，在定价时，可按这一比率（百分率）先算出一个总金额，然后将其列入预算中；对于总费率，在定价时，这一比率（百分率）可将其纳入工程量清单每一计量项目的净单价中。

b. 承接项目的类型。承包商营业额的大小也与其承接的项目类型有关。如果承接的工程项目需投入大量资金用于采购材料和设备，或者由于工期延误，未能按合同规定履约，业主常常不能按期付款，加之索赔不断等，则其营业额将不足以产生所需的回报，用来支付公司日常的管理费用。

c. 雇员能力和办事效率。如果公司雇员办事效率高，机构各部门不人浮于事，其所需的管理费就可大大减少。

d. 管理费组成。公司本部的办公管理费，其组成因素常因公司而不同。因此，工料测量师在拟定管理费之前，应首先弄清本公司所需的总的管理费大致包括哪些成本因素，以便在编制预算时能予以充分考虑。

（二）由业主指定分包商施工的工程

（1）除合同条款另有要求外，由业主指定专业单位施工的工程，应另立一个不包括利润的金额数，一般将该金额称为主要成本在这种情况下，可列出一个专供增加承包商利润的项目。

（2）由承包商协助的项目，应单独列项，其内容包括：

①使用承包商管理的设备；

②使用施工机械；

③使用承包人的设施；

④使用临时工程；

⑤为专业单位提供的办公和仓库位置；

⑥清除废料；

⑦指定分包商所需的脚手架（说明细节）；

⑧施工机械或其他类似设备的卸货、分配、起吊及安装到位的项目（说明细节）。

（三）由业主指定的供货商提供的货物、材料或服务

除合同条款另有规定外，由业主指定的商人提供的货物、材料或服务应列一个不包括利润的金额数，一般将其称为主要成本，在这种情况下，可列出一个专供增加承包商利润的项目。

货物材料等处理应根据SMM7中有关条款的规定。所谓处理系包括卸货、储存、分配及起吊，在工程量清单中应说明其细节，以便于承包商安排运输及支付费用。

（四）由政府或地方当局执行的工程

除合同条款另有要求外，只能由政府或地方当局进行的工程，应另列一个不包括利润的金额数，在这种情况下，可列出一个专供增加承包商利润的项目。

凡由承包商协助的工作，应另列项目，其包括内容为：

（1）使用承包商管理的设备；

（2）使用施工机械；

（3）使用承包人的设施；

（4）使用临时工程；

（5）为专业单位提供的办公和仓库位置；

（6）清除废料；

（7）指定分包商所需的脚手架（说明细节）；

（8）施工机械或其他类似设备的卸货、分配、起吊及安装到位的项目（说明细节）。

（五）计日工作

在工程实施过程中，任何由于本身性质关系，属于变化不定、不能加以准确计量、估价的施工项目，其费用可基于当时的现行价格按计日工费率计算。其计算方法通常是在工程量清单中加进一笔暂列款或备用金（多半是属于不确定项目暂列款），计划用来支付日后可能产生的任何计日施工项目所需的费用。列出这笔预备金的意图在于为那些不能按主要或直接成本进行估算的项目提供一个评估标准，因而在投标阶段，工料测量师就必须预留一定比例的人工、材料和设备的附加金额，以便必要时用来支付这些计日工项目所需的各种管理费、利润及其他种种费用（如由不确定气候因素引起的意外开支及发放奖金等）。

1. 计日工作费。计日工作的费用应另列一个金额数，或分别列出各不同工种的暂定工时数量表。

2. 人工费。人工费中应包括直接从事于计日工作操作所需的工资、奖金及所有津贴（包括操作所需的机械及运输设备）。上述的费用应根据适当的雇佣协议执行，如无协议，则应按有关人员的实际支付工资计算。

3. 材料费。计日工作中的材料费应另列一项金额数，或包括各种不同材料的暂定数量表。所列金额数或表内的材料费应为运到现场材料的进货价格。它包含运输成本，不包含商业营销折扣；或者是指承包商将其原存货按现行价格作价后，再加上一定额度的搬运费或管理费。

4. 设备费。专用于计日工作中施工机械费应另列一项金额数；或包括各种不同设备种类的暂定台时量表；或每台机械的使用时间。该项费用可按 RICS 颁布的现行设备费率一览表进行计算。施工机械费应包括燃料、消耗材料、折旧、维修及保险费。

5. 每项计日工作的人工、材料或施工机械费

（1）每项计日工作的人工、材料或施工机械费可另列一个增加承包人的开办费、管理费及利润的项目。该项目常因公司不同而不同，这主要取决于下列因素：

①工程类型及规模；②公司所在地点与公司总部的位置；③合同风险；④订单情况；⑤建筑市场状况；⑥竞争的优势水平；⑦地理区域；⑧施工工期与建筑公司的产出率。

（2）承包人的开办费、管理费及利润应包括：

①工人的雇佣（招聘）费用；

②材料的储存、运输和储存损耗费；

③承包人的管理费；

④计日工作以外的施工机械费；

⑤承包人的设施；

⑥临时工程；

⑦杂项项目。

（六）暂定金

暂定金额有时也叫待定金额或备用金。这是业主在发出招标文件时，为数量不明确或不详的工作或费用所提供的一项金额，但不得另计利润。每个承包商在投标报价时均应将此暂定金额数计入工程总报价，暂定金额可用于工程施工、提供物料、购买设备、技术服务、分包项目以及其他以外支出，该款项可全部或部分动用，也可以完全不用，但在没有取得业主的工料测量师的许可的情况下，承包商无权使用此金额。为防止工程量清单所计列的各种暂定金在具体用途上含糊不清或发生偏差，SMM7 明文规定，应将所有的暂定金区分为不确定项目和确定项目两类。

1. 不确定项目暂定金

一般来说，承包商在其合同项目、合同价格中，如果目标不明确的项目需要任何额外费用，承包商便都可以从暂定金中列支。

2. 确定项目暂定金

承包商在其拟定的合同项目、合同计划或合同价格中，对于目标业已明确的项目都得为

其设置暂定金。这样，今后万一需要，也就不至于再产生相关索赔或要求补偿等问题。但为了能够就这些项目的暂定金充分做好计划安排，承包商事先必须设法了解并掌握下列工程消息：①工厂特征、规模、数量、质量；②工程位置、施工方法、限制条件等。

第二节　日本工程计价依据与模式—— 建筑工程积算

一、概述

日本的工程积算，属于量价分离的计价模式。日本作为一个发达的经济大国，市场化程度非常高，法制健全，建筑市场亦非常巨大，其单价是以市场为取向的，即基本上按照市场参考价格。隶属于日本官方机构的“经济调查会”和“建设物价调查会”，专门负责调查各种相关经济数据和指标（包括国内劳动力价格，一般材料及特殊价格），与建筑工程造价相关的有：“建设物价”杂志、“积算资料”（月刊）、“土木施工单价”（季刊）、“建筑施工单价”（季刊）、“物价版”（周刊）及“积算资料袖珍版”等定期刊登资料，另外还在英特网上提供一套“物价版”（周刊）登载的资料。每月向社会公开发行人工、机械、材料等价格资料。调查会还受托对政府使用的“积算基准”进行调查，即调查有关土木、建筑、电气、设备工程等的定额及各种经费的实际情况，报告市场各种建筑材料的工程价、材料价、印刷费、运输费和劳务费。价格的资料来源是各地商社、建材店、货场或工地实地调查所得。每种材料都标明由工厂运至工地或由库房及商店运至工地的差别，并标明各自的升降状态。通过这种价格完成的工程预算比较符合实际，体现了“市场定价”的原则，而且不同地区不同价，有利于在同等条件下投标报价。

日本的工程造价管理实行的是类似我国的定额取费方式，建设省制定一整套工程计价标准，即“建筑工程积算基准”，其工程计价的前提是确定数量（工程量），而这种工程量计算规则是由建筑积算研究会编制的《建筑数量积算基准》，该基准为政府公共工程和民间（私人）工程同时广泛采用，所有工程一般先由建筑积算人员按此规则计算出工程量。工程量计算业务以设计图及设计书为基础，对工程数量进行调查、记录、合计，计量、计算构成建筑物的各部分；其具体方法是将工程量按种目、科目、细目进行分类，即整个工程分为不同的种目（即建筑工程、电气设备工程和机械设备工程），每一种目又分为不同科目，每一科目再细分到各个细目，每一项目相当于分项工程。《建设省建筑工程积算基准》中制定了一套“建筑工程标准定额（步挂）”，对于每一细目以列表的形式列明的人、材、机械的消耗量及一套其他经费（如分包经费），通过对其结果分类、汇总，制作详细清单，这样就可以根据材料、劳务、机械器具的市场价格计算出细目的费用，继而可算出整个工程的纯工程费。这些占整个积算业务的60% ~70%，成为积算技术的基础。

整个项目的费用是由纯工程费、临时设施费、现场经费、一般管理费及消费税等部分构成。对于临时设施费、现场经费和管理费按实际成本计算，或根据过去的经验按照与纯工程费的比率予以计算。

二、日本建筑数量积算基准

日本建筑数量积算基准是在建筑工业经营研究会对英国的“建筑工程标准计量方法”

进行翻译研究的基础上，由建筑积算研究会于昭和45年（1970年）接受建设大臣、政府建筑设施部部长关于工程量计算统一化的要求，花费近10年时间汇总而成的。自从该基准制定以来，建筑积算研究会继续不懈地进行调查研究，对应日新月异的建筑及环境的不断变化，以及建筑材料、构造、施工工艺等的显著变化，该基准的内容也在不断修订，对其内容不断充实。自从该基准制定以来，已经进行了六次修订，目前的最新版本于平成4年修订完成，称为《建筑数量积算基准解・解说》（第6版）。

关于建筑积算，建筑积算研究会制定了“建筑工程清单标准格式”（简称“标准格式”）和“建筑数量计算基准”（简称“数量基准”）。

“数量基准”就是关于“标准格式”中细目的数量而制定的计量、计算基准。

（一）“数量基准”的特点

（1）创造了一种计量、计算方法，即关于不同积算人员对众多细目的数量的计量、计算，无论谁进行积算，其数量差不会超出容许范围。

（2）有助于防止计量、计算漏项、重复的积算方法。

（3）有助于提高积算效率的计算方法。

（4）“数量基准”系统地整理出各个规定，易于理解。

（二）内容

内容包括总则、土方工程与基础工程、主体工程、主体工程（壁式结构）、装修工程。除总则以外，每部分又有各自的计量、计算规则。

1. 总则

规定计量、计算方法基准的总的原理，度量的基本单位和基本规则。

2. 土方工程与基础处理工程

土方工程：计量、计算内容包括平整场地、挖基槽、回填土、填土、剩土处理、采石碾压基础、挡土墙、排水等工程。

基础处理工程：内容包括预制桩工程、现场打桩和特殊基础工程。

3. 主体工程

包括混凝土工程（混凝土、模板）、钢筋工程和钢结构工程。每部分基本上再细分为基础（独立基础、条形基础、基础梁、底板）、地板、墙、楼梯及其他工程。

4. 主体工程（壁式结构）

主体工程包括混凝土工程（混凝土、模板）、钢筋工程。每部分基本上再细分为基础（独立基础、条形基础、基础梁、底板）、地板、墙、楼梯及其他工程。

5. 装修工程

装修工程包括内、外装修工程。分别对混凝土材料、预制混凝土材料、防水材料、石材、瓷砖、砖材、木材、金属材料、抹灰材料、木制门窗、金属门窗、玻璃材料、涂料、装修配套工程、幕墙及其他的计量、计算进行明确规定。

三、建筑工程积算基准

（一）目的

此基准的目的是为了规定有关建设省发包的建筑工程承包施工时，规定应该计入工程清单的该工程工程费积算的必要事项，有助于工程费的适当积算。

（二）工程费的构成

工程费的构成如图 7-1 所示。

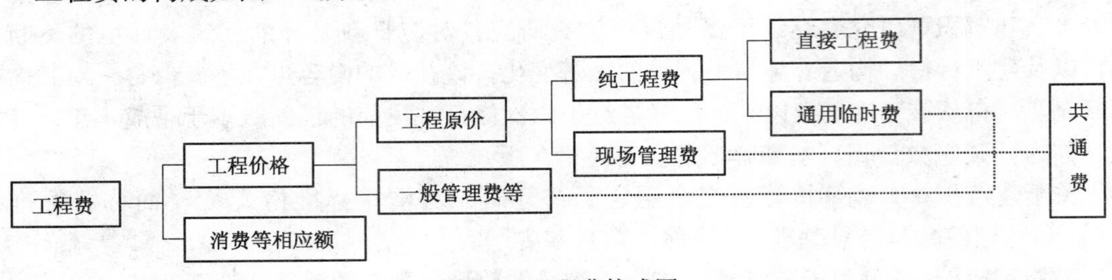

图 7-1　工程费构成图

（三）工程费的区分

工程费按直接工程费、共通费和消费税等相应数额分别计算。直接工程费根据设计图纸的表示分为建筑工程、电气设备和机械设备工程等，共通费分为共通临时设施费、现场管理费和一般管理费等。

1. 直接工程费

直接工程费是为了建造工程标的物所需的直接而必要的费用，包括直接临时设施的费用，按工程种目进行积算，即材料价格及机器类价格乘以各自数量，或者是将材料价格、劳务费、机械器具费及临建材料作为复合费用，依据《建筑工程标准定额》在复合单价或市场单价上乘以各施工单位的数量。若很难依据此种方法，可参考物价资料等的登载价格以及专业承包商的报价等来决定。工程中产生的残材还有利用价值时，应减去残材数量乘以残材价格的数额。计算直接工程费时使用的数量，若是建筑工程应依据《建筑数量积算基准》中规定的方法，若是电气设备工程及机械设备工程应使用《建筑设备数量积算基准》中规定的方法。

（1）材料价格及机器类价格

材料价格及机器类价格，原则上作为投标时的现场成交价，是参考物价资料等的登载价格，制造业者的报价等，并考虑数量的多少，施工条件等而制定。

（2）劳务费

劳务费依据《公共工程设计劳务单价》。但是，对于基本作业时间外的作业，特殊作业等，可根据作业时间及条件来增加劳务单价。对于偏远地区等的工程，可根据实际情况另外决定。

（3）机械器具费及临时设施材料费

机械器具费及临时设施材料费，是根据《承包工程机械经费积算要领》的机械器具费及临时设施材料费而决定，若很难依据上述方法时应参考物价资料等的租借费。

（4）搬运费

将材料及机器类等搬运至施工现场所需的费用，通常包含在价格中；对于需要在工程现场外加工的，从临时场地搬运的费用；对于临时材料及为了临时的机械器具而所需的往返费用，要依据《货物汽车运输业法》中运费进行必要的积算。

2. 共通费

共通费对以下各项进行积算，具体的计算方法，依据《建筑工程共通费积算基准》。

（1）共通临时设施费，是各工程项目共通的临时设施所需的费用。

（2）现场管理费，是工程施工时，为了工程所必须的经费，它是共通临时设施费以外的经费。

（3）一般管理费等，是工程施工时，承包方为了继续运营而所必需的费用，它由一般管理费和附加利益构成。

3. 消费税等相应税费

消费税等相应税费，是消费税及地方消费税的相应金额。

4. 其他

（1）本建设用的电力、自来水和下水道等的负担额有必要包含在工程价格中时，要和其他工程项目区分计入。

（2）变更设计的工程费，只是计算变更部分工程的直接工程费，并加上与变更有关的共通费，最后加上消费税等相应税费。

（四）工程费积算流程图

工程费积算流程图如图 7-2 所示。

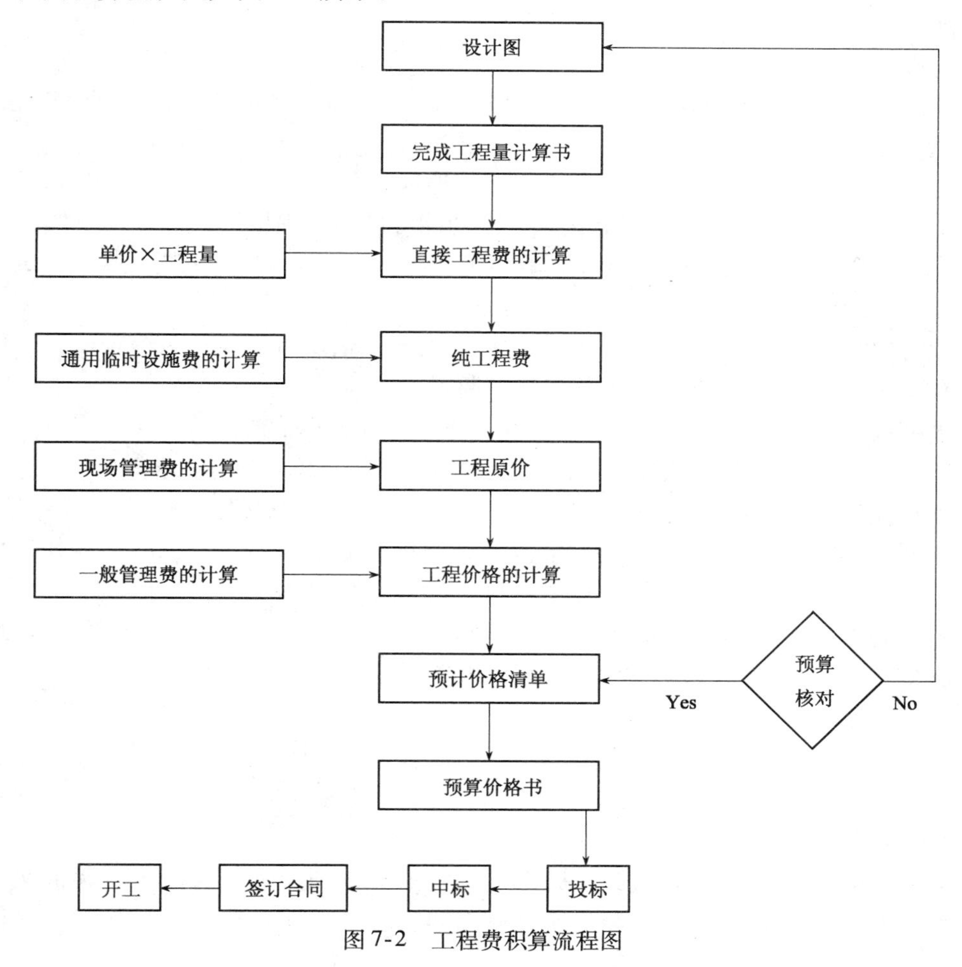

图 7-2　工程费积算流程图

第八章　氿上云计价软件

第一节　氿上云计价软件功能介绍

氿上云计价即下一代智能云计价服务（SAAS），依据GB 50500—2013、2008，以工程量清单报价，提供全国31个省标准定额数据的土建、安装、市政、装饰、园林、修缮，以及行业的公路、电力、广电、通信、冶金、水利、沿海港口、轨道交通等，在充分满足工程项目估算、概算、招投标报价、竣工决算工作的同时，通过氿上社区及时对各类工程进行智能分析、实时管理以及数据挖掘，同时利用先进的通信技术，将氿上云平台各类任务需求、工程技术商品、最新施工工艺、新技术、新材料第一时间传递给云计价软件，便于末端客户更快捷利用网络平台互动、交流、分享、交易。

氿上云软件功能介绍如下：

1. 采用清单规范GB 50500—2003 \ 2008 \ 2013、且同国际接轨，以工程量清单形式报价；

2. 定额库丰富，可同时挂接不同行业、不同地区的定额库；

3. 本系统提供了多种可视、智能化套定额功能，可同时提取不同专业的不同子目，并自动提示换算内容，如项目换算、含量换算、配合比换算、综合换算、附注换算、叠加子目等，只需点几下鼠标即可完成，无需记忆任何命令，换算过的子目可任意调用；

4. 独特的清单组价及报价功能，用户可将一批子目重新组合成一条综合子目，并可调用云清单库里的组价内容，包括动态价格库的调用；

5. 多种报价模式，量价分离、综合报价、清单报价、不平衡报价、实务报价、海外报价等纷繁复杂的报价模式应有尽有，充分满足所有招投标报价的各种需求。

6. 动态报表功能，无论是清单规范还是清单报价方式，均提供了强大的动态报表功能，每种表格均可以编辑出多种实用表格，批量导出PDF格式、EXCEL格式等，操作起来得心应手；

7. 独树一帜的“云询价”功能，利用互联网，聚合、聚众所有末端价值信息，第一时间将市场人工、材料、机械价格推送给需要的人群，便于其低成本快速获取材料、机械价格信息。

8. 开创性的“云清单查询”功能，内含各专业、各项目的施工工艺、包括项目成本价格、项目组成、项目描述以及组成项目的人工、材料、机械的具体分析，为广大造价从业人员提供了多渠道的交流通道。

9. ”氿上花园”知识共享功能，提供了大量的标准图集、政策法规、调价文件、定额勘误等，为商务人士打造了一个互动交流、知识分享、项目外部、行业咨询的社交网络平台。

10. 大数据分析汇总的“云管理”，从招投标报价、项目指标分析、工料机实时价格、文档管理、工作日志、知识共享库、权限管理等各维度出发，为企业内部管理提供切实、可行的管理通道。

第二节　氿上云计价软件使用说明

一、新建工程文件

1. 打开软件，点击新建按钮

2. 建立文件名称，在弹出的对话框中给出工程文件名

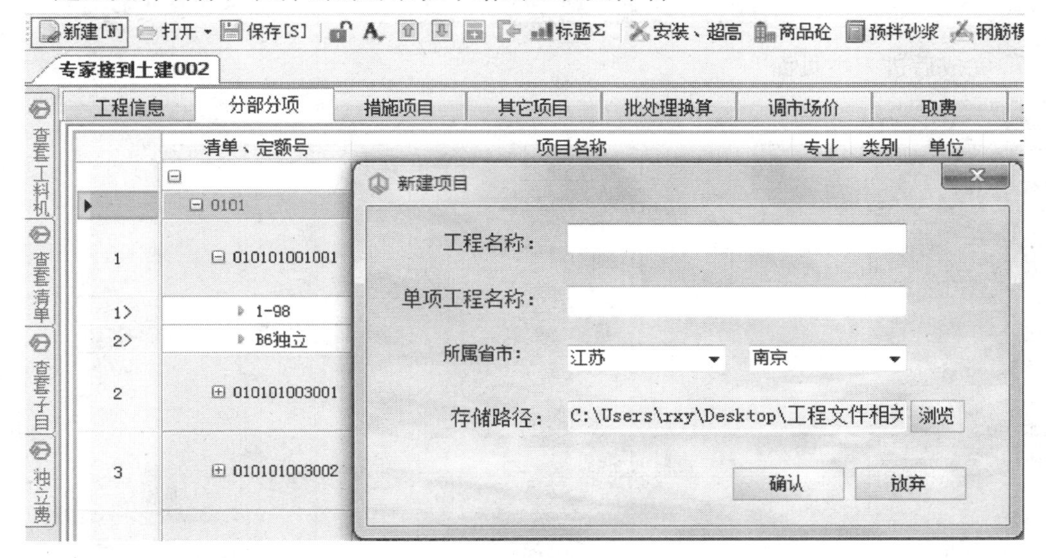

3. 建立工程名称后，选择单项工程保存地址

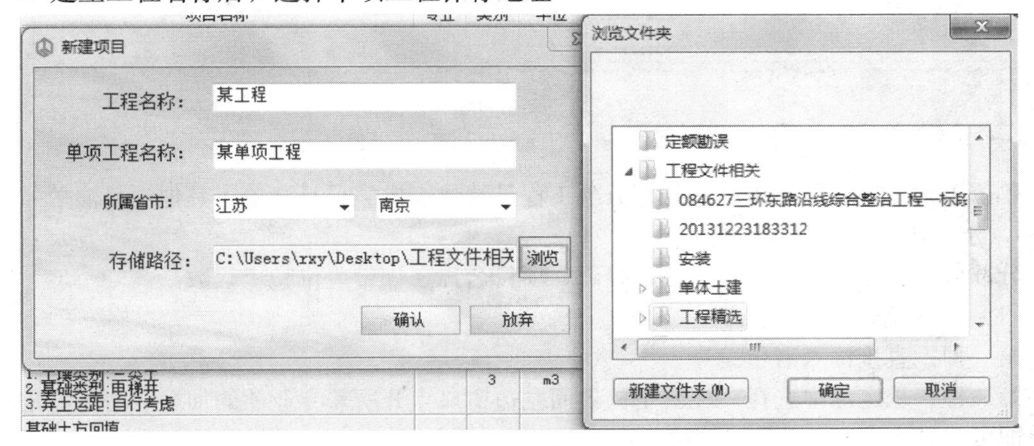

4. 选择保存地址后，输入单位工程名称和类别及所需要的清单规范和定额库以及单位工程保存地址

新建单位工程

请选择计价方式：

清单计价　定额计价

请填写工程信息：

定额库：江苏建筑装饰2004定额

清单规范：2013清单规范

工程类型：JSTJ070101　选择

工程属性：投标

单位工程名称：二层室内装修业务

确认　放弃

5. 完成后进入主页面

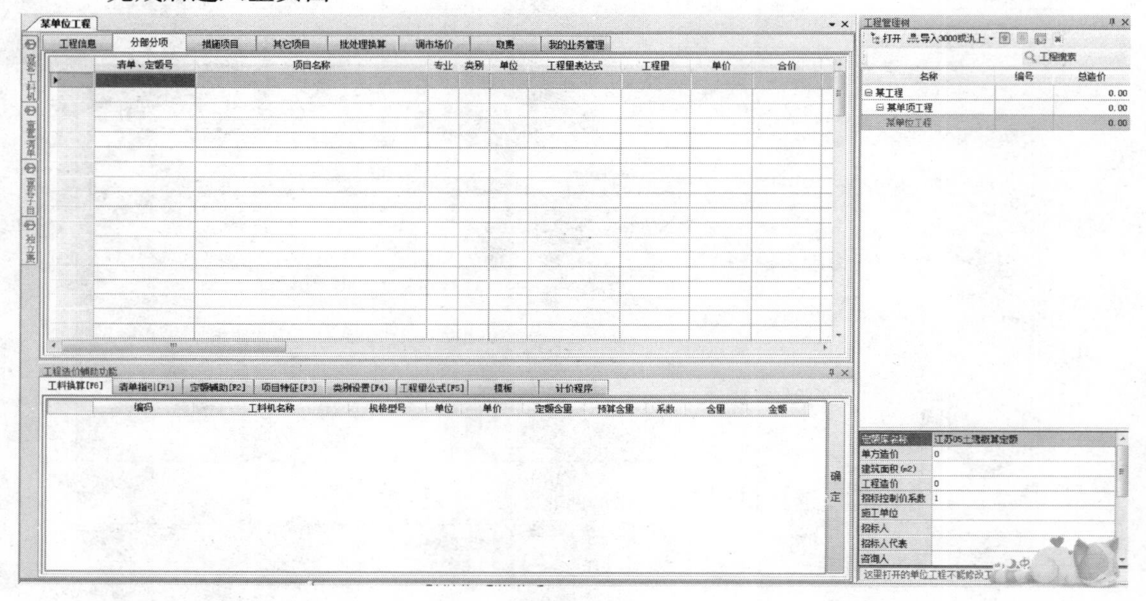

二、输入清单套定额

单位工程工程量清单包括：分部分项工程量清单、措施项目清单、其他项目清单

1. 分部分项工程量清单的编制

分部分项工程量清单应包括项目编码、项目名称、计量单位和工程数量。

（1）清单输入，方法如下：

第一种：直接输入清单编号；

第二种：从定额中选择，在套定额界面左边窗口点开所需专业前的加号双击所需定额或清单即可，见下图；

第三种：根据部分工作内容模糊检索；

第四种：利用子目反查清单。

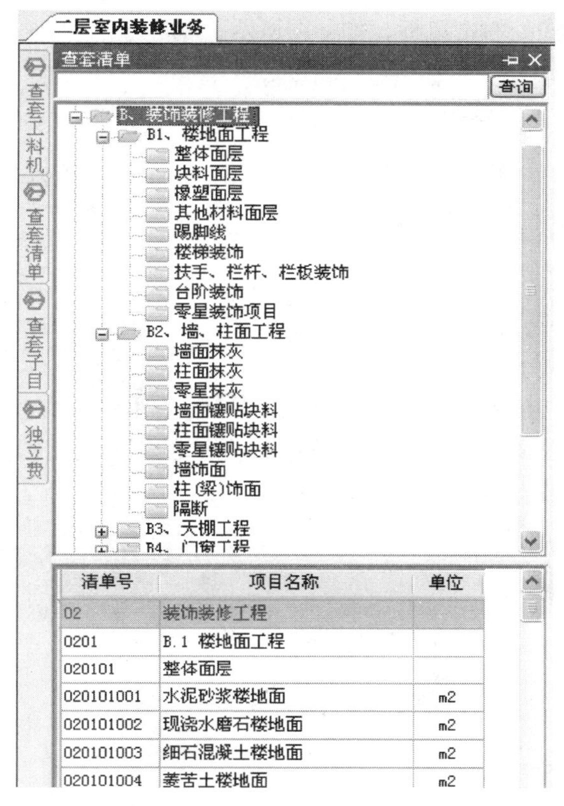

清单号	项目名称	单位
02	装饰装修工程	
0201	B.1 楼地面工程	
020101	整体面层	
020101001	水泥砂浆楼地面	m2
020101002	现浇水磨石楼地面	m2
020101003	细石混凝土楼地面	m2
020101004	菱苦土楼地面	m2

（2）清单工程量输入：方法如下

第一种：直接录入清单量，在清单所在行的工程量表达式直接输入工程量回车即可；

第二种：列式计算工程量，需要经过列式计算得到的工程量，仍然在工程量表达式列出对应的算式，比如：4.82×7.56+9.23/5，然后回车；

第三种：在计算工程量窗口完成复杂的工程量计算，双击“工程量表达式”，系统进入该项目的计算工程量窗口；

020201001001	墙面一般抹灰 1.12厚1:1:6水泥石灰膏砂浆打底 2.5厚1:0.3:3水泥石灰膏砂浆粉面		21	m2	182.875	182.8750	28.92
13-31	砖内墙面抹混合砂浆	土建	21	10m2	182.875	18.2875	289.20
020105007001	金属踢脚线 1.50高1.2厚304拉丝不锈钢踢脚线 2.做法及其他要求详见图纸设计及相关标准、规范、图集		21	m2	61.862	61.8620	503.80
B12-5	[调]成品不锈钢镜面踢脚线	土建	21	10m	1237.24	123.7240	251.90
020303002001	空调送风口、回风口开孔 1.150*2000mm成品铝合金空调回风口开孔		21	个	4	4.0000	106.27
17-74	检修孔 600×600	土建	21	10个	4	0.4000	1,062.68
020303002002	格栅灯孔 1.600*1200格栅灯孔； 2.做法及其他要求详见图纸设计及相关标准、规范、图集等；		21	个	54	54.0000	16.42
17-75	格式灯孔	土建	21	10个	54	5.4000	164.20

算[F6] 清单指引[F1] 定额辅助[F2] 项目特征[F3] 类别设置[F4] 工程量公式[F5] 模板 计价程序

分项工程名称	项目特征	计算公式	相同数
合计			1.0
			0.0

当在工程量计算公式处右击鼠标，如下图所示：

工料换算[F6]　清单指引[F1]　定额辅助[F2]　项目特征[F3]　类别设置[F4]　工程量公式[F5]　模板　计价程序

	分项工程名称	项目特征	计算公式	相同数	系数
1	合计			1	1
2			4.82*7.56+9.23/5	1.00	1.00
3				0.00	0.0000
4				0.00	0.0000
5				0.00	0.0000
6				0.00	0.0000
7				0.00	0.0000
8				0.00	0.0000
9				0.00	0.0000

插入标题
插入行(Ctrl+Z)
删除(Ctrl+D)
剪切(Ctrl+X)
复制(Ctrl+C)
粘贴(Ctrl+V)
提取公式

确定

选择“提取公式”，用户可以选择相应的公式，并给出相应参数，软件自动计算该项目的工程量，即利用图形公式计算工程量，本系统提供了非常实用的图形库，内置了各种平面、基础、立体图形、柱、门窗等，

比如公式选择的是基础类的杯形基础体积，选中后，软件将自动要求用户输入对应参数的数值

（3）项目特征描述

根据清单计价规则的要求，业主或招标代理人提供给投标单位的工程量清单必须进行项目特征描述，即根据建筑工程性质、图纸文件设计要求、工作内容等对工程量清单项目进行种类、品种、厚度、运距、混凝土、砂浆强度等级、配合比等描述；

① 项目特征描述的第一种方法：直接输入，就是在定额含量的项目特征窗口中，直接输入该项目的特征描述，见下图：

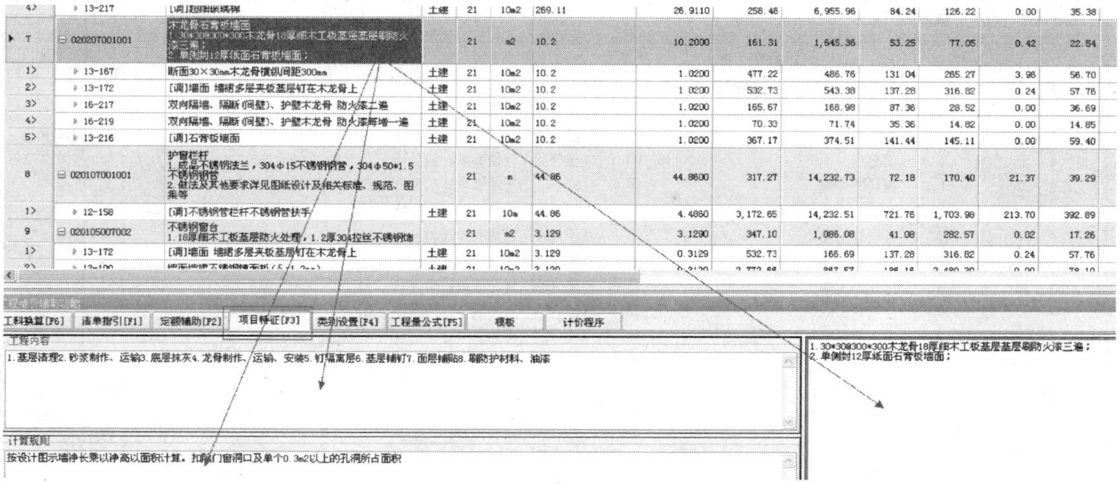

4>	13-217	[调][illegible]	土建	21	10m2	269.11	26.9110	258.48	6,955.96	84.24	126.22	0.00	35.38
7	020207001001	木龙骨石膏板墙面 1.30*30@300*300木龙骨18厚细木工板基层基层刷防火漆三遍； 2.单侧封12厚纸面石膏板墙面；		21	m2	10.2	10.2000	161.31	1,645.36	53.25	77.05	0.42	22.54
1>	13-167	断面30×30mm木龙骨横纵间距300mm	土建	21	10m2	10.2	1.0200	477.22	486.76	131.04	265.27	3.96	56.70
2>	13-172	[调]墙面 墙裙多层夹板基层钉在木龙骨上	土建	21	10m2	10.2	1.0200	532.73	543.38	137.28	316.82	0.24	57.78
3>	16-217	双向隔墙、隔断(间壁)、护壁木龙骨 防火漆二遍	土建	21	10m2	10.2	1.0200	165.67	168.98	87.36	28.52	0.00	36.69
4>	16-219	双向隔墙、隔断(间壁)、护壁木龙骨 防火漆每增一遍	土建	21	10m2	10.2	1.0200	70.33	71.74	35.36	14.82	0.00	14.85
5>	13-216	[调]石膏板墙面	土建	21	10m2	10.2	1.0200	367.17	374.51	141.44	145.11	0.00	59.40
8	020107001001	护窗栏杆 1.成品不锈钢法兰，304φ15不锈钢钢管，304φ50*1.5不锈钢钢管 2.做法及其他要求详见图纸设计及相关标准、规范、图集等		21	m	44.86	44.8600	317.27	14,232.73	72.18	170.40	21.37	39.29
1>	12-158	[调]不锈钢管栏杆不锈钢管扶手	土建	21	10m	44.86	4.4860	3,172.65	14,232.51	721.76	1,703.98	213.70	392.89
9	020105007002	不锈钢窗台 1.18厚细木工板基层防火处理，1.2厚304拉丝不锈钢饰		21	m2	3.129	3.1290	347.10	1,086.08	41.08	282.57	0.02	17.26
1>	13-172	[调]墙面 墙裙多层夹板基层钉在木龙骨上	土建	21	10m2	3.129	0.3129	532.73	166.69	137.28	316.82	0.24	57.76

工料换算[F6] 清单指引[F1] 定额辅助[F2] 项目特征[F3] 类别设置[F4] 工程量公式[F5] 模板 计价程序

工程内容

1.基层清理2.砂浆制作、运输3.底层抹灰4.龙骨制作、运输、安装5.钉隔离层6.基层铺钉7.面层铺贴8.刷防护材料、油漆

1.30*30@300*300木龙骨18厚细木工板基层基层刷防火漆三遍；
2.单侧封12厚纸面石膏板墙面；

计算规则

按设计图示墙净长乘以净高以面积计算。扣除门窗洞口及单个0.3m2以上的孔洞所占面积

② 如果在描述项目特征时，需要对清单中所列的项目特征增加项目，请点击鼠标右键弹出一窗口，见下图：

工程造价辅助功能

工料换算[F6] 清单指引[F1] 定额辅助[F2] 项目特征[F3] 类别设置[F4] 工程量公式[F5] 模板 计价程序

工程内容

1.基层处理2.垫层铺设3.抹找平层4.防水层铺设5.面层铺设6.嵌缝条安装7.磨光，酸洗，打蜡8.材料运输

计算规则

按设计图示尺寸以面积计算。扣除凸出地面构筑物、设备基础、室内铁道、地沟等所占面积，不扣除间壁墙和0.3m2以内的柱、垛、附墙烟囱及孔洞所占面积。门洞、空圈、暖气包槽、壁龛的开口部分不增加面积

	选择	项目特征	特征描述
1	☑	1.面层厚度，水泥石子...	
2	☑	2.嵌条材料种类规格：	
3	☑	3.石子种类，规格，颜色：	
4	☑	4.颜色种类、颜色：	
5	☑	5.图案要求：	
6	☐	6.磨光、酸洗、打蜡：	
7	☐	7.颜色种类、颜色：	
8	☐	8.图案要求：	
9	☐	9.磨光、酸洗、打蜡...	

10mm
15mm
20mm
水泥白石子浆1:1.25
水泥白石子浆1:1.5
水泥白石子浆1:2
水泥白石子浆1:3
白水泥白石子浆1:1.25
白水泥白石子浆1:1.5
白水泥白石子浆1:2
白水泥白石子浆1:3
白水泥浆
白水泥白石子浆1:2.5
白水泥色石子浆1:2.5

保存到特征选择库下一次使用时方便调用。2. 措施项目的编制措施项目清单相对于分部分项清单编制有所不同，输入方式如下：

第一，措施项目一清单无需输入，用户直接填写费率和所需要的项目打勾即可，如图

措施项目一 措施项目二

	序号	项目名称	单位	计算公式	基数	费率(%)	费率范围	合计	包含	甲供	文明费
1	1	通用措施项目			0	0		28580.93	☑	☐	☐
2	1	现场安全文明施工措施费	项	分部分项工程量清单计价合计	9,332.55	0		9,332.55	☑	☐	☑
3	1.1	基本费	项	分部分项工程量清单计价合计	233,313.76	2.2	2.2~0.9:0.9	5,132.90	☑	☑	☐
4	1.3	奖励费	项	分部分项工程量清单计价合计	233,313.76	0.7	0.2~0.7:0.2~0.4	1,633.20	☑	☑	☐
5	1.2	现场考评费	项	分部分项工程量清单计价合计	233,313.76	1.1	1.1~0.5:0.5	2,566.45	☑	☑	☐
6	2	环境保护费	项	分部分项工程量清单计价合计	233,313.76	0	1.1~0.5:0.5	0.00	☑	☐	☐
7	3	临时设施费	项	分部分项工程量清单计价合计	233,313.76	2.2	1~2.2:0.3~1.2	5,132.90	☑	☐	☐
8	4	材料与设备检验试验费	项	分部分项工程量清单计价合计	233,313.76	0.2	0.2	466.63	☑	☐	☐
9	5	夜间施工费	项	分部分项工程量清单计价合计	233,313.76	0.1	0~0.1	233.31	☑	☐	☐
10	6	工程按质论价	项	分部分项工程量清单计价合计	233,313.76	3	1~3	6,999.41	☑	☐	☐
11	7	赶工措施费	项	分部分项工程量清单计价合计	233,313.76	2.5	1~2.5	5,832.84	☑	☐	☐
12	8	已完工程及设备保护	项	分部分项工程量清单计价合计	233,313.76	0.05	0~0.05:0~0.1	116.66	☑	☐	☐
13	9	冬雨季施工增加费	项	分部分项工程量清单计价合计	233,313.76	0.2	0.05~0.2:0.05~0.	466.63	☑	☐	☐
14	2	专业工程措施项目			0	0	0.05~0.2:0.05~0.	186.65	☑	☐	☐
15	10	住宅工程分户验收	项	分部分项工程量清单计价合计	233,313.76	0.08	0.08	186.65	☑	☐	☐

注：如果有些措施项目没有费率，可是，仍然需要打勾，费率填写为“0”

第二，措施一清单可增加措施项目费用，如图：

措施项目一 | 措施项目二

	序号	项目名称	单位	计算公式	基数	费率(%)	费率范围
1	⊟ 1	通用措施项目			0	0	
2	⊟ 1	现场安全文明施工措施费	项	分部分项工程量清单计价合计	9,332.55	0	
3	1.1	基本费	项	分部分项工程量清单计价合计	233,313.76	2.2	2.2~0.9:0.9
4	1.3	奖励费	项	分部分项工程量清单计价合计	233,313.76	0.7	0.2~0.7:0.2~0.4
5	1.2	现场考评费	项	分部分项工程量清单计价合计	233,313.76	1.1	1.1~0.5:0.5
6	⊟ 2	环境保护费	项	分部分项工程量清单计价合计	233,313.76	0	1.1~0.5:0.5
7	⊟ 3	临时设施费	项	分部分项工程量清单计价合计	233,313.76	2.2	1~2.2:0.3~1.2
8	⊟ 4	材料与设备检验试验费	项	分部分项工程量清单计价合计	233,313.76	0.2	0.2
9	⊟ 5	夜间施工费	项	分部分项工程量清单计价合计	233,313.76	0.1	0~0.1
10	⊟ 6	工程按质论价	项	分部分项工程量清单计价合计	233,313.76	3	1~3
11	⊟ 7	赶工措施费	项	分部分项工程量清单计价合计	233,313.76	2.5	1~2.5
12	⊟ 8	已完工程及设备保护	项	分部分项工程量清单计价合计	233,313.76	0.05	0~0.05:0~0.1
13	⊟ 9	冬雨季施工增加费	项	分部分项工程量清单计价合计	233,313.76	0.2	0.05~0.2:0.05~0.
14	⊟ 2	[illegible]			0	0	0.05~0.2:0.05~0.
15	⊟	[illegible]	项	分部分项工程量清单计价合计	233,313.76	0.08	0.08

变量表
插入标题
插入清单(Ctrl+Z)
插入子目(Ctrl+Z)
删除(Ctrl+D)
剪切(Ctrl+X)
复制(Ctrl+C)
粘贴(Ctrl+V)
设置为标题
设置为清单
设置为子目
设置标题序号

注：用户添加新的措施项目，需要依次填写名称、单位、取费基数和费率

第三，措施项目二需要在其需要的清单下面套入子目或者暂定价，

措施项目一 | 措施项目二

	清单、定额号	项目名称	专业	类别	单位	工程量表达式	工程量	单价	合价	人工费	材料费
	⊟	通用项目		1		0	0.0000	0.00	0.00	0.00	0.
1	⊟ 1	二次搬运费		1	项	1	1.0000	12.53	12.53	3.34	0.
	23-1	人装自卸白石子基本运距100m内	土建	3	t	1	1.0000	12.53	12.53	3.34	0.
2	⊟ 2	大型机械设备进出场及安拆		1	项	1	1.0000	0.00	0.00	0.00	0.
3	⊟ 3	施工排水		1	项	1	1.0000	0.00	0.00	0.00	0.
4	⊟ 4	施工降水		1	项	1	1.0000	0.00	0.00	0.00	0.
5	⊟ 5	地上、地下设施，建筑物的临时保护设施		1	项	1	1.0000	0.00	0.00	0.00	0.
6	⊟ 6	特殊条件下施工增加费		1	项	1	1.0000	0.00	0.00	0.00	0.
	⊟	专业工程措施项目		1		1	1.0000	0.00	0.00	0.00	0.
7	⊟ 7	混凝土、钢筋混凝土模板及支架		1	项	1	1.0000	0.00	0.00	0.00	0.
8	⊟ 8	脚手架费		1	项	1	1.0000	0.00	0.00	0.00	0.
9	⊟ 9	超高费		1	项	1	1.0000	0.00	0.00	0.00	0.
10	⊟ 10	垂直运输机械		1	项	1	1.0000	0.00	0.00	0.00	0.

工程造价辅助功能

工料换算[F6] | 清单指引[F1] | 定额辅助[F2] | 项目特征[F3] | 类别设置[F4] | 工程量公式[F5] | 模板 | 计价程序

修改

3、市政脚手架
4、园林脚手架
5、大型机械进退场费
6、建筑物垂直运输费
7、单独装饰垂直运输费
8、烟囱、水塔、筒仓垂直运输
9、机动翻斗车二次搬运
10、单(双)轮车二次搬运
11、土建施工排水

	定额号	项目名称	单位	单价	人工费	材料费	机械费
1	23-1	人装自卸白石子基本运距100m内	t	9.14	3.34	0.00	5.80
2	23-2	人装自卸白石子超运距增加100m	t	0.82	0.31	0.00	0.51
3	23-3	人装自卸散水泥基本运距100m内	t	6.74	2.47	0.00	4.27
4	23-4	人装自卸散水泥超运距增加100m	t	0.69	0.26	0.00	0.43
5	23-5	人装自卸历青基本运距100m内	t	6.16	2.23	0.00	3.93
6	23-6	人装自卸历青超运距增加100m	t	0.96	0.36	0.00	0.60
7	23-7	人装自卸砂子、水渣、绿豆砂基本运距100m内	m3	6.16	2.23	0.00	3.93
8	23-8	人装自卸砂子、水渣、绿豆砂超运距增加100m	m3	0.96	0.36	0.00	0.60
9	23-9	人装自卸石子、矿渣基本运距100m内	m3	10.50	3.84	0.00	6.66
10	23-10	人装自卸石子、矿渣超运距增加100m	m3	0.96	0.36	0.00	0.60

注：措施项目二可使用清单指引

3. 其他项目的编制：编制其他项目清单时，根据工程建设标准的高低、工程的复杂程度、工程的工期长短、工程的组成内容、发包人对工程管理要求等都是影响工程其他项目清单的因素，大体来讲有暂列金额、暂估价、计日工、总承包服务费等内容，如图：

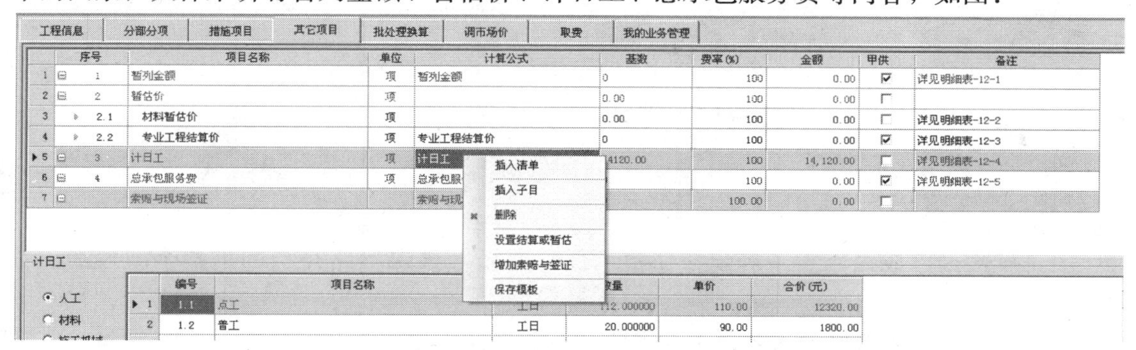

针对索赔或签证，依据甲乙双方确认的索赔事件和金额直接填报；

结算或暂估，甲乙双方确定的合同书内填报费用金额。若需要索赔或签证、结算或暂估，击鼠标右键，直接处理即可。至此，关于工程量清单编制的工作就基本结束。

4. 确定取费费率及相应费用

5. 报表输出：进入到报表输出体系，选择需要的表格，然后输出即可，在此不作详述。氿上云计价软件提供了系统表格、EXCEL 表格、PDF 表格样式，根据工作的需要自动单个或成批的输出即可。

第三节　氿上云清单计价实务操作

一、实务工程操作步骤

第一步：打开或新建工程文件

第二步：输入工程信息，即输入本工程相应的各种信息

第三步：选择当前工程所用专业，挂接当前定额库

第四步：输入清单（包括输入工程量、项目特征描述等）

第五步：对各清单组价（包括各种套组换调操作）

第六步：对各清单确定工程类别及维护相应费率

第七步：输出报表

二、工程案例操作详解

根据以上步骤，我们利用氿上云计价软件完整的做一个工程；

（一）点击桌面氿上云计价快捷钮，软件被激活后首先原始数据处理，接着进入工作界面；

（二）用户接下来可点击菜单栏【新建】，输入工程名称及单项工程名称，见图

新建项目

工程名称：某工程

单项工程名称：某单项工程

所属省市：江苏 南京

存储路径：C:\Users\rxy\Desktop\工程文件相关 浏览

确认 放弃

（三）输入完成之后点击确定按钮提示保存路径（该保存路径指的是整个项目的保存路径），

（四）保存之后需要输入单位工程名称和所需要的清单规范和定额库，见图

新建单位工程

请选择计价方式：

清单计价 定额计价

请填写工程信息：

定额库：江苏建筑装饰2004定额

清单规范：2013清单规范

工程类型：JSTJ070101 选择

工程属性：投标

单位工程名称：二层室内装修业务

确认 放弃

（五）定额库挂接好之后，软件进入氿上云计价软件的工作内容区，该工作区是编制清单、做报价的窗口；首先输入清单，输入清单的方式有三种，

第一种：直接输入清单编号；

第二种：从查套定额中选择，双击到套定额窗口；

第三种：接收招标方的电子招标文件或EXCEL文件，一次性接收清单名称、清单单位、清单量或项目特征；

其次输入工程量，这是针对前两种清单输入方式的，方法如下：

第一种：直接录入清单量，在清单所在行的工程量表达式直接输入工程量回车即可；

第二种：列式计算工程量，需要经过列式计算得到的工程量，仍然在工程量表达式列出对应的算式，比如：4.82×7.56+9.23/5，然后回车；

第三种：在计算工程量窗口完成复杂的工程量计算，点击“工程量表达式”，系统进入该项目的计算工程量窗口，选择“提取公式”，用户可以选择相应的公式，并给出相应参数，软件自动计算该项目的工程量，即利用图形公式计算工程量；

（六）对清单进行项目特征描述

（七）措施项目清单的编制

（八）其他项目清单的编制，

（九）清单输入完成，接下来就是对各清单组价，包括各种套组换调工作。

1. 选定清单

① 用户可根据清单直接输入定额，

② 可以选择查套子目方式查套定额子目，

③ 可以利用按钮清单指引选择当前清单所需子目清单一一罗列在屏幕上，见图

二层室内装修业务

工程信息 | 分部分项 | 措施项目 | 其它项目 | 批处理换算 | 调市场价 | 取费 | 我的业务管理

	清单、定额号	项目名称	专业	类别	单位	工程量表达式	工程量	单价	合价	人工费	材料费	机械费	管理费	利润
12	020303001002	回光灯槽 1.暗藏灯带150*200，18厚木工板防火处理，9.5厚纸面石膏板刷白色乳胶漆一底两面 2.做法及其他要求详见图纸设计及相关标准、规范、图集		21	m2	1.05	1.0500	52.82	55.46	19.46	21.43	0.53	8.40	3.(
1>	17-78	[调]回光灯槽	土建	21	10m	1.05	0.1050	341.97	35.91	109.20	162.16	5.33	48.10	17.1
2>	16-303	夹板面满批腻子二遍	土建	21	10m2	0.553171	0.0553	113.23	6.26	62.40	15.26	0.00	26.21	9.3
3>	16-306	天棚墙面板缝贴自粘胶带	土建	21	10m	0.63	0.0630	42.94	2.71	20.80	10.28	0.00	8.74	3.1
4>	16-311Z1	夹板面乳胶漆二遍	土建	21	10m2	1.05	0.1050	100.79	10.58	40.04	37.92	0.00	16.82	6.(
13	020303002003	成品检修孔 1.白色冲孔铝板定制450*450成品检修孔		21	个	9	9.0000	106.27	956.43	49.40	28.71	0.00	20.75	7.4
1>	17-74	检修孔 600×600	土建	21	10个	9	0.9000	1,062.68	956.41	494.00	287.10	0.00	207.48	74.1
14	020303002004	筒灯孔 1.筒灯孔 2.做法及其他要求详见图纸设计及相关标准、规范、图集		21	个	98	98.0000	3.69	361.62	1.98	0.58	0.00	0.83	0.3
1>	17-76	筒灯孔	土建	21	10个	98	9.8000	36.82	360.84	19.76	5.80	0.00	8.30	2.9
15	020103004001	成品PVC卷材楼面 1.1:2自流平水泥砂浆找平 2.PVC地板专用胶 3.2.5MM以上厚卷材PVC地板，耐磨层厚度为0.7MM以上。局部区域（如表层荷载较大的地方）使用同质透芯卷材PVC时含量75%以上		21	m2	104.9656	104.9656	104.55	10,974.15	18.72	74.97	0.12	7.91	2.8

工程造价辅助功能

工料换算[F6] | 清单指引[F1] | 定额辅助[F2] | 项目特征[F3] | 类别设置[F4] | 工程量公式[F5] | 模板 | 计价程序

	编码	工料机名称	规格型号	单位	单价	预算含量	系数	含量	数量	金额
▶	000010	一类工		工日	104	0.1871	1.0000	0.1871	0.20	20.43
	403018	细木工板单面砂皮δ=18mm	δ=18mm	m2	30	0.4000	1.0000	0.4000	0.42	12.60
	601106	乳胶漆(内墙)		kg	13	0.2800	1.0000	0.2800	0.29	3.82
	601125	清油		kg	10.64	0.0184	1.0000	0.0184	0.02	0.21
	607072	纸面石膏板(龙牌)1200×3000×9.5	1200×3000×9.5	m2	10	0.4000	1.0000	0.4000	0.42	4.20
	609032	大白粉		kg	0.48	0.4688	1.0000	0.4688	0.49	0.24
	610076	密封油膏		kg	1.43	0.0042	1.0000	0.0042	0.00	0.01
	610103	自粘胶带		m	0.88	0.6120	1.0000	0.6120	0.64	0.57
	613106	聚醋酸乙烯乳液		kg	5.23	0.0489	1.0000	0.0489	0.05	0.26
	613219	羧甲基纤维素		kg	4.56	0.0135	1.0000	0.0135	0.01	0.06

项目特征

1.暗藏灯带150*200，18厚木工板防火处理，9.5厚纸面石膏板刷白色乳胶漆一底两面
2.做法及其他要求详见图纸设计及相关标准、规范、图集

2. 清单及子目的各种换算：

① 选中所需换算清单的子目，点击屏幕下方的“工料换算”按钮，

	清单、定额号	项目名称	专业	类别	单位	工程量表达式	工程量	单价	合价
4>	16-311Z1	夹板面乳胶漆二遍	土建	21	10m2	1.05	0.1050	100.79	10.58
13	020303002003	成品检修孔 1.白色冲孔铝板定制450*450成品检修孔		21	个	9	9.0000	106.27	956.43
1>	17-74	检修孔 600×600	土建	21	10个	9	0.9000	1,062.68	956.41
14	020303002004	筒灯孔 1.筒灯孔 2.做法及其他要求详见图纸设计及相关标准、规范、图集		21	个	98	98.0000	3.69	361.62
1>	17-76	筒灯孔	土建	21	10个	98	9.8000	36.82	360.84
15	020103004001	成品PVC卷材楼面 1.1:2自流平水泥砂浆找平 2.PVC地板专用胶 3.2.5MM以上厚卷材PVC地板，耐磨层厚度为0.7MM以上。局部区域（如表层荷载较大的地方）使用同质透芯卷材PVC时含量75%以上		21	m2	104.9656	104.9656	104.55	10,974.15

工程造价辅助功能

工料换算[F6] | 清单指引[F1] | 定额辅助[F2] | 项目特征[F3] | 类别设置[F4] | 工程量公式[F5] | 模板 | 计价程序

	编码	工料机名称	规格型号	单位	单价	定额含量	预算含量	系数	含量	金额
1	000010	一类工		工日	104	0.3850	0.3850	1.0000	0.3850	40.04
2	601106	乳胶漆(内墙)		kg	13	2.8000	2.8000	1.0000	2.8000	36.40
3	609032	大白粉		kg	0.48	1.0000	1.0000	1.0000	1.0000	0.48
4	613106	聚醋酸乙烯乳液		kg	5.23	0.1000	0.1000	1.0000	0.1000	0.52
5	613219	羧甲基纤维素		kg	4.56	0.0300	0.0300	1.0000	0.0300	0.14
6	901167	其他材料费		元	1	0.3800	0.3800	1.0000	0.3800	0.38

进入该清单的换算窗口，双击您所要换算的工料机，再双击“编号”进入“字典”窗口，然后选择您所需要换算的材料，双击该材料即可，见下图：

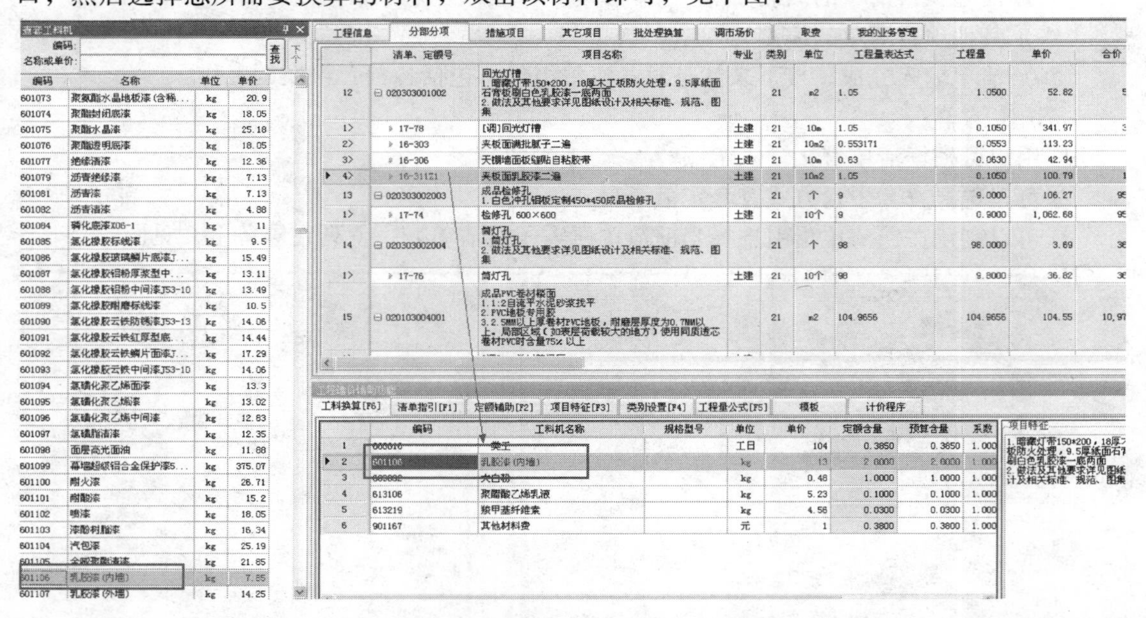

② 工料换算，在不同的专业，侧重点会有所不同，比如土建专业，经常会换算水泥砂浆、混凝土配比等等，而装饰专业则是对大量的综合性装饰材料进行换算，如果换算的内容是类似于水泥砂浆、混凝土配比等，请详见Ⅰ的操作，如果是大量综合性装饰材料，进入“工料换算”，将综合性材料直接改写为具体材料名称，软件将自动生成一个材料编码，该材料的单价用户可以直接在当前窗口中给出，也可通过快速调价给出，两种做法的效果都是一样的，该子目的基价发生变化，比如我们来换算一条装饰项目里的大理石综合，如下图：

雨花软件园土建一期工程

工程信息 | 分部分项 | 措施项目 | 其它项目 | 批处理换算 | 调市场价 | 取费 | 我的业务管理

	清单、定额号	项目名称	专业	类别	单位	工程量表达式
20	020102001001	石材楼地面		1	m2	0.0000
21	12-1	3:7灰土垫层	土建	3	m3	1.0000
22	12-3	砂垫层	土建	3	m3	1.0000
23	12-46	大理石干硬性水泥砂浆楼梯	土建	3	10m2	1.0000
24	12-48	雪花白水泥砂浆楼地面	土建	3	10m2	1.0000
25	020102002001	块料楼地面		1	m2	0.0000
26	12-4	1:1砂石垫层	土建	3	m3	1.0000
27	12-90	300×300地砖楼地面(水泥砂浆)	土建	3	10m2	1.0000
28	12-91	300×300地砖楼地面(干粉型粘结剂)	土建	3	10m2	1.0000

工料换算 | 清单指引 | 定额辅助 | 项目特征 | 类别设置 | 工程量表达式 | 计价程序

	编码	工料机名称	规格型号	单位	单价	预算含量	系数
1	000010	一类工		工日	28.00	3.9900	1.0
2	301002	白水泥		kg	0.57	1.0000	1.0
3	407007	锯(木)屑		m3	10.45	0.0600	1.0
4	510165	合金钢切割锯片		片	61.75	0.0350	1.0
5	608110	棉纱头		kg	6.00	0.1000	1.0
6	613206	水		m3	2.80	0.2600	1.0
7	901167	其他材料费		元	1.00	5.0000	1.0
8	B0022220:12-48	雪花白	550*50	m2	150.00	10.2000	1.0

再比如换砖的规格，见下图

28	010301001001	砖基础		1	m3	123	123.0000	185.81	22,854.63	29.64	141.82	2.47	8.03	3.85
1>	3-1	M5直形砖基础	土建	3	m3	123	123.0000	185.81	22,854.63	29.64	141.82	2.47	8.03	3.85

工程造价辅助功能

工料换算[F6] 清单指引[F1] 定额辅助[F2] 项目特征[F3] 类别设置[F4] 工程量公式[F5] 计价程序

	编码	工料机名称	规格型号	单位	单价	定额含量	预算含量	系数	含量	金额
1	000020	二类工		工日	26	1.1400	1.1400	1.0000	1.1400	29.64
2	201008	标准砖[240×115×53]mm	240×115×53mm	百块	21.42	5.2200	5.2200	1.0000	5.2200	111.81
3	613206	水		m3	2.8	0.1040	0.1040	1.0000	0.1040	0.29
4	PH-12002	M5水泥砂浆	M5	m3	122.78	0.2420	0.2420	1.0000	0.2420	29.71
5	YX-J06016	灰浆搅拌机200L		台班	51.43	0.0480	0.0480	1.0000	0.0480	2.47

砖块换算

换前规格：240 × 115 × 53

换后规格：240 × 115 × 53

确定

③ 如果您需要换算该子目的含量：可直接在“预算含量”栏调整，如果您需要将该子目中的某条材料或机械扣除，将选中的工料机点击鼠标右键，选中删除即可

④ 调市场价：清单规范一般不存在价差这一说，那么在氿上云计价软件如何对工料机调价呢？进入快速调价，软件将自动把该工程中所有工料机全部罗列出来，见图：

二层室内装修业务

工程信息 分部分项 措施项目 其它项目 批处理换算 调市场价 取费 我的业务管理

确定 本工程 多工程 云调价 调价 从氿上网调价格信息 调其它工程价格 调氿上网工程价格 调造价师3000价格

全部工料机 人工 材料 机械 发包人材料

暂估材料	打印	甲供	编码	工料机名称	单位	数量	单价	市场价	价差	金额	规格型号
☐	☐	☐	000010	一类工	工日	446.5064	28	104	33,934.03	46,436.04	
☐	☐	☐	000020	二类工	工日	96.0746	26	104	7,493.82	9,991.75	
☐	☐	☐	101022	中砂	t	12.1148	38	50	145.38	605.74	
☐	☐	☐	105002	滑石粉	kg	5.4784	0.45	0.65	1.10	3.56	
☐	☐	☐	105012	石灰膏	m3	0.8871	108	220	99.36	195.17	
☑	☐	☐	201008	标准砖[240×115×53]mm	百块	10.2410	21.42	39	180.04	399.40	240×115×53mm
☑	☐	☐	202010	空心砌块(单孔)[190×190×90]mm	块	420.6125	0.76	0.76	0.00	319.67	190×190×90mm
☑	☐	☐	202011	空心砌块(单孔)[190×190×190]mm	块	548.6250	1.43	1.43	0.00	784.53	190×190×190mm
☑	☐	☐	202012	空心砌块(双孔)[390×190×190]mm	块	1,975.0500	2.47	2.47	0.00	4,878.37	390×190×190mm
☐	☐	☐	301002	白水泥	kg	2.7392	0.58	0.71	0.36	1.94	
☑	☐	☐	301023	水泥32.5级	kg	1,732.2966	0.28	0.35	121.26	606.30	32.5级
☐	☐	☐	303098	自流平复合浆	kg	52.4828	18.99	25	315.42	1,312.07	
☑	☐	☐	401029	普通成材	m3	1.6051	1599	1600	1.61	2,568.20	
☐	☐	☐	401035	周转木材	m3	0.0008	1249	1249	0.00	1.00	
☑	☐	☐	403013	胶合板五夹1220×2440mm	m2	150.3187	13.5	15	225.48	2,254.78	五夹1220×24...
☑	☐	☐	403017	细木工板δ=12mm	m2	134.3034	28.09	25	-415.00	3,357.59	δ=12mm
☐	☐	☐	403018	细木工板单面砂皮δ=18mm	m2	19.3113	32.69	30	-51.95	579.34	δ=18mm
☐	☐	☐	405036	红松平线B=50	m	34.3200	4.5	6	51.48	205.92	B=50
☐	☐	☐	406002	毛竹	根	0.0120	9.5	9.5	0.00	0.11	
☐	☐	☐	407012	木柴	kg	37.5777	0.35	0.35	0.00	13.15	
☐	☐	☐	501006	边龙骨横撑	m	41.4097	2.79	3	8.70	124.23	
☐	☐	☐	501081	角钢40×40×4	kg	21.8665	3	5	43.73	109.33	40×40×4
☐	☐	☐	501121	中龙骨横撑	m	372.1801	2.79	1.79	-372.18	666.20	Z

软件要求用户调整对应工料机的市场价，调价的方式有以下几种：第一种、直接调整市场价格；第二种、在市场价列点击鼠标右键，出现下拉菜单条，见图：

⑤ 定额辅助[F2]：氿上云计价软件将各专业关于定额注解、子目叠加、运距、墙的厚度、换算灰土比等关于所有定额换算层面的内容全部归类到定额辅助功能中，只要该清单下某定额子目符合上列条件之一的，操作人员点一下该按钮，系统自动会弹出来相应的辅助功能以便快速、方便帮助用户完成想要做的工作。

⑥ 子目乘系数：在实际应用过程中，用户常会对清单中的子目乘以相应的系数，您可以在所需调整的子目“定额号栏”点击鼠标右键，选择【子目乘系数】，接着在对应的窗口中填上相应的系数，确认即可。

机 | 人工 | 材料 | 机械 | 发包人材料

暂估材料	打印	甲供	编码	工料机名称	单位	数量	单价	市场价	价差	金额
			000010	一类工	工日	446.5004	28	104	33,934.03	46,436
			000020	二类工	工日	96.0746	26	104	7,493.82	9,991
			101022	中砂	t	12.1148	38	50	145.38	605
			105002	滑石粉	kg	5.4784	0.45	0.65	1.10	3
			105012	石灰膏	m3	0.8871	108	220	99.36	195
✓			201008	标准砖[240×115×53]mm	百块	10.2410	21.42	39	180.04	399
✓			202010	空心砌块(单孔)[190×190×90]mm	块	420.6125	0.76	0.76	0.00	319
✓			202011	空心砌块(单孔)[190×190×190]mm	块	548.6250	1.43			
✓			202012	空心砌块(双孔)[390×190×190]mm	块	1,975.0500	2.47			
			301002	白水泥	kg	2.7392	0.58			
✓			301023	水泥32.5级	kg	1,732.2966	0.28			
			303098	自流平复合浆	kg	52.4828	18.99			
✓			401029	普通成材	m3	1.6051	1599			
			401035	周转木材	m3	0.0008	1249			
✓			403013	胶合板五夹1220×2440mm	m2	150.3187	13.5			
✓			403017	细木工板 δ=12mm	m2	134.3034	28.09			
			403018	细木工板单面砂皮 δ=18mm	m2	19.3113	32.69			
			405036	红松平线B=50	m	34.3200	4.5			
			406002	毛竹	根	0.0120	9.5			
			407012	木柴	kg	37.5777	0.35			
			501006	边龙骨横撑	m	41.4097	2.79			

价格系数
取消所有甲供
取消所有暂估
取消所有主要材料
设置所有材料为主要材料
设置占比重X%的材料为主要材料
80
查看明细
查找[Ctrl+F]
废除接收的发包人材料
废除接收的暂估材料
询价

⑦ 工料机优惠系数：在工程报价过程中，常常会对工程中的工料机进行优惠，该优惠是优惠人工、材料、机械的金额，也可优惠含量。

⑧ 做暂定价或暂估价：无论分部分项、措施、其他项目还独立项目，如果要暂估或暂定，也可以采取这种方式去处理。

（十）对清单及子目报价：

首先对各清单及子目进行费率的确定，选择工具条中的“类别设置”，完成对管理费、利润值及相应类别的确定，见图：

工程造价辅助功能

工料换算[F6] | 清单指引[F1] | 定额辅助[F2] | 项目特征[F3] | 类别设置[F4]

设置范围：20 到 81 确定 ⊙批量处理

编号	类别名称	备注	管理费费率(%)	计划利润费率(%)
16	机械1	土建	6	4
17	机械2	土建	6	4
18	机械3	土建	6	4
19	装饰1	装饰	42	15
20	装饰2	装饰	41	14
21	装饰3	装饰	40	13

对应的管理费、利润的取费基数点击【计价程序】，如图：

工程造价辅助功能

工料换算[F6] | 清单指引[F1] | 定额辅助[F2] | 项目特征[F3] | 类别设置[F4] | 工程量公式[F5] | 计价程序

确定

编号	费用名称	建筑类工程计算公式	安装类工程计算公式	是否合计
1	管理费	(人工费单价+机械费单价)*管理费费率	人工费单价*管理费费率	
2	利润	(人工费单价+机械费单价)*计划利润费率	人工费单价*计划利润费率	
3	单价	人工费单价+材料费单价+机械费单价+主材费单价+设备费单价+商品砼+...	人工费单价+材料费单价+机械费单价+主材费单价+设备费单价+商品砼+...	✓

◉ 不扣甲
○ 扣甲

（十一）接着就是对本工程的整体取费：如图

	编号	费用名称	计算公式	基数	费率(%)	计算结果	是否总价	包含	甲供
1	1	分部分项工程量清单计价合计	分部分项工程量清单计价合计	660,079.30	100	660,079.30	☐	☑	☐
2	2	措施项目清单计价合计	措施项目一清单计价合计+措施项目二清单计价合计	57,155.89	100	57,155.89	☐	☑	☐
3	3	其他项目清单计价合计	其它项目清单计价合计	850,200.00	100	850,200.00	☐	☑	☐
4	4	规费	[5]+[6]+[7]+[8]	42,007.26	100	42,007.26	☐	☑	☐
5	4.1	工程排污费	[1]+[2]+[3]	1,567,435.19	0.1	1,567.44	☐	☑	☑
6	4.2	安全生产监督费	[1]+[2]+[3]	1,567,435.19	0	0.00	☐	☑	☑
7	4.3	社会保障费	[1]+[2]+[3]	1,567,435.19	2.2	34,483.57	☐	☑	☑
8	4.4	住房公积金	[1]+[2]+[3]	1,567,435.19	0.38	5,956.25	☐	☑	☑
9	5	税金	[1]+[2]+[3]+[4]	1,609,442.45	3.41	54,881.99	☐	☑	☑
10	6	合计	[1]+[2]+[3]+[4]+[9]	1,664,324.44	100	1,664,324.44	☑	☑	☐

（十二）最后，报表输出：氿上云计价软件的报表，可一次性预览所有的表格（包含，普通报表，03、08、13 清单规范表格）并可一次性将所需要的表格转成电子表格并打印输出。

附录一“13规范”工程量清单计价表格

这里摘录“13规范”第16章“工程计价表格”的部分表格，供读者参照使用。[注]

一、工程量清单编制使用的表格：

封-1、扉-1、表-01、表-08、表-11、表-12（不含表-12-6～表-12-8）、表-13、表-20、表-21或表-22。

二、招标控制价使用的表格：

封-2、扉-2、表-01、表-02、表-03、表-04、表-08、表-09、表-11、表-12（不含表-12-6～表-12-8）、表-13、表-20、表-21或表-22。

三、投标报价使用的表格：

封-3、扉-3、表-01、表-02、表-03、表-04、表-08、表-09、表-11、表-12（不含表-12-6～表-12-8）、表-13、表-16、招标文件提供的表-20、表-21或表-22。

四、竣工结算使用的表格：

封-4、扉-4、表-01、表-05、表-06、表-07、表-08、表-09、表-10、表-11、表-12、表-13、表-14、表-15、表-16、表-17、表-18、表-19、表-20、表-21或表-22。

注：本附录所引表格的格式和内容均按规范，为节省篇幅，表中的空行有所删减。

封-1　　　　招标工程量清单封面

________________________工程

招标工程量清单

招　标　人：____________________

（单位盖章）

造价咨询人：____________________

（单位盖章）

年　　月　　日

封-1

封-2　　　　　招标控制价封面

______________________________工程

招标控制价

招　标　人：______________________

（单位盖章）

造价咨询人：______________________

（单位盖章）

年　　月　　日

封-2

扉-1　　　　　　招标工程量清单扉页

______________________工程

招标工程量清单

招　标　人：______________　　造价咨询人：______________

（单位盖章）　　（单位资质专用章）

法定代表人　　　　　　　　法定代表人
或其授权人：____________　　或其授权人：______________

（签字或盖章）　　（签字或盖章）

编　制　人：______________　　复　核　人：______________

（造价人员签字盖专用章）　　（造价工程师签字盖专用章）

编制时间：　　年　月　日　复核时间：　　年　月　日

扉-1

扉-2　　　　招标控制价扉页

______________________工程

招标控制价

招标控制价（小写）：______________________

（大写）：______________________

招　标　人：__________　　造价咨询人：__________

（单位盖章）　　（单位资质专用章）

法定代表人
或其授权人：__________　　法定代表人
或其授权人：__________

（签字或盖章）　　（签字或盖章）

编　制　人：__________　　复　核　人：__________

（造价人员签字盖专用章）　　（造价工程师签字盖专用章）

编制时间：　年　月　日　复核时间：　年　月　日

扉-2

总　说　明

工程名称：　　　　　　　　　　　　　　　　　　　　第　　页　共　　页

表-01

建设项目招标控制价/投标报价汇总表

工程名称：　　　　　　　　　　　　　　　　　　　　第　　页　共　　页

序号	单项工程名称	金额（元）	其中（元）		
			暂估价	安全文明施工费	规费
合　　计					

注：本表适用于建设项目招标控制价或投标报价的汇总。

表-02

单项工程招标控制价/投标报价汇总表

工程名称：　　　　　　　　　　　　　　　　　　　　第　　页 共　　页

序号	单位工程名称	金额（元）	其中（元）		
			暂估价	安全文明施工费	规费
合　计					

注：本表适用于单项工程招标控制价或投标报价的汇总。暂估价包括分部分项工程中的暂估价和专业工程暂估价。

表-03

单位工程招标控制价/投标报价汇总表

工程名称：　　　　　　　　标段：　　　　　　　　第　　页 共　　页

序号	汇总内容	金额（元）	其中：暂估价（元）
1	分部分项工程		
1.1			
1.2			
2	措施项目		
2.1	其中：安全文明施工费		
3	其他项目		
3.1	其中：暂列金额		
3.2	其中：专业工程暂估价		
3.3	其中：计日工		
3.4	其中：总承包服务费		
4	规费		
5	税金		
招标控制价合计 =1 +2 +3 +4 +5			

注：本表适用于单位工程招标控制价或投标报价的汇总，如无单位工程划分，单项工程也使用本表汇总。

表-04

建设项目竣工结算汇总表

工程名称：　　　　　　　　　　　　　　　　　　　　第　　页 共　　页

序号	单项工程名称	金额（元）	其中（元）	
			安全文明施工费	规费
合　　计				

表-05

单项工程竣工结算汇总表

工程名称：　　　　　　　　　　　　　　　　　　　　第　　页 共　　页

序号	单位工程名称	金额（元）	其中（元）	
			安全文明施工费	规费
合　　计				

表-06

单位工程竣工结算汇总表

工程名称：　　　　　　　　　　　标段：　　　　　　　　　　　第　　页共　　页

序号	汇总内容	金　额　（元）
1	分部分项工程	
1.1		
1.2		
1.3		
2	措施项目	
2.1	其中：安全文明施工费	
3	其他项目	
3.1	其中：专业工程结算价	
3.2	其中：计日工	
3.3	其中：总承包服务费	
3.4	其中：索赔与现场签证	
4	规费	
5	税金	
竣工结算总价合计 =1 +2 +3 +4 +5		

注：如无单位工程划分，单项工程也使用本表汇总。

表-07

分部分项工程和单价措施项目清单与计价表

工程名称：　　　　　　　　　　　标段：　　　　　　　　　　　第　　页共　　页

序　号	项目编码	项目名称	项目特征描述	计量单位	工程量	金　额　（元）		
						综合单价	合价	其中：暂估价
本　页　小　计								
合　　　计								

注：为计取规费等的使用，可在表中增设其中：“定额人工费”。

表-08

综合单价分析表

工程名称：　　　　　　　　　　　　　　标段：　　　　　　　　　　　　　　第　　页　共　　页

<table>
<tr><td colspan="2">项目编码</td><td colspan="2"></td><td colspan="2">项目名称</td><td colspan="2"></td><td>计量单位</td><td></td><td>工程量</td><td></td></tr>
<tr><td colspan="12">清单综合单价组成明细</td></tr>
<tr><td rowspan="2">定额编号</td><td rowspan="2">定额项目名称</td><td rowspan="2">定额单位</td><td rowspan="2">数量</td><td colspan="4">单　　价</td><td colspan="4">合　　价</td></tr>
<tr><td>人工费</td><td>材料费</td><td>机械费</td><td>管理费和利润</td><td>人工费</td><td>材料费</td><td>机械费</td><td>管理费和利润</td></tr>
<tr><td></td><td></td><td></td><td></td><td></td><td></td><td></td><td></td><td></td><td></td><td></td><td></td></tr>
<tr><td></td><td></td><td></td><td></td><td></td><td></td><td></td><td></td><td></td><td></td><td></td><td></td></tr>
<tr><td colspan="2">人工单价</td><td colspan="6">小　　计</td><td></td><td></td><td></td><td></td></tr>
<tr><td colspan="2">元/工日</td><td colspan="6">未计价材料费</td><td colspan="4"></td></tr>
<tr><td colspan="8">清单项目综合单价</td><td colspan="4"></td></tr>
<tr><td rowspan="4">材料费明细</td><td colspan="5">主要材料名称、规格、型号</td><td>单位</td><td>数量</td><td>单价（元）</td><td>合价（元）</td><td>暂估单价（元）</td><td>暂估合价（元）</td></tr>
<tr><td colspan="5"></td><td></td><td></td><td></td><td></td><td></td><td></td></tr>
<tr><td colspan="7">其他材料费</td><td>—</td><td></td><td>—</td><td></td></tr>
<tr><td colspan="7">材料费小计</td><td>—</td><td></td><td>—</td><td></td></tr>
</table>

注：1. 如不使用省级或行业建设主管部门发布的计价依据，可不填定额编号、名称等。

2. 招标文件提供了暂估单价的材料，按暂估的单价填入表内“暂估单价”栏及“暂估合价”栏。

表-09

总价措施项目清单与计价表

工程名称：　　　　　　　　　　　　标段：　　　　　　　　　　　　第　　页共　　页

序号	项目编码	项目名称	计算基础	费率（%）	金额（元）	调整费率（%）	调整后金额（元）	备注
		安全文明施工费						
		夜间施工增加费						
		二次搬运费						
		冬雨季施工增加费						
		已完工程及设备保护费						
合　计								

编制人（造价人员）：　　　　　　　　　　　　复核人（造价工程师）：

注：1. “计算基础”中安全文明施工费可为“定额基价”、“定额人工费”或“定额人工费＋定额机械费”。其他项目可为“定额人工费”或“定额人工费＋定额机械费”。

2. 按施工方案计算的措施费，若无“计算基础”和“费率”的数值，也可只填“金额”数值，但应在备注栏说明施工方案出处或计算方法。

表-11

其他项目清单与计价汇总表

工程名称：　　　　　　　　标段：　　　　　　　　第　　页　共　　页

序号	项目名称	金额（元）	结算金额（元）	备　注
1	暂列金额			明细详见表-12-1
2	暂估价			
2.1	材料（工程设备）暂估价/结算价		—	明细详见表-12-2
2.2	专业工程暂估价/结算价			明细详见表-12-3
3	计日工			明细详见表-12-4
4	总承包服务费			明细详见表-12-5
5	索赔与现场签证			明细详见表-12-6
合　　计				

注：材料（工程设备）暂估单价进入清单项目综合单价，此处不汇总

表-12

暂列金额明细表

工程名称：　　　　　　　　标段：　　　　　　　　第　　页　共　　页

序号	项 目 名 称	计量单位	暂定金额（元）	备　注
1				
2				
合　　计				—

注：此表由招标人填写，如不能详列，也可只列暂定金额总额，投标人应将上述暂列金额计入投标总价中。

表-12-1

材料（工程设备）暂估单价及调整表

工程名称：　　　　　　　　　标段：　　　　　　　　　　第　　页　共　　页

序号	材料（工程设备）名称、规格、型号	计量单位	数量		暂估（元）		确认（元）		差额±（元）		备注
			暂估	确认	单价	合价	单价	合价	单价	合价	
合　计											

注：1　此表由招标人填写"暂估单价"，并在备注栏说明暂估价的材料、工程设备拟用在那些清单项目上，投标人应将上述材料、工程设备暂估单价计入工程量清单综合单价报价中。

表-12-2

专业工程暂估价及结算价表

工程名称：　　　　　　　　　标段：　　　　　　　　　　第　　页　共　　页

序号	工程名称	工作内容	暂估金额（元）	结算金额（元）	差额±（元）	备注
合　计						—

注：此表由招标人填写，投标人应将上述专业工程暂估价计入投标总价中。

表-12-3

计日工表

工程名称：　　　　　　　　　　　　标段：　　　　　　　　　　　　第　　页　共　页

编号	项目名称	单位	暂定数量	实际数量	综合单价（元）	合价（元）	
						暂定	实际
一	人工						
1							
2							
人 工 小 计							
二	材 料						
1							
材 料 小 计							
三	施工机械						
1							
2							
施工机械小计							
四	企业管理费和利润						
合　　计							

注：此表项目名称、数量由招标人填写，编制招标控制价时，单价由招标人按有关计价规定确定；投标时，单价由投标人自主报价，计入投标总价中。结算时，按发承包双方确认的实际数量计算合价。

表-12-4

总承包服务费计价表

工程名称：　　　　　　　　标段：　　　　　　　　第　　页共　　页

序号	工程名称	项目价值（元）	服务内容	计算基础	费率（%）	金额（元）
1	发包人发包专业工程					
2	发包人供应材料					
合计					—	

注：此表由招标人填写，投标时，费率及金额由投标人自主报价，计入投标总价中。

表-12-5

索赔与现场签证计价汇总表

工程名称：　　　　　　　　标段：　　　　　　　　第　　页共　　页

序号	签证及索赔项目名称	计量单位	数量	单价（元）	合价（元）	索赔及签证依据
本页小计						—
合计						—

注：签证及索赔依据是指经双方认可的签证单和索赔依据的编号。

表-12-6

费用索赔申请（核准）表

工程名称： 标段： 编号：

<table>
<tr><td colspan="2">

致：＿＿＿＿＿＿＿＿＿＿＿＿＿＿＿＿＿＿＿＿＿＿＿＿（发包人全称）

根据施工合同条款第＿＿＿＿条的约定，由于＿＿＿＿原因，我方要求索赔金额（大写）＿＿＿＿元，（小写）＿＿＿＿元，请予核准。

附：1. 费用索赔的详细理由和依据：
2. 索赔金额的计算：
3. 证明材料：

承包人（章）

造价人员＿＿＿＿＿ 日　期＿＿＿＿＿

</td></tr>
<tr><td>

复核意见：

根据施工合同条款第＿＿＿条的约定，你方提出的费用索赔申请经复核：

□不同意此项索赔，具体意见见附件。

□同意此项索赔，索赔金额的计算，由造价工程师复核。

监理工程师＿＿＿＿＿
日　期＿＿＿＿＿

</td><td>

复核意见：

根据施工合同条款第＿＿＿条的约定，你方提出的费用索赔申请经复核，索赔金额为（大写）＿＿＿＿元，（小写）＿＿＿＿元。

造价工程师＿＿＿＿＿
日　期＿＿＿＿＿

</td></tr>
<tr><td colspan="2">

审核意见：

□不同意此项索赔。

□同意此项索赔，与本期进度款同期支付。

发包人（章）
发包人代表＿＿＿＿＿
日　期＿＿＿＿＿

</td></tr>
</table>

注：1. 在选择栏中的“□”内作标识“√”。

2. 本表一式四份，由承包人填报，发包人、监理人、造价咨询人、承包人各存一份。

表-12-7

现场签证表

工程名称：　　　　　　　　　　标段：　　　　　　　　　　编号：

<table>
<tr><td>施工单位</td><td></td><td>日期</td><td></td></tr>
<tr><td colspan="4">致：________________________（发包人全称）

根据________（指令人姓名）　年　月　日的口头指令或你方________（或监理人）　年　月　日的书面通知，我方要求完成此项工作应支付价款金额为（大写）________元，（小写）________元，请予核准。

附：1. 签证事由及原因：
2. 附图及计算式：
承包人（章）
造价人员________　　日　　期__________</td></tr>
<tr><td colspan="2">复核意见：
你方提出的此项签证申请经复核：
□不同意此项签证，具体意见见附件。
□同意此项签证，签证金额的计算，由造价工程师复核。

监理工程师__________
日　　期__________</td><td colspan="2">复核意见：
□此项签证按承包人中标的计日工单价计算，金额为（大写）________元，（小写）________元。
□此项签证因无计日工单价，金额为（大写）________元，（小写）________元。

造价工程师__________
日　　期__________</td></tr>
<tr><td colspan="4">审核意见：
□不同意此项签证。
□同意此项签证，价款与本期进度款同期支付。

发包人（章）
发包人代表__________
日　　期__________</td></tr>
</table>

注：1. 在选择栏中的“□”内作标识“√”。

2. 本表一式四份，由承包人在收到发包人（监理人）的口头或书面通知后填写，发包人、监理人、造价咨询人、承包人各存一份。

表-12-8

规费、税金项目计价表

工程名称： 标段： 第 页 共 页

序号	项目名称	计算基础	计算基数	计算费率（%）	金额（元）
1	规费	定额人工费			
1.1	社会保险费	定额人工费			
（1）	养老保险费	定额人工费			
（2）	失业保险费	定额人工费			
（3）	医疗保险费	定额人工费			
（4）	工伤保险费	定额人工费			
（5）	生育保险费	定额人工费			
1.2	住房公积金	定额人工费			
1.3	工程排污费	按工程所在地环境保护部门收取标准，按实计入			
2	税金	分部分项工程费＋措施项目费＋其他项目费＋规费－按规定不计税的工程设备金额			
合计					

编制人（造价人员）： 复核人（造价工程师）：

表-13

进度款支付申请（核准）表

工程名称：　　　　　　　　　标段：　　　　　　　　　　　编号：

致：＿＿＿＿＿＿＿＿＿＿＿＿＿＿＿＿＿＿＿＿＿＿＿＿＿（发包人全称）

我方于＿＿＿＿至＿＿＿＿期间已完成了＿＿＿＿工作，根据施工合同的约定，现申请支付本周期的合同款额为（大写）＿＿＿＿元，（小写）＿＿＿＿元，请予核准。

序　号	名　　称	实际金额（元）	申请金额（元）	复核金额（元）	备注
1	累计已完成的合同价款				
2	累计已实际支付的合同价款				
3	本周期合计完成的合同价款				
3.1	本周期已完成单价项目的金额				
3.2	本周期应支付的总价项目的金额				
3.3	本周期已完成的计日工价款				
3.4	本周期应支付的安全文明施工费				
3.5	本周期应增加的合同价款				
4	本周期合计应扣减的金额				
4.1	本周期应抵扣的预付款				
4.2	本周期应扣减的金额				
5	本周期应支付的合同价款				

附：上述3、4详见附件清单。

承包人（章）

造价人员＿＿＿＿＿＿　　承包人代表＿＿＿＿＿＿　　日　　期＿＿＿＿＿＿

复核意见：

□与实际施工情况不相符，修改意见见附件。

□与实际施工情况相符，具体金额由造价工程师复核。

监理工程师＿＿＿＿＿＿

日　　期＿＿＿＿＿＿

复核意见：

你方提出的支付申请经复核，本周期已完成合同款额为（大写）＿＿＿＿（小写＿＿＿＿），本期间应支付金额为（大写）＿＿＿＿（小写＿＿＿＿元）。

造价工程师＿＿＿＿＿＿

日　　期＿＿＿＿＿＿

审核意见：

□不同意。

□同意，支付时间为本表签发后的15天内。

发包人（章）

发包人代表＿＿＿＿＿＿

日　　期＿＿＿＿＿＿

注：1. 在选择栏中的“□”内作标识“√”。

2. 本表一式四份，由承包人填报，发包人、监理人、造价咨询人、承包人各存一份。

表-17

附录二　××楼建筑工程施工图

一、建筑设计说明

1. 本工程建筑面积450.00m^2。

2. 本设计标高以m为单位，其余尺寸以mm为单位。

3. 砖墙体在标高－0.060m处做1∶2水泥砂浆加5%防水剂的防潮层20厚。

4. 各层平面图中，墙体厚度除注明者外，均为240厚眠墙。

5. 本工程采用中南标作设计标准图。

6. 装修：

（1）外墙见立面图，详见标准图集98ZJ001，涂料颜色按设计要求。

（2）木门油漆详见标准图集98ZJ001。

（3）外墙门窗空圈部分做法同外墙，内墙门窗空圈部分做榉木门窗套（不带木筋）。

7. 楼梯：栏杆参照标准图集98ZJ401，扶手参照标准图集98ZJ401，楼梯间横向安全栏杆高1.05m。

8. 卫生间、厨房地面标高比楼地面标高低60mm，阳台、楼梯间入户地面标高比楼地面标高低50mm，污水池采用标准图集98ZJ512，内外贴白色瓷砖。洗手池采用立式白瓷洗手池。

9. 安装铝合金窗时按墙中心线安装，所有平开门均按固门器。

10. 一层门窗均要有防盗措施。一层G轴做不锈钢网状卷闸门，规格12000mm×3500mm，A轴C2、C3做不锈钢防盗窗（嵌入式，不锈钢圆钢ϕ18@100）。

11. 天沟内采用C20细石混凝土找坡1%，厚度为20mm（最薄处），屋面、天沟防水涂膜采用聚氨酯涂膜，屋面防水卷材采用APP防水卷材。

12. 女儿墙内侧，檩木支撑墙外侧抹1∶2水泥砂浆。

13. 雨篷、窗台线等构件，凡未注明者，其上部抹20mm厚1∶2水泥砂浆并按1%找排水坡，底面抹15mm厚1∶2水泥砂浆，面刷仿瓷涂料三遍，并做20mm滴水线，侧面1∶2水泥砂浆上粉饰白色墙面漆。

14. 凡木材与砌体接触处，均涂防腐剂。

15. 屋面水箱内面饰防水砂浆，外面饰1∶2水泥砂浆，水箱检修孔参见标准图集98ZJ201。

16. 所有装饰材料如马赛克、瓷砖、釉面砖、大理石及卫生洁具等均送样品经设计人员同意后方可采用。

17. 化粪池做法参见标准图集92S213（一）-1-2A00型。

18. 一层营业厅和二层工作室（1）吊顶高度均为离楼地面2.90m。

二、门窗明细表

门窗明细表

门窗名称	洞口尺寸 宽×高（mm）	门窗数量	采用图号		备注
C-1	3520×2300	2	全玻固定窗		白玻 12mm
C-2	1800×1500	7	98ZJ721	TLC9012-1	窗户统一采用5mm厚白玻，钛白色铝合金窗框
C-3	600×1500	6	98ZJ721	TLC508	
C-4	3360×1500	2	98ZJ721	TLC9054-1	
C-5	1500×1500	3	98ZJ721	TLC9012-2	
C-6	3520×1500	4	98ZJ721	TLC9054-2	
M-1	1000×2100	1	98ZJ641	PLM7030-1	平板白玻 6mm
M-2	800×2100	11	98ZJ681	GJM301	
M-3	1000×2100	8	塑钢门		
M-4	1200×3500	1	钢防盗门		
M-5		1	网状铝合金卷闸门		

三、装饰表

装 饰 表

序号	房间名称	地面	楼面	墙裙	踢脚	内墙面	顶棚
1	营业厅	98ZJ001			98ZJ001	98ZJ001 4/30 888 涂料 三遍抛光	98ZJ001 12/49
		20/6			28/25		
2	仓库	98ZJ001			98ZJ001		98ZJ001 3/47 888 涂料三遍
		19/6			23/24		
3	工作室		98ZJ001		98ZJ001		98ZJ001 12/49
			10/15		23/24		
4	会计室 办公室		98ZJ001		98ZJ001		98ZJ001 3/47 888 涂料 三遍抛光
			10/15		23/24		
5	卧室 客厅		98ZJ001		98ZJ001		
			10/15		23/24		
6	阳台		98ZJ001		98ZJ001		
			10/15		23/24		
7	厨房 卫生间	98ZJ001	98ZJ001	98ZJ001			
		50/11	27/20	5/37			
8	楼梯间	98ZJ001	98ZJ001		98ZJ001		
		19/6	10/15		23/24		

四、建筑施工图（建施2～建施8）

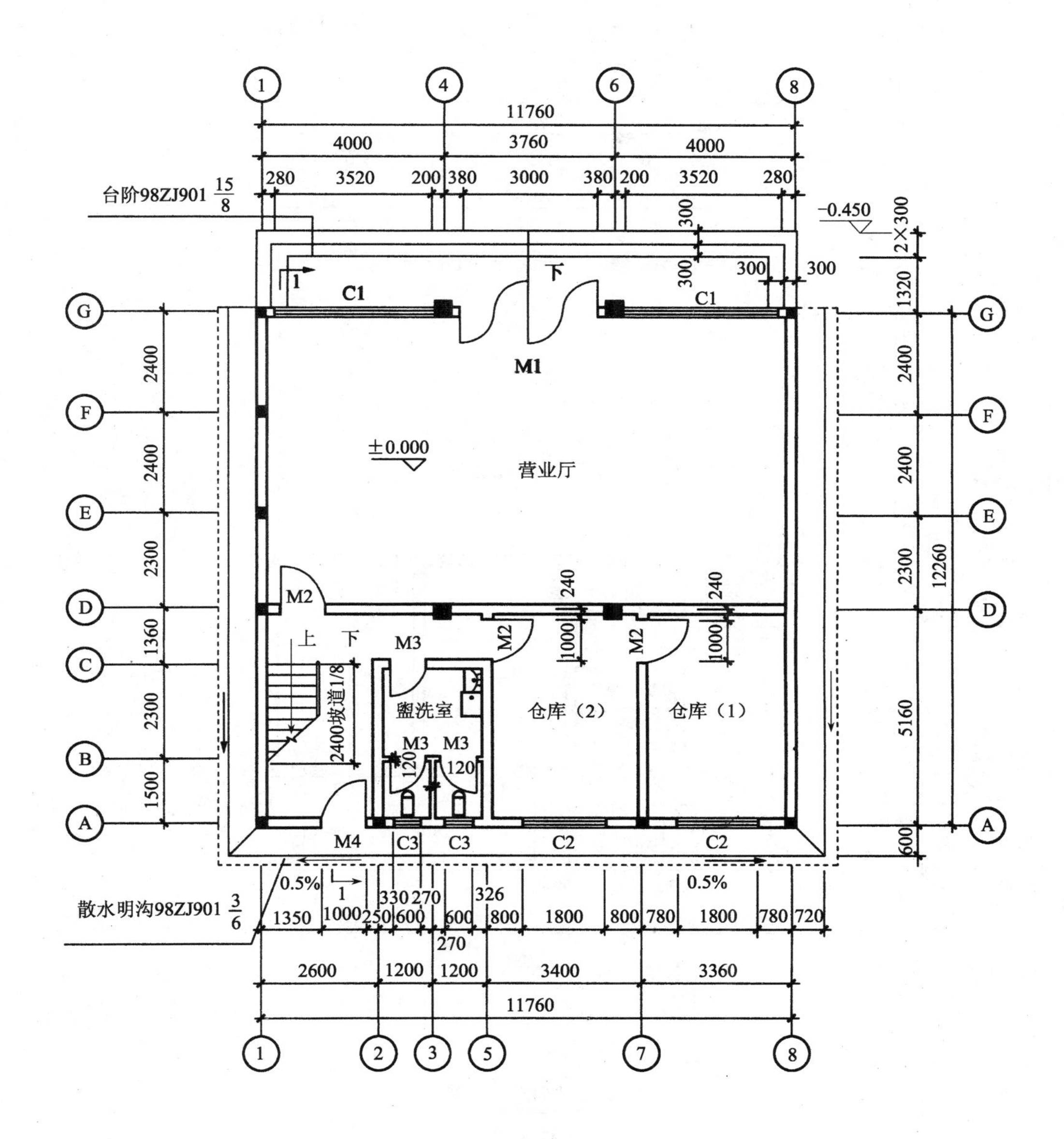

一层平面图1：100

建施 02

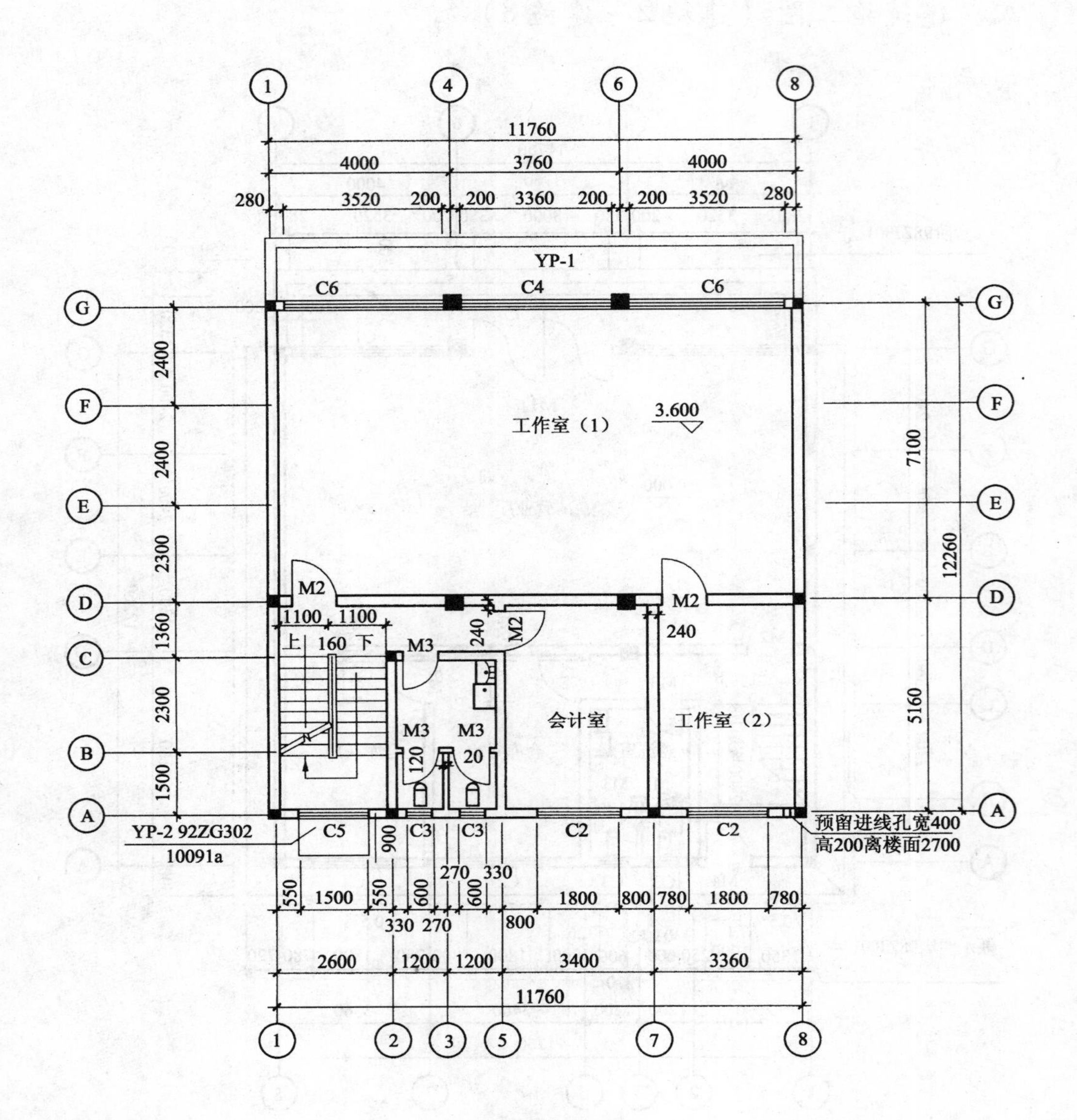

二层平面图 1∶100

建施 03

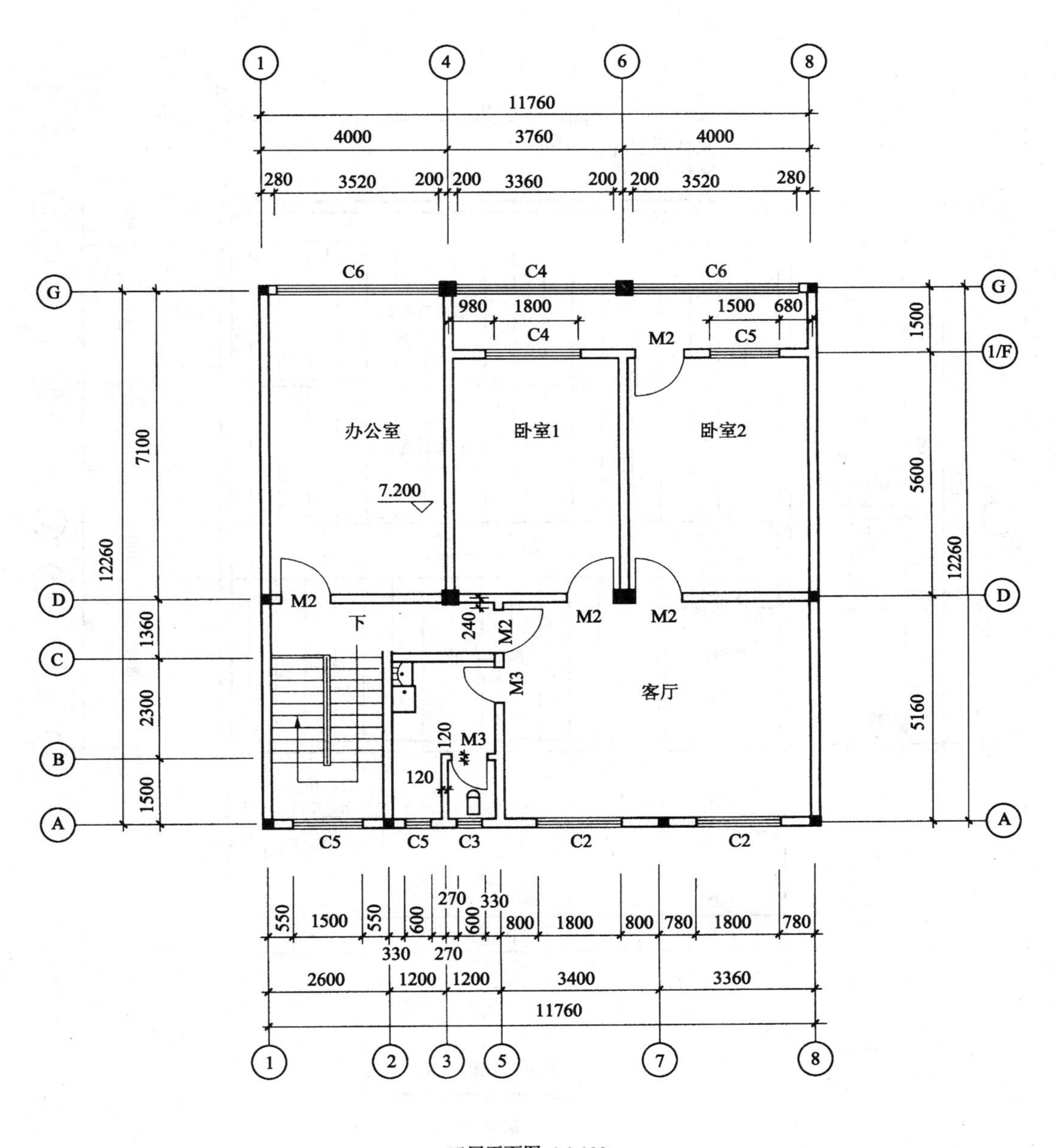

三层平面图 1∶100

建施 04

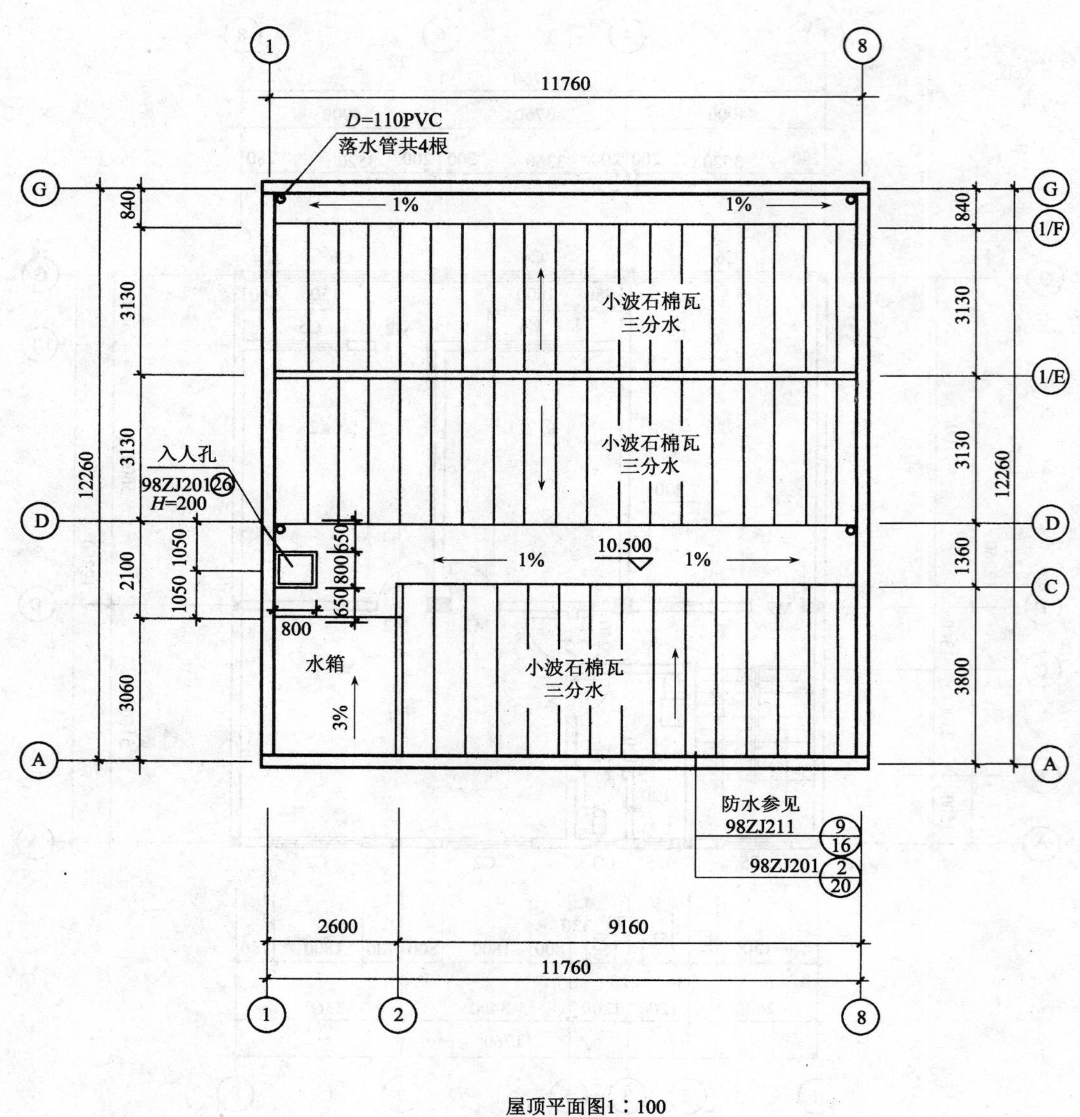

屋顶平面图1：100

建施 05

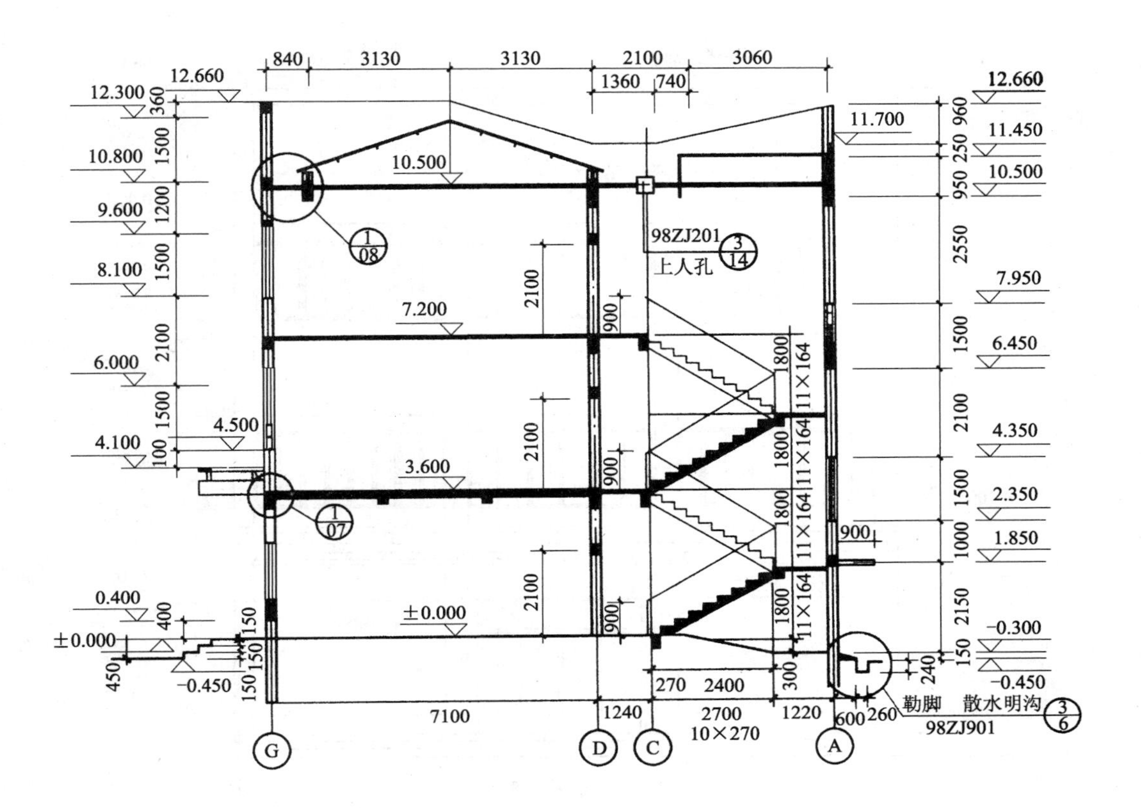

I—I剖面图1：100

建施06

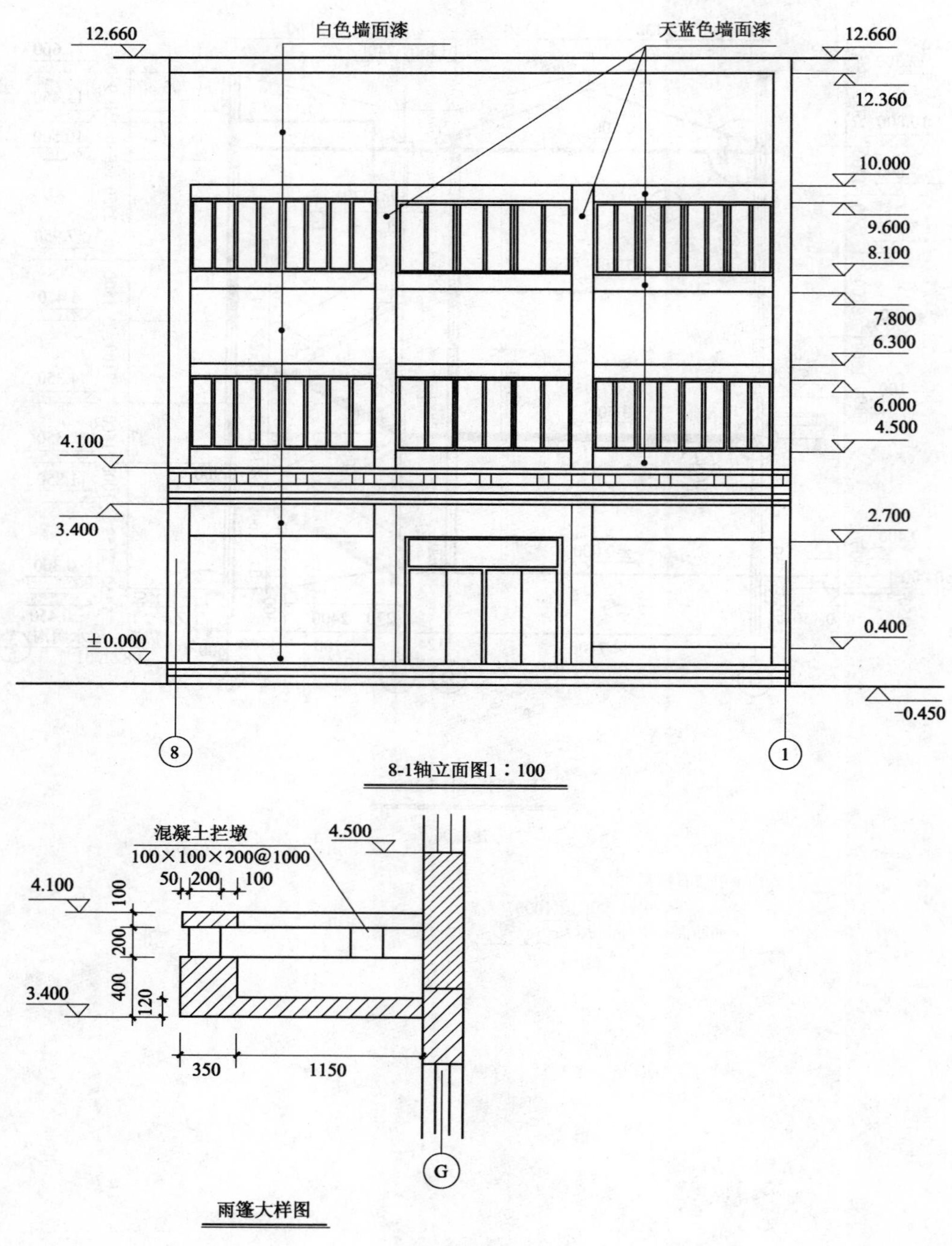
12.660
白色墙面漆
天蓝色墙面漆
12.660
12.360
10.000
9.600
8.100
7.800
6.300
6.000
4.500
4.100
3.400
2.700
0.400
±0.000
-0.450
8
1
8-1轴立面图1：100
混凝土拦墩
100×100×200@1000
4.500
50 200 100
4.100
100
200
400
120
3.400
350 1150
G
雨篷大样图

建施07

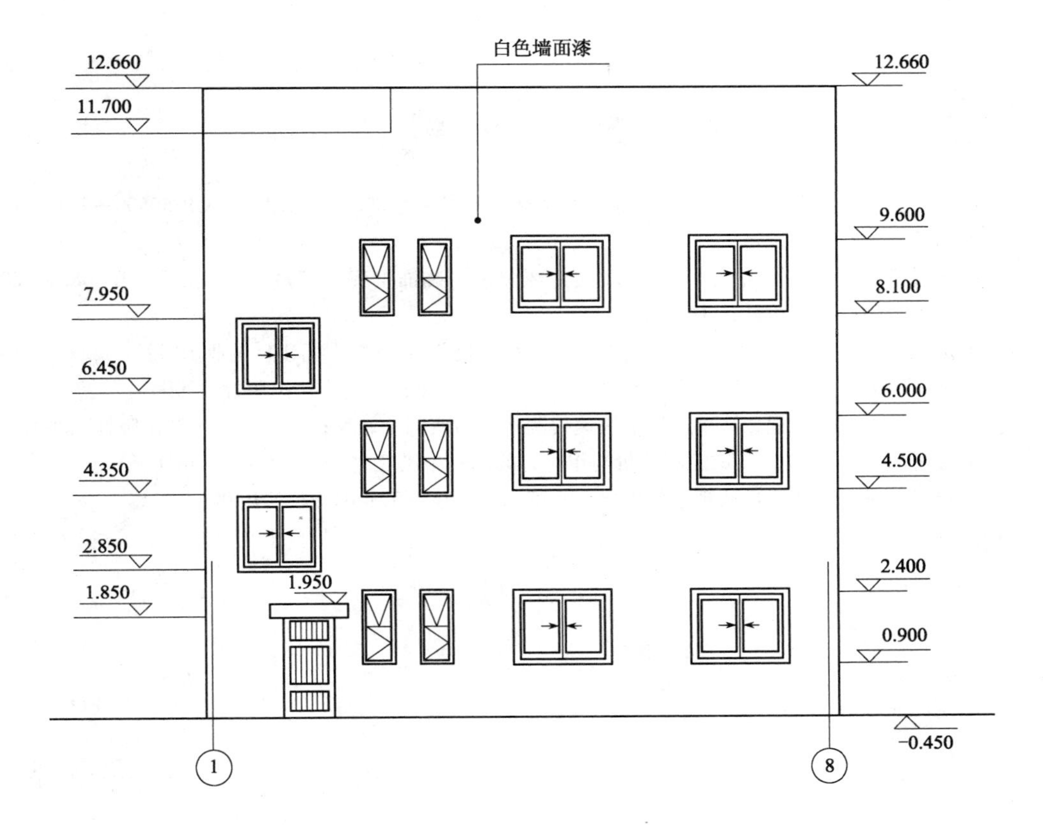

1-8立面图1：100

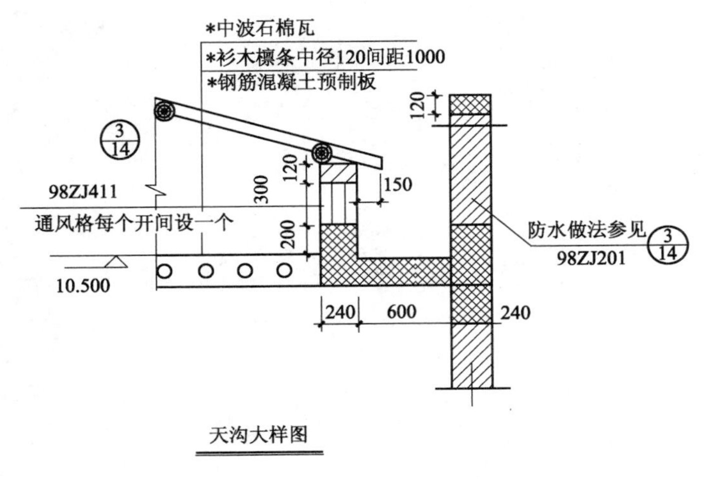

天沟大样图

建施08

参 考 文 献

[1] 中华人民共和国住房和城乡建设部．《建设工程工程量清单计价规范》GB 50500—2013. 北京：中国计划出版社，2013.

[2] 中华人民共和国住房和城乡建设部．《房屋建筑与装饰工程工程量计算规范》GB 50854—2013. 北京：中国计划出版社，2013.

[3] 李宏扬等编著．建筑工程工程量清单计价与投标报价 北京：中国建材工业出版社，2006.

[4] 钱昆润等编著．建筑工程定额与预算（第五版），南京：东南大学出版社，2006 .

[5] 杜晓玲等主编．工程量清单及报价快速编制技巧与实例，北京：中国建筑工业出版社，2002 .

[6] 李宏扬，时 现．建筑装饰工程造价与审计，北京：中国建材工业出版社，2000

[7] 朱志杰．建筑装饰工程预算报价手册．北京：中国建筑工业出版社，1998.